工业和信息化普通高等教育"十三五"规划教材

21世纪高等学校计算机规划教材

网络规划与设计实用教程

Network Planning and Design

何利 主编

曹启彦 钱志成 姚元辉 袁征 编著

人民邮电出版社

北 京

图书在版编目（CIP）数据

网络规划与设计实用教程 / 何利主编. -- 北京：
人民邮电出版社，2018.4
21世纪高等学校计算机规划教材
ISBN 978-7-115-47748-4

Ⅰ. ①网… Ⅱ. ①何… Ⅲ. ①计算机网络—网络规划
—高等学校—教材②计算机网络—网络设计—高等学校—
教材 Ⅳ. ①TP393.02

中国版本图书馆CIP数据核字(2018)第011180号

内 容 提 要

本书全面而详尽地介绍了计算机网络规划与设计的全过程。包括需求分析、逻辑设计、IP地址规划、设备选择、交换机配置、路由器配置、网络工程测试与验收，以及网络系统集成内容和方法、网络故障检测与排除、网络性能管理等网络规划与设计的内容，此外还涵盖了存储网络规划方面的内容，并且在每章末都配有习题与思考及相应的网络实训。

本书可作为高等院校智能科学与计算机类专业的教材，也可作为IT行业和网络系统集成公司工程技术人员的参考书。

◆ 主　　编　何　利
　 编　　著　曹启彦　钱志成　姚元辉　袁　征
　 责任编辑　张　斌
　 责任印制　沈　蓉　彭志环

◆ 人民邮电出版社出版发行　　北京市丰台区成寿寺路11号
　 邮编　100164　　电子邮件　315@ptpress.com.cn
　 网址　http://www.ptpress.com.cn
　 固安县铭成印刷有限公司印刷

◆ 开本：787×1092　1/16
　 印张：15.25　　　　　　　2018年4月第1版
　 字数：387千字　　　　　　2024年8月河北第15次印刷

定价：49.80元

读者服务热线：(010)81055256　印装质量热线：(010)81055316
反盗版热线：(010)81055315

网络作为计算机技术与通信技术相结合的产物，已经成为计算机应用系统中无可替代的一部分。网络规划是网络建设的基础，是对用户的网络应用需求进行分析，然后构思、设计出满足用户日常生产需求的计算机网络的过程。大数据时代的来临更加需要网络相关从业人员重视网络规划。健壮网络依赖于优秀的网络规划与设计。因此，任何一个网络设计人员都必须了解网络规划的具体内容。

本书是一本面向网络规划、设计和实施的指导教材，阅读本书需要有一定的计算机网络基础。因此，本书更适合网络相关专业的大学二年级以上本科生和研究生，以及有类似背景并对网络规划感兴趣的读者阅读和使用。为方便读者，本书在涉及相关基础知识时会有简单介绍。

本书旨在全面系统地介绍网络规划，深入浅出地对网络规划的各个环节进行剖析。内容上尽可能涵盖网络规划的基础知识点，力求详尽地介绍网络规划的学习方法。在叙述方式上，每章内容独立，各章相呼应。同时采用统一框架对全书进行规划，使全书各章独立的同时不失系统性，读者可以选择全文通读，也可以选择单个章节精读。

为使读者易于掌握网络规划的基本内容，增强读者的阅读兴趣，每个章节还设计了相应的网络实训内容，将实践与理论相结合，使读者在学习枯燥的理论知识的同时也能亲自动手做仿真实验，增强本书的趣味性，这也是本书的亮点之一。

作为网络规划的入门读物，考虑到授课时长有限，有部分前沿的技术在本书没有覆盖，即使覆盖到的部分也只是管中窥豹，后续的进阶仍需读者进一步探索和学习。

本书共 12 章。建议理论 48 学时，实验 24 学时。各章的主要教学内容和参考学时见下表。

章	重点内容	学时
第 1 章	网络系统生命周期与网络开发过程	4
第 2 章	子网划分和变长子网掩码设计，IP 地址故障诊断与排除	4
第 3 章	网络规划需求分析的相关指标	4
第 4 章	网络服务的评价指标，网络技术指标和网络结构设计	4
第 5 章	网络设备的选取策略和指标	4
第 6 章	交换机简单配置、VLAN、Trunk 和 VTP 配置	4
第 7 章	RIP、OSPF、EIGRP 路由器配置和 MPLS 网络原理及配置	4
第 8 章	网络工程的测试与验收，网络测试与信息安全等级	4
第 9 章	网络系统集成的内容与方法	4
第 10 章	网络故障的检测与排除	4
第 11 章	网络性能优化方法和服务器资源优化方法	4
第 12 章	网络存储技术、规划方案以及光纤存储区域网络技术	4

本书编写时参阅了大量国内外有关图书和认证培训教材，还参考了许多公司的招投标方案，特别是从思科网络学院获取了许多好的思路和素材，在此对相关作者表示诚挚感谢。

网络规划与设计是一项庞大的系统工作，作者虽有对网络规划科研的一腔热血，但自认才疏学浅，且时间和精力有限，书中错误在所难免，望读者与专家不吝指正，不胜感激。

编 者

2017 年 11 月

目 录 CONTENTS

1

01 第1章 网络规划概述

教学目的

- 理解网络系统生命周期、网络开发过程
- 了解网络设计的约束因素，知道如何选择网络标准

教学重点

- 网络系统生命周期
- 网络开发过程

1.1 网络规划的内容

网络规划是网络建设的基础，是对用户的网络应用需求进行分析，然后构思、设计出满足用户日常生产需求的计算机网络的过程。因此，任何一个网络设计人员都必须了解网络规划的具体内容，具体如下。

- 网络系统生命周期。
- 网络开发过程。
- 网络设计的约束因素。
- 以太网网络标准。

1.2 网络系统生命周期

一个网络系统从构思开始到最后被淘汰的过程称为网络系统生命周期。一般来说，网络系统生命周期至少包括网络系统的构思和计划、分析和设计、运行和维护的过程。网络系统的生命周期是一个循环迭代的过程，每次循环迭代的动力都来自网络应用需求的变更，每一个迭代周期都是网络重构的过程。常见的迭代周期构成方式主要有3种：四阶段周期、五阶段周期和六阶段周期。

1. 四阶段周期

四阶段周期能够快速适应新的需求变化、强调网络建设周期中的宏观管理。4个阶段分别是构思与规划阶段、分析与设计阶段、实施与构建阶段、运行与维护阶段，这4个阶段之间有一定的重叠，保证了两个阶段之间的交接工作。图1.1展示了四阶段周期中各个阶段之间的关系。

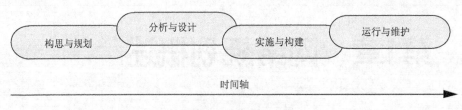

图 1.1　四阶段周期

（1）构思与规划阶段：明确网络设计的需求，同时确定新网络的建设目标。

（2）分析与设计阶段：根据网络设计的需求进行设计，形成特定的建设方案。

（3）实施与构建阶段：根据设计方案进行设备购置、安装、调试，建成可试用的网络环境。

（4）运行与维护阶段：提供网络服务，并实施网络管理。

2. 五阶段周期

五阶段周期的 5 个阶段分别是需求规范阶段、通信规范阶段、逻辑网络设计阶段、物理网络设计阶段、实施阶段。每个阶段都是一个工作环节，每个环节完毕后才能进入下一个环节，一般情况下，不允许返回到前面的阶段。五阶段周期适用于网络规模较大，需求较明确，需求变更较小的网络工程。图 1.2 展示了五阶段周期的各阶段之间的次序关系。

3. 六阶段周期

六阶段周期是对五阶段周期的补充，是对其缺乏灵活性的改进，通过在实施阶段前后增加相应的测试和优化过程来提高网络建设过程中对需求变更的适应性。六阶段周期由需求分析、逻辑设计、物理设计、设计优化、实施及测试、检测及性能优化 6 个阶段组成。图 1.3 展示了六阶段周期的迭代关系。

图 1.2　五阶段周期　　　　　　　　　　　　　　　图 1.3　六阶段周期

（1）需求分析：网络分析人员通过与用户进行交流来确定新系统（或系统升级）的商业目标和技术目标，然后归纳出当前网络的特征，分析当前和未来的网络通信量、网络性能、协议行为和服务质量要求。

（2）逻辑设计：主要完成网络的拓扑结构、网络地址分配、设备命名规则、交换及路由协议选择、安全规则、网络管理等设计工作，并且根据这些设计选择设备和服务提供商。

（3）物理设计：根据逻辑设计的结果选择具体的技术和产品，使得逻辑设计成果符合工程设计规范的要求。

（4）设计优化：完成工程实施前的方案优化，通过召开专家研讨会、搭建实验平台、网络仿真等多种形式找出设计方案中的缺陷，并进一步优化。

（5）实施及测试：根据优化后的方案购置设备，进行安装、调试和测试，通过测试和试用发现网络环境与设计之间的偏差，纠正其中的错误，并修改网络设计方案。

（6）检测及性能优化：通过网络管理、安全管理等技术手段，对网络是否正常运行进行实时监控，如果发现问题，则通过优化网络设置参数来达到优化网络性能的目的，如果发现网络性能无法满足用户的需求，则进入下一个迭代周期。

1.3　网络开发过程

网络系统生命周期为网络开发过程提供了理论模型，一个网络工程项目从构思到最终退出应用，一般会遵循迭代模型，经历多个迭代周期。例如，在网络建设的初期，网络规模较小，宜采用四阶段周期模型，随着网络规模越来越大，则更适合采用五阶段或六阶段模型。由于中等规模网络较多且应用范围较广，下面主要介绍五阶段周期模型。根据五阶段周期模型，网络开发过程可以划分为 5个阶段，如图 1.4 所示。

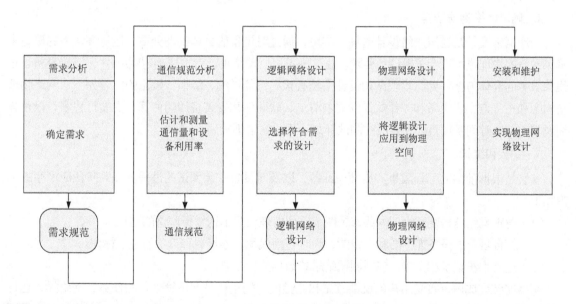

图 1.4　五阶段网络开发过程

1. 需求分析

需求分析是开发过程中最关键的阶段。不同的用户有不同的网络需求，需求调研人员应与不同的用户进行交流，归纳总结得出明确的需求，确保以此设计出符合用户要求的网络。需收集的需求范围包括业务需求、用户需求、应用需求、计算机平台需求、网络通信需求。需求分析的输出是产生一份需求说明书，也就是需求规范。网络设计者必须清晰而细致地记录单位和个人的需求意愿并记录在需求说明书中，网络工程设计人员还必须与网络管理部门就需求的变化建立起需求变更机制，明确允许的变更范围。

2. 现有网络系统分析

如果当前的网络开发过程是对现有网络的升级和改造，则必须开展对现有网络系统的分析工作，此项工作的目的是描述资源分布，以便在升级时尽量保护已有投资。在这一阶段，应给出一份正式的通信规范说明文档作为下一个阶段的输入。网络分析阶段应该提供的通信规范说明文档包含下列内容：现有网络的拓扑结构图、现有网络的容量，以及新网络所需的通信量和通信模式、详细的统计数据，直接反映现有网络性能的测量值、因特网（Internet）接口和广域网提供的服务质量报告、限制因素列表，例如使用线缆和设备清单等。

3. 确定网络逻辑结构

网络逻辑结构设计是体现网络设计核心思想的关键阶段，在这一阶段根据需求规范和通信规范选择一种比较适宜的网络逻辑结构，并实施后续的资源分配规划、安全规划等内容；网络逻辑结构要根据用户需求中描述的网络功能、性能等要求来设计，逻辑设计要根据网络用户的分类和分布，形成特定的网络结构。在这个阶段最后应该得到一份逻辑设计文档，输出的内容应该包括以下几点：网络逻辑设计图、IP 地址分配方案、安全管理方案，以及具体的软硬件、广域网连接设备和基本的网络服务、招聘和培训网络员工、对软硬件费用、服务提供费用及员工培训费用的初步估计。

4. 确定网络物理结构

物理网络设计是逻辑网络设计的具体实现，通过对设备的具体物理分布、运行环境等的确定来确保网络的物理连接符合逻辑设计要求。在这一阶段，网络设计者需要确定软/硬件、连接设备、布线和服务的具体方案。网络物理结构设计文档必须尽可能详细、清晰，输出的内容如下：网络物理结构图和布线方案、设备和部件的详细列表清单、软硬件和安装费用的估算、安装日程表，以及详细说明安装的时间及期限、安装后的测试计划、用户的培训计划。

5. 安装和维护

安装是根据前面的工程成果实施环境准备，以及对设备安装调试的过程。安装阶段应产生的输出如下。

（1）逻辑网络结构图和物理网络部署图，以便管理人员迅速掌握网络的结构。

（2）符合规范的设备连接图和布线图，同时包括线缆、连接器和设备的规范标识。

（3）运营维护记录和文档，包括测试结果和数据流量记录。

网络安装完成后，接受用户的反馈意见和监控网络的运行是网络管理员的任务，网络投入运行之后，需要做大量的故障检测、故障恢复，以及网络升级和性能优化等维护工作，网络维护也是网络产品的售后服务工作。

1.4　网络设计的约束因素

网络设计的约束因素是网络设计工作必须遵循的一些附加条件，一个网络设计如果不满足约束条件，将导致该网络设计方案无法实施。所以在需求分析阶段，确定用户需求的同时，也应明确可能出现的约束条件。一般来说，网络设计的约束因素主要来自政策、预算、时间和应用目标等方面，如图 1.5 所示。

1. 政策约束

了解政策约束的目的是为了发现可能导致项目失败的政策要求，以及因历史因素导致的对网络建设目标的争论意见。政策约束的来源包括法律法规、行业规定、业务规范和技术规范等。政策约束的具体表现是法律法规条文，以及国际、国家和行业标准等。

2. 预算约束

预算是决定网络设计的关键因素，很多满足用户需求的优良设计因为超过用户的预算资金而不能实施。对于预算不能满足用户需求的情况，应该在统筹规划的基础上将网络建设划分为多个迭代周期，阶段性地实现网络建设目标。

图 1.5　约束因素

3. 时间约束

网络设计的进度安排是需要考虑的另一个问题。通常，项目进度由客户负责管理，但网络设计者必须就该日程表是否可行提出自己的意见。在全面了解了项目之后，网络设计者要对安排的计划和进度表的时间进行分析，对有疑问之处及时与用户进行沟通。

4. 应用目标约束

在开始下一阶段的任务之前，需要确定是否了解了客户的应用目标和所关心的事项。通过应用目标检查，可以避免用户需求的缺失。

1.5　以太网网络标准

以太网是一种产生较早、使用广泛的局域网。以太网最初是由施乐（Xerox）公司开发的一种基带局域网技术，使用同轴电缆作为网络媒体，采用载波多路访问和冲突检测 CSMA/CD（Carrier Sense Multiple Access/Collision Detection）机制，数据传输速率达到 10Mbit/s。以太网被设计用来满足非持续性网络数据传输的需要，而 IEEE 802.3 标准则是基于最初的以太网技术于 1980 年制订的。以太网版本 2.0 由 DEC、Intel 和 Xerox 三家公司联合开发，与 IEEE 802.3 标准相互兼容。

在 IEEE 802.3 标准中，为不同的传输介质制定了不同的物理层标准，在这些标准中前面的数字表示传输速度，单位是"Mbit/s"，最后的一个数字表示单段网线长度（基准单位是 100m），Base 表示"基带"的意思，Broad 代表"宽带"。

（1）标准以太网：只有 10Mbit/s 的吞吐率，使用 CSMA/CD 访问控制机制的早期以太网称为标准以太网。表 1.1 所示为标准以太网的相关技术指标。

表 1.1　标准以太网的相关技术指标

名　称	电　缆	最大区间长度
10BASE-5	粗同轴电缆	500m
10BASE-2	细同轴电缆	200m
10BASE-T	双绞线	100m
10BASE-F	光纤	2000m

（2）快速以太网：快速以太网（Fast Ethernet）是一种局域网（LAN）传输标准，它提供每秒 100Mbit/s

的数据传输率（100BASE-T）。表 1.2 所示为快速以太网的相关技术指标。

表 1.2　快速以太网的相关技术指标

技术标准	线缆类型	传输距离
100Base-TX	EIA/TIA5 类（UTP）非屏蔽双绞线 2 对	100m
100Base-T4	EIA/TIA3、4、5 类（UTP）非屏蔽双绞线 4 对	100m
100Base-FX	多模光纤（MMF）线缆	550m～2km
	单模光纤（SMF）线缆	2～15km

（3）吉比特以太网：吉比特以太网是对 IEEE 802.3 以太网标准的扩展，在基于以太网协议的基础上，将快速以太网的传输速率 100Mbit/s 提高 10 倍，达到 1 Gbit/s。标准为 IEEE802.3z（光纤与铜缆）和 IEEE802.3ab（双绞线）。表 1.3 所示为吉比特以太网的相关技术指标。

表 1.3　吉比特以太网的相关技术指标

技术标准	线缆类型	传输距离
1000Base-T	铜质 EIA/TIA5 类（UTP）非屏蔽双绞线 4 对	100m
1000Base-CX	铜质屏蔽双绞线（STP）	25m
1000Base-SX	多模光纤，50/62.5μm 光纤，使用波长为 850nm 的激光	550m/275m
1000Base-LX	单模光纤，9μm 光纤，使用波长为 1300nm 的激光	2～15km

（4）10 吉比特以太网：传输速率达到 10Gbit/s，工作在全双工模式，因此不存在争用问题，也不使用 CSMA/CD 协议。表 1.4 所示为 10 吉比特以太网的相关技术指标。

表 1.4　10 吉比特以太网的相关技术指标

技术标准	线缆类型	传输距离
10GBASE-SR	0.85μm 的多模光纤	300m
10GBASE-LR	1.3μm 的单模光纤	10km
10GBASE-ER	1.5μm 的单模光纤	40km
10GBASE-CX4	4 对双芯同轴电缆（twinax）	15m
10GBASE-T	4 对 6A 类 UTP 双绞线	100m

习题与思考

1. 网络规划的内容是什么？
2. 网络系统的生命周期是什么？有几种分类？每一类别有什么特点？
3. 网络系统的开发过程是什么？
4. 网络设计的约束要素是什么？
5. 10BASE-T 是什么以太网？其中"10""BASE""T"分别代表什么意思？

第2章　IP地址规划

教学目的

- 熟练掌握子网划分
- 理解变长子网（VLSM）掩码设计
- 诊断并排除 IP 地址故障

教学重点

- 子网划分
- 变长子网掩码设计

2.1　IP 地址规划内容

IP 地址规划是在充分考虑网络建设规模、开展业务内容和将来的网络发展方向等问题的基础上进行的逻辑网络设计。IP 地址规划应该与网络拓扑结构相适应，既要有效地利用地址空间，也要体现出网络的可扩展性和灵活性，同时也要考虑网络地址的可管理性。在该阶段，需要明确以下内容和目标。

- IP 地址分类。
- 子网划分。
- VLSM 设计。
- IP 地址故障诊断与排除。

2.2　IP 地址分类

标准 IP 地址的分类有其遵循的规律，主要是根据 32 位地址的前 8 位地址段的不同，将地址空间分为 5 类，其中 A、B、C 类为基本类，D 类用于组播传输，E 类保留，供 IETF（Internet Engineering Task Force，Internet 工程任务组）科研使用。

1. A 类地址

A 类地址是网络中最大的一类地址，它使用 IP 地址中的第一个 8 位组表示网络地址，其余 3 个 8 位组表示主机地址。A 类地址是为巨型网络（或超大型网络）设计的。A 类地址的第一个 8 位组的第一位总是被设置为 0，这就限制了 A 类地址的第一个 8 位组的值始终小于 127，也就是说仅有 127 个可能的 A 类网络，如图 2.1 所示。

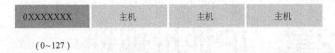

0XXXXXXX
主机
主机
主机
（0~127）

图 2.1　A 类地址

2. B 类地址

B 类地址使用前两个 8 位组表示网络地址，后两个 8 位组表示主机地址。设计 B 类地址的目的是支持中到大型网络。B 类地址的第一个 8 位组的前两位总是被设置为 10，所以 B 类地址的范围是从 128.0.0.0 到 191.255.0.0，如图 2.2 所示。

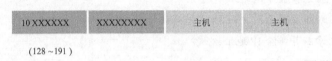

10 XXXXXX
XXXXXXXX
主机
主机
（128 ~191 ）

图 2.2　B 类地址

3. C 类地址

C 类地址使用前三个 8 位组表示网络地址，最后一个 8 位组表示主机地址。设计 C 类地址的目的是支持大量的小型网络，因为这类地址拥有的网络数目很多，而每个网络所拥有的主机数却很少。C 类地址的第一个 8 位组的前三位总是被设置为 110，所以 C 类地址的范围是从 192.0.0.0 到 223.255.255.0。如图 2.3 所示。

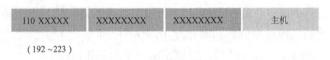

110 XXXXX
XXXXXXXX
XXXXXXXX
主机
（192 ~223 ）

图 2.3　C 类地址

4. D 类地址

D 类地址用于 IP 网络中的组播。它不像 A、B、C 类地址有网络号和主机号，一个组播地址标识了一个 IP 地址组。因此可以同时把一个数据流发送到多个接收端，这比为每个接收端创建一个数据流的流量小得多，它可以有效地节省网络带宽。D 类地址的第一个 8 位组的前四位总是被设置成 1110，所以 D 类地址的范围是从 224.0.0.0 到 239.255.255.255，如图 2.4 所示。

1110
28 位 组 ID

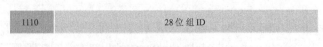

图 2.4　D 类地址

5. E 类地址

E 类地址虽然被定义，但被 IETF 保留作研究使用，因此 Internet 上没有可用的 E 类地址。E 类地址的第一个 8 位组的前 4 位恒为 1，因此有效的地址范围从 240.0.0.0 到 255.255.255.255，如图 2.5 所示。

1111 XXXX
XXXXXXXX
XXXXXXXX
XXXXXXXX

图 2.5　E 类地址

其中，部分 IP 地址不允许在 Internet 上使用，而只能在局域网内部使用，即私网地址，所有的路由器都不能发送目标地址为私网地址的数据报。私网地址包括以下内容。

- A 类地址：10.0.0.0 ~ 10.255.255.255。
- B 类地址：172.16.0.0 ~ 172.31.255.255。
- C 类地址：192.168.0.0 ~ 192.168.255.255。

更为特别的是，全 0（32 个 0）的地址不能作为 IP 地址，根据 RFC 文档描述，它不只是代表本机，0.0.0.0/8 可以表示本网络中的所有主机，0.0.0.0/32 可以用作本机的源地址，0.0.0.0/8 也可表示本网络上的某个特定主机，综合起来可以说 0.0.0.0 表示整个网络。

在路由器配置中可用 0.0.0.0/0 表示默认路由，作用是帮助路由器发送路由表中无法查询的分组。如果设置了全 0 网络的路由，路由表中无法查询的分组都将送到全 0 网络的路由中去。

（1）严格来说，0.0.0.0 已经不是一个真正意义上的 IP 地址了。它表示的是这样一个集合，即所有不清楚的主机和目的网络。这里的"不清楚"是指在本机的路由表中没有特定条目指明如何到达。如果在网络设置中设置了默认网关，那么 Windows 系统会自动产生一个目的地址为 0.0.0.0 的默认路由。

（2）网络中 0.0.0.0 的 IP 地址表示整个网络，即网络中的所有主机。它的作用是帮助路由器发送路由表中无法查询的分组。如果设置了全 0 网络的路由，路由表中无法查询的分组都将送到全 0 网络的路由中去。

当 32 位 IP 地址为全 1 时，该 IP 地址叫作有限广播地址，主要用于本网广播，且 A、B、C 类中的主机位为 1 时，表示在相应网内的广播地址。

2.3　子网划分

如果按以上 IP 地址的分类直接划分网络，则会存在许多问题，例如，路由器的效率问题、IP 地址的浪费问题等。因此在 1991 年，研究人员提出了子网（subnet）划分的概念。子网划分方案允许从主机位中取出部分位用作子网位，这样就可以将一个标准的 IP 网络划分成几个小的网络，从而将"网络 ID+主机 ID"二层结构变成"网络 ID+子网 ID+主机 ID"的三层结构，以提高 IP 地址的利用率。

1. 划分子网

可以将一个标准的 IP 地址（IP 网络）根据需要划分为不同的几个子网络。子网划分还有助于在一个单位内部组织其业务流，同时可以使来自外部的源分组的选路更简单。外部的源分组无需知道目的子网的任何情况，因为所有的子网是在同一个标准网络地址下，且所有发往该网络中任何地址的分组都首先要经过一个路由器，然后由该路由器决定把数据向哪个子网发送。

要划分子网，可采取如下步骤。

（1）确定需要的网络 ID 数：

- 每个 LAN 子网一个。
- 每条广域网连接一个。

（2）确定每个子网所需的主机 ID 数：

- 每个 TCP/IP 主机一个。

- 每个路由器接口一个。

（3）根据上述需求，确定如下内容：

- 一个用于整个网络的子网掩码。
- 每个物理网段的唯一子网 ID。
- 每个子网的主机 ID 范围。

2. 子网掩码

要让上述方案有效，网络中的每台机器都必须知道主机地址的哪部分为子网地址，这是通过给每台机器分配子网掩码实现的。即使不划分子网，仍然要使用子网掩码，因为 Internet 的标准规定：所有的网络都必须使用子网掩码，同时在路由器的路由表中也必须有子网掩码这一栏。如果一个网络不划分子网，那么该网络的子网掩码就使用默认子网掩码。默认子网掩码中 1 的位置和 IP 地址中的网络位相对应，0 的位置和主机位相对应，因此 A、B、C 三类 IP 地址的默认子网掩码如下：

- A 类地址的默认子网掩码为 255.0.0.0，即 0xFF000000。
- B 类地址的默认子网掩码为 255.255.0.0，即 0xFFFF0000。
- C 类地址的默认子网掩码为 255.255.255.0，即 0xFFFFFF00。

3. CIDR（无类域间路由选择）

划分子网在一定程度上缓解了因特网在发展中遇到的困难。然而在 1992 年 Internet 仍然面临 3 个必须解决的问题：B 类地址很快将要分配完毕；Internet 主干上的路由表中的项目数急剧增加；整个 IPv4 的地址最终将会全部耗尽。因此 IETF 很快就研究出采用无类域间路由选择的方法解决前两个问题，再专门成立 IPv6 工作组负责研究解决新版本 IP 协议的问题。使用变长子网掩码（Variable Length Subnet Mask，VLSM）进一步提高 IP 地址资源的利用率。在 VLSM 的基础上又进一步研究出无分类编址方法，它的正式名字是无类域间路由选择（Classless Inter-Domain Routing，CIDR）。

它是 ISP 用来将大量地址分配给客户的一种方法。从 ISP 那里获得的地址块类似于 192.168.10.32/28，这种斜线表示法指出了子网掩码中有多少位 1，例如，子网掩码是 255.255.224.0 时，对应的 CIDR 值是/19。

当选定子网掩码和所要划分的 IP 地址之后，就可以根据子网掩码计算子网数和每个子网的主机数了。例如，子网掩码为 255.255.255.192（/26），IP 地址为 192.168.10.0。子网数为 2^m-2，m 为网络位数（如果系统支持全 0 和全 1 的子网号则不需减 2），子网主机数为 2^n-2，n 为主机位数。因此可知道子网位数为 2 位，可划分 4 个子网（假设系统支持全 0 和全 1 子网），主机位数为 6 位，每个子网的主机数为 $2^6-2=62$ 台，因为主机位为全 0 和全 1 时分别是该子网号和广播地址，需要减掉 2。因此可知，4 个子网分别为：

- 子网 192.169.10.0，主机 IP 为 192.168.10.1~192.168.10.62，广播地址为 192.168.10.63。
- 子网 192.168.10.64，主机 IP 为 192.168.65~192.168.10.126，广播地址为 192.168.10.127。
- 子网 192.168.10.128，主机 IP 为 192.168.129~192.168.10.190，广播地址为 192.168.10.191。
- 子网 192.168.10.192，主机 IP 为 192.168.193~192.168.10.254，广播地址为 192.168.10.255。

此外，思科（CISCO）也提供了一种更为快捷的子网划分方法，还是以子网掩码为 255.255.255.192

（/26），IP 地址为 192.168.10.0 为例，同样先确定有 4 个子网，每个子网主机数为 62，块大小即每个子网的大小为（256-子网掩码），即 256-192=64，从 0 开始不断增加，直到达到子网掩码值，中间的结果就是子网，即 0、64、128、192，同样也可以达到目的并且更快速。

以一个 B 类网络的划分为例仔细说明思科的这种方法。假如要划分的 IP 地址是 172.16.0.0，子网掩码是 255.255.240.0，假设全 0 和全 1 子网可用。那么可划分的子网数为 2^4=16，每个子网的主机数为 2^{12}-2=4094。

有哪些合法的子网？256-240=16，因此子网为 0、16、32、48 直到 240。下面列出使用子网掩码 255.255.240.0 时，该 B 类网络包含的前 4 个子网，以及这些子网的合法主机地址范围和广播地址。

- 子网 172.16.0.0，主机 IP 为 172.16.0.1~172.16.15.254，广播地址为 172.16.15.255。
- 子网 172.16.16.0，主机 IP 为 172.16.16.1~172.16.31.254，广播地址为 172.16.31.255。
- 子网 172.16.32.0，主机 IP 为 172.16.32.1~172.16.47.254，广播地址为 172.16.47.255。
- 子网 172.16.48.0，主机 IP 为 172.16.48.1~172.16.63.254，广播地址为 172.16.63.255。

后面的子网以此类推。

2.4 VLSM 设计

VLSM 是一种产生不同大小子网的网络分配机制，指一个网络可以配置不同的掩码。开发可变长度子网掩码的想法就是在每个子网上保留足够的主机数的同时，把一个子网进一步分成多个小子网时有更大的灵活性。如果没有 VLSM，一个子网掩码只能提供给一个网络，这样就限制了要求的子网数上的主机数。下面从一个具体案例来看看什么是 VLSM，如图 2.6 所示。

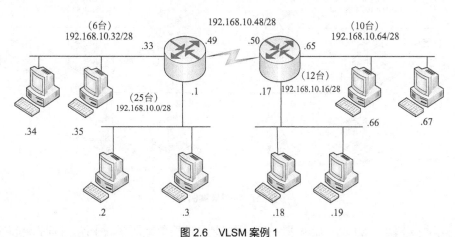

图 2.6　VLSM 案例 1

图中有两台路由器，每台路由器连接了两个 LAN，而两台路由器通过 WAN 串行链路相连。我们使用分类网络设计进行子网划分：

网络地址=192.168.10.0

子网掩码=255.255.255.240

这样的子网划分，使得该网络最多包含 16 个子网（在配置 ip subnet-zero 命令后第一个子网和最后一个子网可以合法使用），每个子网最多包含 14 台主机。例如，子网 192.168.10.0/28 需要 25 个 IP 地址，那么这就意味着不能满足该网段的要求。点到点 WAN 链路也有 14 个合法主机地址，但两个路由器端口只需要两个 IP 地址，多余的 IP 地址不能挪用给需要的网段，造成了 IP 地址的浪费。如果采用无类网络设计则不会出现这样的问题，具体如下。

IP 地址需求如下：5 个子网（不要忘记两台路由器之间也是一个网段）所需的主机地址数分别是（习惯从地址数由多到少）：

25 台　　12 台　　10 台　　6 台　　2 台

因此需借用的主机位作为网络位的位数分别是：

3 位　　　4 位　　　4 位　　　5 位　　　6 位

$2^5>25$　　$2^4>12$　　$2^4>10$　　$2^3>6$　　$2^2>2$

因此，第 1 个子网最后一个字节是 <u>000</u>00000~<u>000</u>11111，即子网 192.168.10.0/27，此子网的主机 IP 地址范围是 192.168.10.1~192.168.10.30，共 30 个，广播地址是 192.168.10.31（主机位全为 1 时为广播地址，全为 0 时为子网号）。同理，第 2 个子网最后一个字节是：

<u>001</u>00000~<u>001</u>01111

即子网 192.168.10.32/28，此子网的主机 IP 地址范围是 192.168.10.33 ~ 192.168.10.46，共 14 个，广播地址是 192.168.10.47。同理，第 3 个子网即子网 192.168.10.48/28，此子网的主机 IP 地址范围是 192.168.10.49~192.168.10.62，共 14 个，广播地址是 192.168.10.63。第 4 个子网即子网 192.168.10.64/29，此子网的主机 IP 地址范围是 192.168.10.65~192.168.10.70，共 6 个，广播地址是 192.168.10.71。第 5 个子网即子网 192.168.10.72/30，此子网的主机 IP 地址范围是 192.168.10.73~192.168.10.74，共 2 个，广播地址是 192.168.10.75。采用 VLSM 设计后的网络 IP 地址规划如图 2.7 所示。

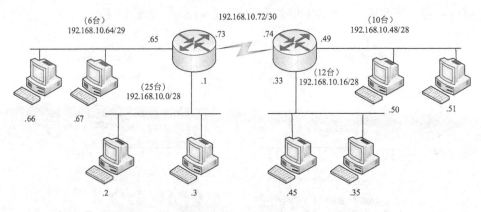

图 2.7　VLSM 案例 1

在实际工程实践中，VLSM 能够进一步将网络划分成三级或更多级子网。同时，能够考虑使用全 0 网和全 1 子网以节省网络地址空间。例如，某局域网上使用了 27 位的掩码，则每个子网可以支持 30 台主机（$2^5-2=30$）；而对于 WAN 连接而言，每个连接只需要 2 个地址，理想的方案是使用 30 位掩码（$2^2-2=2$），然而因同主类别网络相同掩码的约束，WAN 之间也必须使用 27 位掩码，这样就浪费了 28 个地址。

再来看一个案例。一家集团公司有 12 家子公司，每家子公司又有 4 个部门。上级给出一个 172.16.0.0/16 的网段，让给每家子公司以及子公司的部门分配网段，如图 2.8 所示。

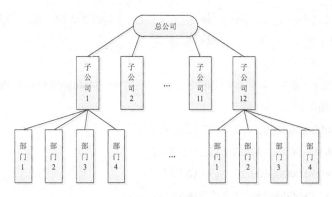

图 2.8　VLSM 案例 2

具体思路如下：既然有 12 家子公司，那么就要划分 12 个子网段，但是每家子公司又有 4 个部门，因此又要在每家子公司所属的网段中划分 4 个子网分配给各部门。具体步骤如下。

1. 先划分各子公司的所属网段

有 12 家子公司，那么就有 $2^n \geq 12$，n 的最小值为 4。因此，网络位需要向主机位借 4 位。那么就可以从 172.16.0.0/16 这个大网段中划出 2^4（即 16）个子网。

详细过程如下。

先将 172.16.0.0/16 的第 3、4 个字节用二进制表示为 172.16.00000000.00000000/16。主机位借 4 位之后可以划分 16 个子网，具体如下。

（1）172.16.00000000.00000000/20（172.16.0.0/20）。

（2）172.16.00010000.00000000/20（172.16.16.0/20）。

（3）172.16.00100000.00000000/20（172.16.32.0/20）。

（4）172.16.00110000.00000000/20（172.16.48.0/20）。

（5）172.16.01000000.00000000/20（172.16.64.0/20）。

（6）172.16.01010000.00000000/20（172.16.80.0/20）。

（7）172.16.01100000.00000000/20（172.16.96.0/20）。

（8）172.16.01110000.00000000/20（172.16.112.0/20）。

（9）172.16.10000000.00000000/20（172.16.128.0/20）。

（10）172.16.10010000.00000000/20（172.16.144.0/20）。

（11）172.16.10100000.00000000/20（172.16.160.0/20）。

（12）172.16.10110000.00000000/20（172.16.176.0/20）。

（13）172.16.11000000.00000000/20（172.16.192.0/20）。

（14）172.16.11010000.00000000/20（172.16.208.0/20）。

（15）172.16.11100000.00000000/20（172.16.224.0/20）。

（16）172.16.11110000.00000000/20（172.16.240.0/20）。

从这 16 个子网中选择 12 个即可，就将前 12 个分给下面的各子公司。每个子公司最多容纳主机数目为 $2^{12} - 2 = 4094$。

2. 再划分子公司各部门的所属网段

以甲公司获得 172.16.0.0/20 为例，其他子公司的部门网段划分同甲公司。甲公司有 4 个部门，

那么就有 $2^n \geq 4$，n 的最小值为 2。因此，网络位需要向主机位借 2 位。那么就可以从 172.16.0.0/20 这个网段中再划出 2^2（即 4）个子网，正符合要求。

详细过程如下。

先将 172.16.0.0/20 的第 3、4 字节用二进制表示为 172.16.00000000.00000000/20。借 2 位后可划分出 4 个子网，具体如下。

（1）172.16.00000000.00000000/22（172.16.0.0/22）。

（2）172.16.00000100.00000000/22（172.16.4.0/22）。

（3）172.16.00001000.00000000/22（172.16.8.0/22）。

（4）172.16.00001100.00000000/22（172.16.12.0/22）。

将这 4 个网段分给甲公司的 4 个部门即可。每个部门最多容纳主机数目为 $2^{10}-2=1022$。

2.5　IP 地址故障诊断与排除

在计算机网络中，总是会碰到一些网络故障导致网络不通，而其中一些网络故障是由 IP 编址错误导致的。因此，学会排除 IP 编址故障是必须掌握的一项重要技能。本节介绍思科设备排除 IP 编址故障的方式，以图 2.9 为例。

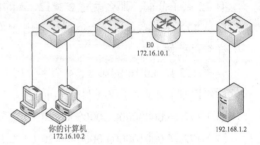

图 2.9　IP 寻址排错 1

第一步：打开命令提示符，ping 127.0.0.1。这是诊断（环回）地址，如果 ping 操作成功，则说明 IP 栈初始化了；如果失败，说明 IP 栈出现了故障，需要在主机上重新安装 TCP/IP，如图 2.10 所示。

```
PC>ping 127.0.0.1

Pinging 127.0.0.1 with 32 bytes of data:

Reply from 127.0.0.1: bytes=32 time=0ms TTL=128
Reply from 127.0.0.1: bytes=32 time=21ms TTL=128
Reply from 127.0.0.1: bytes=32 time=20ms TTL=128
Reply from 127.0.0.1: bytes=32 time=19ms TTL=128

Ping statistics for 127.0.0.1:
    Packets: Sent = 4, Received = 4, Lost = 0 (0% loss),
Approximate round trip times in milli-seconds:
    Minimum = 0ms, Maximum = 21ms, Average = 15ms
```

图 2.10　ping 环回地址

第二步：在命令提示符窗口中，ping 当前主机的 IP 地址。如果成功，说明网络接口卡（NIC）正常；如果失败，则说明 NIC 出现了故障，这一步成功并不意味着电缆插入了网卡，只意味着主机的 IP 协议栈能够与网卡通信，如图 2.11 所示。

第三步：在命令提示符窗口中，ping 默认网关（路由器）。如果成功，说明网卡连接到了网络，能够与本地网络通信；如果失败，则说明本地物理网络出现了故障，该故障可能位于网卡到路由器之间的任何地方，如图 2.12 所示。

```
PC>ping 172.16.10.2

Pinging 172.16.10.2 with 32 bytes of data:

Reply from 172.16.10.2: bytes=32 time=11ms TTL=128
Reply from 172.16.10.2: bytes=32 time=0ms TTL=128
Reply from 172.16.10.2: bytes=32 time=22ms TTL=128
Reply from 172.16.10.2: bytes=32 time=1ms TTL=128

Ping statistics for 172.16.10.2:
    Packets: Sent = 4, Received = 4, Lost = 0 (0% loss),
Approximate round trip times in milli-seconds:
    Minimum = 0ms, Maximum = 22ms, Average = 8ms
```

图 2.11　ping 主机 IP

```
PC>ping 172.16.10.1

Pinging 172.16.10.1 with 32 bytes of data:

Reply from 172.16.10.1: bytes=32 time=0ms TTL=255
Reply from 172.16.10.1: bytes=32 time=0ms TTL=255
Reply from 172.16.10.1: bytes=32 time=0ms TTL=255
Reply from 172.16.10.1: bytes=32 time=0ms TTL=255

Ping statistics for 172.16.10.1:
    Packets: Sent = 4, Received = 4, Lost = 0 (0% loss),
Approximate round trip times in milli-seconds:
    Minimum = 0ms, Maximum = 0ms, Average = 0ms
```

图 2.12　ping 网关

第四步：如果第一步到第三步都成功，则尝试 ping 远程服务器。如果成功，说明本地主机和远程服务器能够进行 IP 通信，且远程物理网络运行正常，如图 2.13 所示。

```
PC>ping 192.168.1.2

Pinging 192.168.1.2 with 32 bytes of data:

Reply from 192.168.1.2: bytes=32 time=1ms TTL=127
Reply from 192.168.1.2: bytes=32 time=0ms TTL=127
Reply from 192.168.1.2: bytes=32 time=0ms TTL=127
Reply from 192.168.1.2: bytes=32 time=0ms TTL=127

Ping statistics for 192.168.1.2:
    Packets: Sent = 4, Received = 4, Lost = 0 (0% loss),
Approximate round trip times in milli-seconds:
    Minimum = 0ms, Maximum = 1ms, Average = 0ms
```

图 2.13　ping 远程地址

如果第一步到第四步成功了但用户仍不能与服务器通信，则可能存在某种名称解析问题，需要检查域名系统（DNS）设置。如果 ping 远程服务器时失败，便可确定存在某种远程物理网络问题，需要对服务器执行第一步到第三步，直到找到问题所在。

除了 ping 命令外，还有一些基本命令有助于排除个人计算机和路由器中的网络故障。

* traceroute：使用 TTL 超时和 ICMP 错误消息，显示前往某个网络目的地时所经路径上的所有路由器。该命令不能在命令提示符窗口中使用。

* tracert：功能与 traceroute 相同，是 Windows PC 的命令，在路由器上无效。

* arp -a：在 Windows PC 中显示 IP 地址到 MAC 地址的映射。

* show ip arp：功能与 arp -a 相同，但用于路由器中显示 ARP 表。

* ipconfig -all：在 Windows PC 中显示网络配置。

在执行了 4 个基本的故障排除步骤并确定存在问题之后，需要找出并修复问题，而这些问题有可能是主机、路由器，以及其他网络设备配置了错误的 IP 地址、子网掩码或默认网关。

来看一个案例。如图 2.14 所示，销售部的一位用户给网络管理员打电话，说无法访问市场营销部的服务器 A，网络管理员问他能否访问市场营销部的服务器 B，他说不知道，因为他没有登录该服务器的权限，网络管理员该如何解决这个问题？

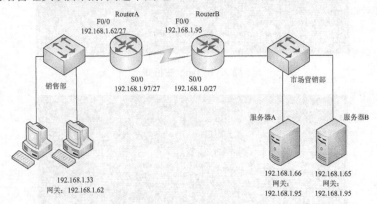

图 2.14 IP 寻址排错 2

如果按前面介绍的 4 个步骤排除故障，发现前三步都成功了，但第四步失败了，说明网络故障出现在路由器 A 到服务器这之间的某一处。查看拓扑图，首先路由器 A 和路由器 B 之间的 WAN 链路使用的子网掩码为/27，即 255.255.255.224，得知所有网络都使用该掩码，因此可以确定合法的子网有 32、64、96、128 等。销售部属于子网 32，WAN 链路属于子网 96，市场营销部属于子网 64，由此可以确定每个子网的合法 IP 范围。

- 销售部 LAN 为 192.168.1.33~192.168.1.62，广播为 192.168.1.63。
- 市场营销部 LAN 为 192.168.1.65~192.168.1.94，广播为 192.168.1.95。
- WAN 链路为 192.168.1.97~192.168.1.126，广播为 192.168.1.127。

最后发现是路由器 B 的 IP 地址配置不正确，因为这是子网 64 的广播地址，不是合法的主机地址。

再来看一个案例，如图 2.15 所示，销售部 LAN 中的一位用户无法访问服务器 B，网络管理员问她能否访问市场营销部的服务器 B，已经执行了故障诊断的 4 个基本步骤，发现该主机可以与本地网络相互通信，但是不能与远端网络进行通信。如何解决这个问题？

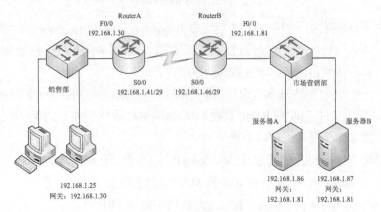

图 2.15 IP 寻址排错 3

如果使用相同的步骤解决这个问题，可以看到 WAN 链路提供的子网掩码使用的是/29，即 255.255.255.248，要解决这个问题，需要推断出合法的子网、广播地址和合法的主机范围。248 掩码的块尺寸为 8（255-248=8），因此，子网起始于 8 的整数倍，通过该图示可以看出，销售部的 LAN 在子网 24 中，WAN 链路在子网 40 中，而市场营销部的 LAN 在子网 80 中。销售部的合法主机范围是 25～30，而且配置正确，WAN 链路的合法范围是 41～46，这明显是没有问题的，80 子网的合法主机范围是 81～86。由于下一个子网是 88，故其广播地址为 87，而服务器 B 则被配置在这个子网的广播地址上。

IP 地址故障诊断与排除总结：牢记 4 个故障排除步骤：ping 环回地址、ping NIC、ping 默认网关以及 ping 远程设备。在执行 4 个排除步骤之后，必须能够在拓扑结构图中找出错误的 IP 编址。利用其他命令辅助排除故障，如 tracert（Windows DOS 命令）、traceroute（思科路由器）、ipconfig –all（Windows DOS 命令）、arp –a（Windows DOS 命令）。

2.6　案例分析

1. 案例：子网划分

某公司最初拥有十多台计算机，由于公司规模不大，因此大家的计算机都在同一个 C 类网络 192.168.1.0 中。但随着公司的发展，人员规模增多，而且为了能够更好地保护公司的信息与文档，现在要求根据不同的部门把原来的一个网络分成多个子网。

问题 1：原来财务部的两台个人计算机的 IP 地址是 192.168.1.118 和 192.168.1.116，现在要增加 1 台计算机，最多可能增加到 5 台。那么应该使用的新的子网掩码是什么？新增加的这台计算机的可用 IP 地址有哪些？

问题 2：开发部门的 6 台机器原来使用的 IP 地址比较零散，数字最小的是 192.168.1.16，最大的是 192.168.1.43，为了使这些机器都处于同一个子网，那么应该使用的新的子网掩码是什么？这个子网最大可以容纳多少台主机？子网号和广播地址分别是什么？

问题 3：划分为子网之后，如果需要跨子网通信，需要采用什么设备？当两台路由器的广域网接口直接相连时，浪费最小的 IP 地址分配方案的子网掩码应该是多少位？

2. 案例分析

（1）问题 1：根据题目的要求，首先要使这两个 IP 地址能够处于同一个子网中，因此要找出这两个 IP 地址的相同的位，前 24 位显然是相同的，因此只要比较最后 8 位。

- 192.168.1.118 的最后 8 位是 01110110。
- 192.168.1.116 的最后 8 位是 01110100。

只要子网掩码中 1 的位数小于等于 30，就能保证这两个 IP 地址处于相同的子网之中。然后再考虑第二个条件，即要使该网段至少能包含 5 台机器，所以要确保主机位数大于等于 3，即子网掩码 1 的位数为 29（32-3），即 255.255.255.248。

而其网络号的最后 8 位就是 01110 000，即 112（192.168.1.112）；广播地址则是主机号全为 1，最后 8 位应该是 01110 111，即 119（192.168.1.119）。因此在这个范围之内的 IP 地址，除已经使用的 192.168.1.116 和 192.168.1.118 外都可以使用。

（2）问题2：与前一个问题类似。首先要找出这两个IP地址的相同位，因为前24位相同，因此比较后8位。

- 192.168.1.16的最后8位是00010000。
- 192.168.1.43的最后8位是00101011。

从上面可以看出只有最前面的两位是相同的。因此只要子网掩码中1的位数是小于等于26，就能保证这两个IP地址处于相同的子网中，因此子网掩码中1的位数为26，即255.255.255.192。而网络号的最后8位数应该是00000000，即192.168.1.0，广播地址则是主机号全为1，最后8位应该是00111111，即192.168.1.63，因此在这个范围之类可用的IP地址是192.168.1.1～192.168.1.62，共有主机62台。

（3）问题3：IP地址是网络层地址，如果网络层地址不在同一个子网内，就需要借助工作在第三层的设备，如路由器、三层交换机等。两台路由器的广域网接口直接相连时，只需要分配两个IP地址，因此主机号需要的位数显然是2位，子网掩码就是30位，即255.255.255.252。

习题与思考

1. 在VLSM网络中，为减少对IP地址的浪费，应在点到点WAN链路上使用哪个子网掩码？

2. 某企业好不容易申请了一个C类地址219.133.46.0，现准备构建图2.16所示的网络，每个子网有不超过25台主机，其中网络1～5是企业分部或总部的局域网，网络6～9是起互联作用的广域网。如何划分子网？

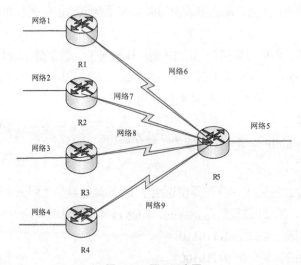

图2.16　题2示意图

3. 采用C类地址192.168.0.0/24对图2.17所示网络进行规划。

4. 要测试本地主机的IP栈，可ping哪些IP地址？

5. 如何进行IP地址故障诊断与排除？

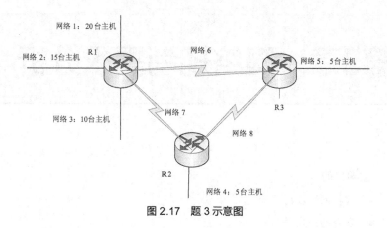

图 2.17　题 3 示意图

网络实训

　　某公司使用一个 C 类网段地址 201.39.18.0/24，该公司有 3 个部门，还有一些服务器、打印机等共用办公设备，经统计，这 3 个部门的人数分别为 80、50、25，共用办公设备的数量为 10 台左右，公司领导要求通过子网划分的方式将这 3 个部门和这些共用办公设备分别划分到不同的网段中，以达到各个部门间及各部门与共用办公设备间进行网络隔离的目的，作为一个网络工程师，该如何规划？

03 第3章 网络规划需求分析

教学目的
- 掌握网络应用目标
- 理解网络应用约束
- 掌握网络分析的技术指标

教学重点
- 网络分析的技术指标
- 分析网络流量的方法

3.1 网络需求分析的内容

网络需求分析是在网络设计中用来获取和确定系统需求的过程，它描述了网络系统的行为、特性或属性，是在设计实现网络系统过程中对系统的约束。在需求分析阶段，需要确定用户有效完成工作所需的网络服务和性能水平。需求分析是网络设计过程的基础。在该阶段，需求分析包括以下内容。

- 建网目标分析。
- 应用需求分析。
- 网络性能分析。
- 网络流量分析。
- 安全需求分析。
- 网络安全及灾难恢复分析。

3.2 建网目标分析

建网目标的分析内容包括最终目标分析和近期目标分析。其中最终目标分析内容包括：网络建设到怎样的规模；如何满足用户需求；采用的网络协议是否是 TCP/IP；体系结构是 Intranet 还是非 Intranet（即是否为企业网）；计算模式是采用传统 C/S 模式、B/S 模式还是采用 B/S/D 模式；网络上最多站点数和网络最大覆盖范围；网络安全性的要求；网络上必要的应用服务和预期的应用服务；根据应用服务需求对整个系统的数据量、数据流量及数据流向进行估计，从而可以大致确定网络的规模及其主干设备的规模和选型。网络建设的近期目标一般比较具体，容易实现，但是需要注意：近期建设目标所确定的网络方案必须有利于升级和扩展到最终建设目标，在升级和扩展到最终建设目标的过程中，尽可能保持近期建设目标的投资。

3.3　应用需求分析

1.　应用背景需求

确定应用目标之前需要分析应用背景需求，概括当前网络应用的技术背景，明确行业应用的方向和技术趋势，以及本企业网络信息化的必然性。同时应用背景需求分析需要考虑实施网络集成的问题，包括国外同行业的信息化程度，以及取得了哪些成效，国内同行业的信息化趋势，本企业信息化的目的，本企业拟采用的信息化步骤等。

（1）分析网络应用目标的工作步骤。

- 从企业高层管理者开始收集商业需求。
- 收集用户群体需求。
- 收集支持用户和用户应用的网络需求。

（2）典型网络设计目标。

- 加强合作交流，共享重要数据资源。
- 加强对分支机构或部署的调控能力。
- 降低电信及网络成本，包括与语音、数据、视频等独立网络有关的开销。

（3）明确网络设计项目范围。

- 设计新网络还是修改网络。
- 网络规模是一个网段、一个（组）局域网、一个广域网，还是远程网络或一个完整的企业网。

明确用户的网络应用（网络应用统计表）见表 3.1。

表 3.1　网络应用统计表（例）

应用名称	应用类型	是否为新应用	重要性	备注
办公邮件	电子邮件	否	1	
OA	办公自动化	否	2	
会议系统	视频会议	是	3	中层及以上领导
……				

注：1—非常重要；2—重要；3——一般。

2.　网络应用约束

网络规划设计是一个严谨的科学技术实施过程，期间有大量的约束存在。

（1）政策、法律法规方面的约束，需求阶段要做到以下几点。

- 与用户详细讨论其办公政策和技术发展路线。
- 要与用户就协议、标准、供应商等方面的政策进行讨论。
- 不期待所有人都会使用用户新项目。

（2）预算、成本方面的约束，需求阶段要做到以下几点。

网络规划设计的目标之一就是在预算内进行成本的有效控制。预算包括设备采购、软件采购、维护和测试费用、培训费用和系统设计安装费用等，当然，还可能包括数据处理费用和可能的外包费用。

（3）时间方面的约束，需求方面要做到以下几点。

- 用项目进度表规定项目最终期限和重要阶段。
- 用户负责管理项目进度，但设计者必须确认日程表的可行性。

3.4 网络性能分析

网络规划设计有严谨科学的技术指标，可以实现对设计网络性能的定量分析，因此在进行网络需求分析阶段，需要确定网络性能的技术指标。很多国际组织定义了明确的网络性能技术指标，这些指标为我们设计网络提供了一条性能基线（Baseline），主要分为两大类。

- 网元级：网络设备的性能指标。
- 网络级：将网络看作一个整体，其端到端的性能指标。

在本书中，重点关注网络级性能指标。

1. 时延（Delay 或 Latency）

时延是从网络的一端发送一个比特到网络的另一端接收到这个比特所经历的时间，具体的路由器时延介绍详见 5.5.3 节。

$$总时延=传播时延+发送时延+重传时延+分组交换时延+排队时延$$

2. 吞吐量（Throughput）

吞吐量是在单位时间内传输无差错数据的能力。吞吐量可针对某个特定连接或会话定义，也可以定义网络总的吞吐量，具体的路由器吞吐量介绍详见 5.5.3 节。

3. 容量（Capability）

容量是数据通信设备发挥预定功能的能力，经常用来描述通信信道或连接的能力。

4. 网络负载

网络负载用 G 表示，在单位时间内总共发送的平均帧数：

$$吞吐量=GP[发送成功]$$

5. 分组丢失率（Packet Loss Rate）

分组丢失率是在某时段内，两点间传输中丢失分组与总的分组发送量的比率，也叫丢失率。这个指标是反映网络状况最为直接的指标，无拥塞时路径分组丢失率为 0，轻度拥塞时分组丢失率为 1%~4%，严重拥塞时分组丢失率为 5%~15%。一般来讲，分组丢失的主要原因是路由器的缓存队列溢出。与分组丢失率相关的一个指标是"差错率"，也称"误码率"，但是这个值通常极小。具体的路由器分组丢失率介绍详见 5.5.3 节。

6. 时延抖动（Jitter）

时延抖动是分组的单向时延的变化。变化量应小于时延的 1%~2%，即对于平均时延为 200ms 的分组，时延抖动 2~4s。时延抖动对视频和音频的干扰影响最大。图 3.1 所示为上述网络性能指标之间的关系。具体的路由器时延抖动介绍详见 5.5.3 节。

7. 带宽（Bandwidth）

带宽分为瓶颈带宽和可用带宽。瓶颈带宽是指两台主机之间路径上的最小带宽链路（瓶颈链路）的值，可用带宽则是指沿着该路径当时能够传输的最大带宽。

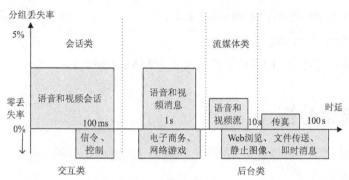

图 3.1　网络性能指标

表 3.2 所示为几个典型应用的带宽需求。

8. 响应时间（Respond Time）

响应时间是指从服务请求发出到接收到响应所花费的时间，经常用来特指客户机向主机交互地发出请求并得到响应信息所需要的时间。这也是用户比较关心的一个网络性能指标。一般来讲，当响应时间超过 100ms（即 1/10s）的时候，就会引起不良反映；超过 100ms，就能意识到等待网络的传输。

表 3.2　典型应用的带宽需求

应　　用	带　　宽
个人计算机通信	14.4~50kbit/s
数字音频	1~2Mbit/s
压缩音频	2~10Mbit/s
文档备份	10~100Mbit/s
非压缩视频	1~2Gbit/s

9. 利用率（Utilization）

利用率指设备在使用时所能发挥的最大能力。例如，网络监测工具表明某网段的利用率是 30%，这意味着有 30%的容量在使用中。在网络分析与设计中，通常会考虑两种类型的利用率，即 CPU 利用率和链路利用率。

10. 效率（Efficiency）

效率是指为产生所需的输出要求的系统开销。网络效率明确了发送通信需要多大的系统开销，不论这些系统开销是否由冲突、差错、重定向或确认等原因所致。目前提高网络效率的方法主要有：一是尽可能提高 MAC 层允许的最大长度的帧；二是使用长帧要求链路层具有较低的差错率。

11. 可用性（Availability）

可用性是指网络或网络设备可用于执行预期任务的时间总量（百分比）。IP 可用性指标用于衡量 IP 网络的性能，这是因为许多 IP 应用程序运行的好坏直接依赖于 IP 分组丢失率指标，当分组丢失率指标超过设定的阈值时，许多应用变得不可用。因此，该指标反映了 IP 分组丢失率对应用性能的影响。具体路由器的可用性定义详见 5.5.3 节。

12. 可扩展性（Scalability）

可扩展性是网络技术或设备随着用户需求的增长而扩充的能力。

13. 安全性（Security）

安全性总体目标是安全性问题不应干扰开展业务的能力。

14. 可管理性（Manageability）

可管理性是每个用户都可能有其不同的网络可管理性目标。

15. 适应性（Adaptability）

适应性是在用户改变应用要求时网络的应变能力。

16. 可购买性（Purchasability）

可购买性是基本目标在给定财务成本的情况下，使通信量最大。

3.5 网络流量分析

在过去的 20 多年中，许多研究人员通过对 Internet 流量细致的分析和研究，揭示了 Internet 基本行为和特性的十大规律。

规律 1：Internet 的通信量连续变化。Internet 通信量增长迅速，通信量的组成、协议、应用，以及用户等都在变化，对现有网络收集的数据只是在 Internet 的演化过程中的一个快照。不能把通信量的结构视为不变的。

规律 2：表征聚合的网络流量的特点很困难。Internet 具有异构性的本质，存在大量不同类的应用，多种协议、多种接入技术和接入速率、用户行为随时间的变化以及 Internet 本身随时间变化。

规律 3：网络流量具有"邻近相关性"效应。流量模式不是随机的，流量的结构域用户与在应用层发起的任务有关，各分组并非是独立的。网络流量在时间上、空间上都具有邻近相关性。同时，在主机级、路由器级和应用级都有该效应。

规律 4：分组流量分布并不均匀。例如，因为客户机服务器方式、地理原因等，使 10%的主机占了总流量的 90%，

规律 5：分组长度呈现双模态。许多段分组包括交互式的流量和确认，约占 40%，许多长分组是批量数据文件传输类型应用，这些分组尽可能长些（根据 MTU），约占 50%。中等长度的分组很少，仅 10%左右。

规律 6：会话到达过程满足一定的随机过程，如泊松过程等。Internet 的最终用户是人，任何人在任何时间、任何地点都可以独立地随机发起对 Internet 的接入。例如，用户向互联网服务器请求单个的页面，就服从泊松过程。

规律 7：分组到达的规律不符合泊松分布。经典的排队论和网络设计是基于假定分组的到达规律是泊松分布的，即无记忆的指数分布。但是通过长期的研究发现，分组是突发式到达的（分组有成群的特性），分组到达的前后有关联，到达时间并非指数分布，到达时间并非独立的。分组流量具有突发性，平均值可能很低，但峰值可能很高，这与用户使用网络的时间段有关。流量的自相似性显示：在较长的时间范围内存在突发性，而且这种突发性很难精确定义。

规律 8：多数 TCP 会话是简短的。90%的会话交换的数据少于 10KB；90%的交互连接仅持续几秒；80%的互联网文档传送小于 10KB。

规律 9：网络流量具有双向性，但是通常并不对称。网络流量数据通常在两个方向流动，两个方向的数据量往往相差很大，尤其是下载互联网的大文件，多数应用都是使用 TCP/IP 流量。

规律 10：在 Internet 分组流量中，TCP 的份额占绝大多数。迄今为止，TCP 依然是最重要的协

议，即使有 IP 电话和多播技术的使用（这些应用是在 UDP 上运行），TCP 仍占主导地位。

综上分析，分析和确定当前网络通信量和未来网络容量需求是网络规划设计的基础。具体内容包括：

- 参考 Internet 流量当前的特征。
- 需要通过基线网络来确定通信数量和容量。
- 需要估算网络流量及预测通信增长量的实际操作方法。

具体步骤包括：

- 分析产生流量的应用特点和分布情况，因而需要搞清楚现有应用和新应用的用户组和数据存储方式。
- 将网络划分成易于管理的若干区域，这种划分往往与网络的管理等级结构是一致的。
- 在网络结构图上标注出工作组和数据存储方式的情况，定性分析出网络流量的分布情况。
- 辨别出逻辑网络边界和物理边界，进而找出易于进行管理的域，其中，网络逻辑边界是能够根据使用一个或一组特定的应用程序的用户群来区分，或者根据虚拟局域网确定的工作组来区分，网络物理边界可通过逐个连接来确定一个物理工作组，通过网络边界可以很容易地分割网络。

分析网络通信流量特征包括辨别网络通信的源点和目的地，并分析源点和目的地之间数据传输的方向和对称性。因为在某些应用中，流量是双向对称的；而在某些应用中，却不具有这些特征，例如，客户机发送少量的查询数据，而服务器则发送大量的数据。而且在广播式应用中，流量是单向非对称的。

在分析网络流量的最后，还需要对现有网络流量进行测量，一种是主动式的测量，通过主动发送测试分组序列测量网络行为；另一种是被动式的测量，通过被动俘获流经测试点的分组测量网络行为。通信流量的种类包括客户机/服务器方式（C/S）、对等方式（P2P）、分布式计算方式等。估算的通信负载一般包含应用的性质、每次通信的通信量、传输对象大小、并发数量、每天各种应用的频度等。

3.6　安全需求分析

满足基本的安全要求是网络成功运行的必要条件，在此基础上提供强有力的安全保障，是网络系统安全的重要原则。网络内部部署了众多的网络设备、服务器，保护这些设备的正常运行，维护主要业务系统的安全，是网络的基本安全需求。对于各种各样的网络攻击，如何在提供灵活且高效的网络通信及信息服务的同时，抵御和发现网络攻击并且提供跟踪攻击的手段是网络基本的安全要求。主要表现为以下几种情况。

- 网络正常运行，在受到攻击的情况下，能够保证网络系统继续运行。
- 网络管理/网络部署的资料不被窃取。
- 具备先进的入侵检测及跟踪体系。
- 提供灵活而高效的内外通信服务。

与普通网络应用不同的是，应用系统是网络功能的核心。对于应用系统应该具有最高的网络安全措施。应用系统的安全体系应包括以下内容。

- 访问控制，通过对特定网段、服务建立的访问控制体系，将绝大多数攻击阻止在到达攻击目标之前。

- 检查安全漏洞，通过对安全漏洞的周期检查，即使攻击可到达攻击目标，也可使绝大多数攻击无效。
- 攻击监控，通过对特定网段、服务建立的攻击监控体系，可实时检测出绝大多数攻击，并采取相应的行动（如断开网络连接、记录攻击过程、跟踪攻击源等）。
- 加密通信，主动的加密通信可使攻击者不能了解、修改敏感信息。
- 认证，良好的认证体系可防止攻击者假冒合法用户。
- 备份和恢复，良好的备份和恢复机制可在攻击造成损失时，尽快地恢复数据和系统服务。
- 多层防御，攻击者在突破第一道防线后延缓或阻断其到达攻击目标。
- 隐藏内部信息，使攻击者不能了解系统内的基本情况。
- 设立安全监控中心，为信息系统提供安全体系管理、监控、维护以及紧急情况服务平台安全的需求。

网络平台将支持多种应用系统，对于每种系统均在不同程度要求充分考虑平台安全与平台性能和功能的关系。通常，系统安全与性能和功能是一对矛盾的关系。如果某个系统不向外界提供任何服务（断开），外界是不可能构成安全威胁的。但是，若要提供更多的服务，将网络建成了一个开放的网络环境，各种安全包括系统级的安全问题也随之产生。

3.7　网络冗余及灾难恢复分析

容灾技术是系统的高可用性技术的组成部分，容灾系统更加强调处理外界环境对系统的影响，特别是灾难性事件对整个 IT 节点的影响，提供节点级别的系统恢复功能。根据容灾系统对灾难的抵抗程度，可分为数据容灾和应用容灾。数据容灾是指建立一个异地的数据系统，该系统是对本地系统关键应用数据实时复制。当出现灾难时，可由异地系统迅速接替本地系统而保证业务的连续性。应用容灾比数据容灾层次更高，即在异地建立一套完整的、与本地数据系统相当的备份应用系统（可以同本地应用系统互为备份，也可与本地应用系统共同工作）。在灾难出现后，远程应用系统迅速接管或承担本地应用系统的业务运行。设计一个容灾备份系统，需要考虑多方面的因素，如备份/恢复数据量大小、应用数据中心和备援数据中心之间的距离和数据传输方式、灾难发生时所要求的恢复速度、备援中心的管理及投入资金等。根据这些因素和不同的应用场合，通常可将容灾备份分为 4 个等级。

- 第 0 级：没有备援中心。这一级容灾备份，实际上没有灾难恢复能力，它只在本地进行数据备份，并且被备份的数据只在本地保存，没有送往异地。
- 第 1 级：本地磁带备份，异地保存。在本地将关键数据备份，然后送到异地保存。灾难发生后，按预定数据恢复程序，恢复系统和数据。这种方案成本低、易于配置。但当数据量增大时，存在存储介质难管理的问题，并且当灾难发生时存在大量数据难以及时恢复的问题。为了解决此问题，灾难发生时，先恢复关键数据，后恢复非关键数据。
- 第 2 级：热备份站点备份。在异地建立一个热备份点，通过网络进行数据备份。也就是通过网络以同步或异步方式，把主站点的数据备份到备份站点。备份站点一般只备份数据，不承担业务。当出现灾难时，备份站点接替主站点的业务，从而维护业务运行的连续性。

- 第 3 级：活动备援中心。在相隔较远的地方分别建立两个数据中心，它们都处于工作状态，并进行相互数据备份。当某个数据中心发生灾难时，另一个数据中心接替其工作任务。这种级别的备份根据实际要求和投入资金的多少，又可分为两种：两个数据中心之间只限于关键数据的相互备份；两个数据中心之间互为镜像，即零数据丢失等。零数据丢失是目前要求最高的一种容灾备份方式，它要求不管什么灾难发生，系统都能保证数据的安全。所以，它需要配置复杂的管理软件和专用的硬件设备，需要的投资相对而言是最大的，但恢复速度也是最快的。

3.8 案例分析

1. **案例 1：网络实验室局域网的设计**

一个具有 80 台计算机的网络实验室仍然属于一个小型 LAN，但由于该网络有几十名学生要在较短时间内（如 10s 内）打开共享实验服务器上的信息需求，需要对网络应用需求进行分析，并进行相应的设计。

（1）需求分析

- 把 4 台计算机设计为一组，组内突发流量峰值可达几十 Mbit/s，组间的通信量通常较小，组内使用一个 8 端口的百兆交换机。

- 80 台计算机需要同时共享实验服务器的信息，打开实验支持系统网站页面（大约 30KB）、下载软件实验工具（大约 3MB）和文档（大约 80KB），为了使时延感觉不致太大，要求访问文件的时延不大于 10s。

- 要求在 10s 内从一台服务器向外输出量将达约 250MB，即约 199Mbit/s。

- 考虑到一台服务器输入数据需要处理动态网页和处理数据库的能力，将难以保证在 10s 内完成这样的任务，因此，可以考虑采用双服务器设计方案。

（2）设计方案

- 每 40 台计算机共享一台服务器，这样共需两台服务器。

- 由于目前的专用服务器通常够标准配置两块千兆网卡，服务器与交换机连接可采用两个百兆链路聚合的措施，增强访问服务器的能力。

- 每 4 台个人计算机组成一组，共 20 组，每组用一个 8 端口百兆交换机相连，共需 20 个这样的交换机。

- 每 10 组用一个 16 端口的百兆交换机互连，形成多星结构。

- 为了增加容错能力，将两台 16 端口的百兆交换机用百兆双绞线连接起来。

（3）重点设备选择提示

- 交换机的接口数量规格通常只有 8 口、16 口、24 口、48 口等。

- 接口速率通常有 10/100Mbit/s、1000Mbit/s 和 10Gbit/s。

- 接口类型通常有双绞线和光纤，而且 1000Mbit/s 及以上速率的接口通常为光纤介质。

2. **案例 2：办公环境局域网的设计**

200 台计算机的办公 LAN，需要共享各种办公服务器信息，要求采用千兆交换机作为该网的主干容量，即"千兆到交换机，百兆到桌面"。

（1）需求分析

- 办公网络环境包括了较多的网络信息服务器，如 DNS 服务器、Web 服务器、电子邮件服务器，支持多种信息查询，网络流量高度不均匀。
- 办公环境覆盖范围可达 400~500m，并可能覆盖几个楼层。
- 网络短时间的中断影响不大，因此不必考虑冗余备份措施，降低系统的造价。
- 设置中心交换机和各楼层主交换机，它们之间采用千兆速率光缆；各楼层主交换机到各办公室交换机，以及各办公室交换机到桌面计算机之间采用百兆双绞线。
- 各网络信息服务器与中心交换机相连。

（2）设计方案

- 6 台计算机一组，约需 34 组，每组用一个 8 端口百兆交换机，共需 34 个这样的交换机。
- 每层安置 11~12 组，可用一个 16 端口的百兆交换机互联这些组。
- 这些层交换机应具有一个千兆光端口，与中心的一个千兆交换机相连，形成多星结构。
- 为增加访问专用服务器的速度，用 2 条千兆链路聚合起来与服务器的 2 块千兆网卡相连。

（3）设计要点

当 LAN 中的用户机器较多时，需要用多级交换机形成星型网络结构。

- 传输速率：从桌面到层交换机为百兆，层交换机到中心交换机为千兆。
- 传输介质：距离不超过 100m 采用双绞线，距离超过 100m 采用光缆。
- 服务器：采用交换机链路聚合技术增强服务器能力。

习题与思考

1. 简述网络规划阶段需求分析的方法和解决的问题（控制在 100 字以内）。
2. 网络需求分析的技术指标是什么？
3. 分析网络流量的方法是什么？

网络实训

A 大学全校共有 3 万多名师生，分成 3 个校区，即东校区、西校区和北校区，整个校园的核心都在东校区，东校的网络负载量最大，西部校区使用校园网的人很少，东校区和北校区相距 60km，东校区和西校区相距 10km。该大学在 20 世纪 90 年代建设了一期校园网，在主要办公区域部署了网络信息接入点，实现了与 Internet 的连接，2000 年初开始了二期改造项目，实现了全校所有楼宇（包括学生宿舍）的计算机网络布线，但是随着计算机网络技术的发展，现有的网络设备已经无法满足全校师生对网络的使用需求，尤其是 IPv6 逐步推广，很多不支持 IPv6 的三层网络设备急需淘汰，出口带宽和网络安全防御方案也需要升级改造，同时需要增加无线接入点。请给出该网络的升级改造需求方案。

04 第4章 逻辑网络设计

教学目的

- 了解网络服务的评价指标、网络服务的技术指标
- 掌握网络结构设计、网络冗余设计、网络接入设计
- 了解路由选择协议设计对逻辑网络设计的重要性

教学重点

- 网络服务的评价指标
- 网络技术指标
- 网络结构设计

4.1 网络逻辑结构设计

网络的逻辑结构设计来自用户需求中描述的网络行为和性能等要求。逻辑设计要根据网络用户的分类和分布选择特定的技术，形成特定的网络结构。网络结构大致描述了设计的互连及分布，但是不对具体的物理位置和运行环境进行确定。在逻辑网络设计过程中，需要解决如下问题。

- 逻辑网络设计目标。
- 网络服务。
- 网络技术指标。
- 逻辑网络设计的工作内容。

4.2 逻辑网络设计目标

逻辑网络的设计目标主要来自需求分析说明书中的内容，尤其是网络需求部分，由于这部分内容直接体现了网络管理部门和人员对网络设计的要求，因此需要重点考虑，一般情况下，逻辑网络设计的目标如下。

- 合适的应用运行环境。逻辑网络设计必须为应用系统提供环境，并可以保障用户能够顺利地访问应用系统。
- 成熟而稳定的技术选型。在逻辑网络设计阶段，应该选择较为成熟稳定的技术，越是大型的项目，越要考虑技术的成熟度，以避免错误投入。
- 合理的网络结构。合理的网络结构不仅可以减少一次性投资，而且可以避免网络建设中出现的各种复杂问题。

- 合适的运营成本。逻辑网络设计不仅决定了一次性投资、技术选型、网络结构，也直接决定了运营维护等周期性投资。

- 逻辑网络的可扩充性能。网络设计必须具有较好的可扩充性，以便满足用户增长、应用增长的需要，保证不会因为这些增长而导致网络重构。

- 逻辑网络的易用性。网络对于用户是透明的，网络设计必须保证用户操作的单纯性，过多的技术性限制会导致用户对网络的满意度降低。

- 逻辑网络的可管理性。对于网络管理员来说，网络必须提供高效的管理手段和途径，否则不仅会影响管理工作本身，也会直接影响用户。

- 逻辑网络的安全性。网络安全应提倡适度安全，对于大多数网络来说，既要保证用户的各种安全需求，又不能给用户带来太多限制。但是对于特殊的网络，必须采用较为严密的网络安全措施。

4.3 网络服务

网络设计人员应该依据网络提供的服务要求来选择特定的网络技术，不同的网络，其服务的要求不同，但是对于大多数网络来说，都存在着两个主要的网络服务——网络管理和网络安全，这些服务在设计阶段是必须考虑的。

4.3.1 网络管理服务

网络管理可以根据网络的特殊需要，将其划分为几个不同的大类，其中的重点内容是网络故障诊断、网络的配置，以及重配置和网络监视。

1. 网络故障诊断

网络故障诊断主要借助网管软件、诊断软件和各种诊断工具。对于不同类型的网络和技术，需要的软件和工具是不同的，应在设计阶段就考虑到网络工程中各种诊断软件和工具的需要。

2. 网络的配置及重配置

网络的配置及重配置是网络管理的另一个问题，各种网络设备都提供了多种配置方法，同时也提供了配置重新装载的功能。在设计阶段，考虑到网络设备的配置保存和更新需要，提供特定的配置工具及配置管理工具，对于方便管理人员的工作是非常必要的。

3. 网络监视

网络监视的需求随着网络规模和复杂性的不同而不同，网络监视是为了预防灾难，使用监视服务来防止异常情况并监测网络的运行情况。

4.3.2 网络安全

网络安全系统是网络逻辑设计的固有部分，网络设计者可以采用以下步骤来进行安全设计。

1. 明确需要安全保护的系统

首先要明确网络中需要重点保护的关键系统，通过该项工作，可以找出安全工作的重点，避免全面铺开而又无法面面俱到的局面。

2. 确定潜在的网络弱点和漏洞

对于重点防护的系统，必须通过对这些系统的数据存储、协议传递和服务方式等的分析，找出可能存在的网络弱点和漏洞。在设计阶段，应依据工程经验对这些网络弱点和漏洞设计特定的防护措施；在实施阶段，再根据实施效果进行调整。

3. 尽量简化安全

安全设计要注意简化问题，不要盲目扩大安全技术和措施的重要性，适当采用一些传统而有效、成本低廉的安全技术提高安全性是非常有必要的。

4. 安全制度

单纯的技术措施是无法保证网络的整体安全的，必须匹配相应的安全制度。在逻辑设计阶段尚不能制定完备的安全制度，但是对安全制度的大致性要求，包括培训、操作规范和保密制度等框架性要求是必须明确的。

4.4　技术评价

根据用户的需求设计逻辑网络时，选择正确的网络技术比较关键，在进行选择时应考虑以下因素。

1. 通信带宽

所选择的网络技术必须保证有足够的带宽，能够为用户访问应用系统提供保障。在进行选择时，不能仅满足现有的应用要求，还要考虑适当的带宽增长需求。

2. 技术成熟度

所选择的网络技术必须是成熟、稳定的技术，有些新的应用技术在尚没有大规模投入应用时还存在着较多不确定因素，而这些不确定因素将会为网络建设带来很多不可估量的损失。虽然新技术的自身发展离不开工程应用，但是对于大型网络工程来说，项目本身不能成为新技术的试验田。因此，尽量使用较为成熟、拥有较多案例的技术是明智的选择。同时，在面对技术变革的特殊时期，可以采用试点的方式缩小新技术的应用范围，规避技术风险，待技术成熟后再进行大规模应用。

3. 网络可靠性

可靠性是网络信息系统能够在规定条件下和规定的时间内完成规定的功能的特性。可靠性是系统安全的最基本要求之一，是所有网络信息系统的建设和运行目标。网络信息系统的可靠性测度主要有三种：抗毁性、生存性和有效性。

4. 可扩充性

网络设计者的设计依据是较为详细的需求分析，但是在选择网络技术时不能仅考虑当前的需求，而忽视未来的发展。在大多数情况下，设计人员都会在设计中预留一定的冗余，在带宽、通信容量、数据吞吐量和用户并发数等方面，网络实际需要和设计结果之间的比例应小于一个特定值，以便未来的发展。一般来说，这个值为 70%~80%，在不同的工程中，可以根据需要进行调整。

5. 社会经济效益

选择网络技术最关键的一条不是技术的扩展性、高性能，也不是成本最低等概念，决定设计和网络管理人员采用某种技术的最关键点是技术的投入产出比，即社会经济效益，尤其是一些借助网络实现营运的工程，只有通过投入产出比分析，得知设计的网络能带来的大概的社会经济效益，才能最后决定技术的使用。

4.5 逻辑网络设计的工作内容

逻辑网络设计包括以下内容：

- 网络结构设计。
- 网络冗余设计。
- 网络接入设计。
- 路由选择协议设计。
- 逻辑设计文档。

4.5.1 网络结构设计

传统意义上的网络拓扑是将网络中的设备和节点描述成点，将网络线路和链路描述成线。用于研究网络的方法，随着网络的不断发展，单纯的网络拓扑结构已经无法全面描述网络。因此，在逻辑网络设计中，网络结构的概念正在取代网络拓扑结构的概念，成为网络设计的框架。

网络结构是对网络进行逻辑抽象，描述网络中主要连接设备和网络计算机节点分布所形成的网络主体框架，网络结构与网络拓扑结构的最大区别在于在网络拓扑结构中只有点和线不会出现任何的设备和计算机节点。网络结构主要是描述连接设备和计算机节点的连接关系。

由于当前的网络工程主要由局域网和实现局域网互连的广域网构成，因此可以将网络工程中的网络结构设计分成局域网结构和广域网结构两个设计部分内容，其中，局域网结构主要讨论数据链路层的设备互连方式，广域网结构主要讨论网络层的设备互连方式。

1. 局域网结构

当前的局域网络相对于传统意义上的局域网络已经发生了很多变化，传统意义上的局域网络只具备二层通信功能，现代意义上的局域网络不仅具有二层通信功能，同时具有二层至多层通信的功能。现代局域网络从某种意义上说，称为园区网络更为合适。以下是在进行局域网络设计时常见的局域网络结构。

（1）核心局域网结构

单核心局域网结构主要由一台核心二层或三层交换设备构建局域网络的核心，通过多台接入交换机接入计算机节点，该网络一般通过与核心交换机互连的路由设备（路由器或防火墙）接入广域网中，典型的单核心结构如图 4.1 所示。

对单核心结构分析如下。

- 核心交换设备在实现上多采用二层、三层交换机或多层交换机。
- 如采用三层或多层设备，可以划分成多个 VLAN，在

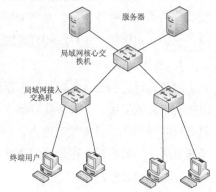

图 4.1　单核心局域网结构

VLAN 内只进行数据链路层帧转发。

- 网络内各 VLAN 之间访问需要经过核心交换设备，并且只能通过网络层数据分组转发方式实现。
- 网络中除核心交换设备以外不存在其他的带三层路由功能的设备。
- 核心交换设备与各 VLAN 设备可以采用 10M/100M/1000M 以太网连接。
- 节省设备投资。
- 网络结构简单。
- 部门局域网络访问核心局域网及相互之间访问效率高。
- 在核心交换设备端口富余的前提下，部门网络接入较为方便。
- 网络地理范围小，要求部门网络分布比较紧凑。
- 核心交换机是网络的故障单点，容易导致整网失效。
- 网络的扩展能力有限。
- 对核心交换设备的端口密度要求较高。
- 除非规模较小的网络，否则桌面用户不直接与核心交换设备相连，也就是核心交换机与用户计算机之间应存在接入交换机。

（2）双核心局域网结构

双核心结构主要由两台核心交换设备构建局域网核心，该网络一般也是通过与核心交换机互连的路由设备接入广域网，并且路由器与两台核心交换设备之间都存在物理链路。典型的双核心结构如图 4.2 所示。

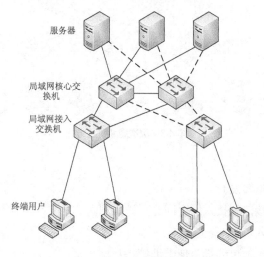

图 4.2　双核心局域网结构

对双核心结构分析如下。

- 核心交换设备在实现上多采用三层交换机或多层交换机。
- 网络内各 VLAN 之间访问需要经过两台核心交换设备中的一台。
- 网络中除核心交换设备以外不存在其他的具备路由功能的设备。
- 核心交换设备之间运行特定的网关保护或负载均衡协议，例如，HSRP、VRRP 和 GLBP 等。
- 核心交换设备与各 VLAN 设备可以采用 10M/100M/1000M 以太网连接。

- 网络拓扑结构可靠。
- 路由层面可以实现无缝热切换。
- 部门局域网络访问核心局域网及相互之间有多条路径选择，可靠性更高。
- 在核心交换设备端口富余的前提下，部门网络接入较为方便。
- 设备投资比单核心高。
- 对核心路由设备的端口密度要求较高。
- 核心交换设备和桌面计算机之间存在接入交换设备，接入交换设备同时和双核心存在物理连接。
- 所有服务器都直接同时连接至两台核心交换机，借助网关保护协议，实现桌面用户对服务器的高速访问。

（3）层次局域网结构

层次结构主要定义了根据不同功能要求将局域网络划分层次构建的方式，从功能上定义为核心层、汇聚层和接入层。层次局域网一般通过与核心层设备互连的路由设备接入广域网络。典型的层次结构如图 4.3 所示。

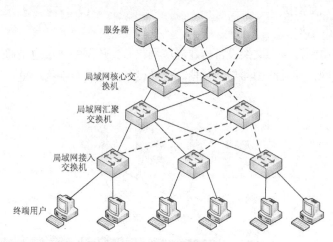

服务器

局域网核心交换机

局域网汇聚交换机

局域网接入交换机

终端用户

图 4.3　层次局域网结构

对层次结构分析如下。

- 核心层实现高速数据转发。
- 汇聚层实现丰富的接口和接入层之间的互访控制。
- 接入层实现用户接入。
- 网络拓扑结构故障定位可分级，便于维护。
- 网络功能清晰，有利于发挥设备的最大效率。
- 网络拓扑有利于扩展。

2. 层次化网络设计

（1）层次化网络设计模型

层次化网络设计模型可以帮助设计者按层次设计网络结构，并对不同层次赋予特定的功能，为不同层次选择正确的设备和系统，一个典型的层次化网络结构包括以下特征。

- 由经过可用性和性能优化的高端路由器和交换机组成的核心层。
- 由用于实现策略的路由器和交换机构成的汇聚层。
- 由用于连接用户的低端交换机等构成的接入层。

在上述网络结构介绍中，层次局域网结构和层次广域网结构就是层次化网络模型分别在局域网和广域网设计中的应用。随着用户的不断增多，网络复杂度不断增大，层次化网络设计模型成为位于网络主流的园区网络的经典模型。

层次化网络设计模型的优点如下。

- 可使网络成本降到最低，通过在不同层次上设计特定的网络互连设备，可以避免为各层中不必要的特性花费过多的资金。层次化模型可在不同层次进行更细致的容量规划，从而减少带宽浪费。可使网络管理产生层次性，从而减少控制管理成本。
- 层次化设计模型在设计中可以采用不同层次上的模块化，模块就是层次上的设备及连接集合，这使得每个设计元素简化并易于理解，并且网络层次间交接点也很容易识别，使得故障隔离得到提高，保障了网络的稳定性。
- 层次化设计使得网络的改变变得更加容易，当网络中的一个网元需要改变时，升级的成本限制在整个网络很小的一个子集中，对网络的整体影响达到最小。

层次化模型中最为经典的是三层模型，该模型允许在三个层次的路由或交换层上实现流量汇聚和过滤，这使得三层模型的规模可以从中小型公司的规模扩充到大型的Internet。三层模型主要将网络划分为核心层、汇聚层和接入层。核心层提供不同区域或者下层的高速连接和最优传送路径；汇聚层将网络业务连接到接入层，并且实施与安全、流量负载和路由相关的策略；接入层为局域网接入广域网或终端用户访问网络提供接入，如图 4.4 所示。

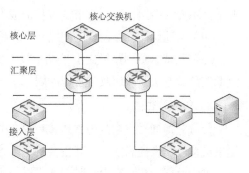

图 4.4　三层模型

（2）层次化设计的原则

层次化网络设计应该遵循一些简单的原则，这些原则可以保证设计出来的网络更加具有层次的特性。在设计时，设计者应该尽量控制层次化的程度，一般情况下，有核心层、汇聚层和接入层 3 个层次就足够了，过多的层次会导致整体网络性能下降，并且会提高网络的延迟，同时也不方便网络故障排查和文档编写。在接入层应当保持对网络结构的严格控制，接入层的用户总是为了获得更大的外部网络访问带宽而随意申请其他的渠道访问外部网络，这是不允许的。为了保证网络的层次性，不能在设计中随意加入额外连接。额外连接是指打破层次性，在不相邻层间的连接，这些连接会导致网络中的各种问题，例如，缺乏汇聚层的访问控制和数据报过滤等。在进行设计时，应当首先设计接入层，根据流量负载、流量和行为的分析对上层进行更精细的容量规划，再依次完成各上层的设计。除了接入层的其他层次外，应尽量采用模块化方式，每个层次由多个模块或者设备集合构成，每个模块间的边界应非常清晰。

4.5.2　网络冗余设计

网络冗余设计允许通过设置双重网络元素来满足网络的可用性需求。冗余降低了网络的单点失效，其目标是重复设置网络组件，以避免单个组件的失效而导致应用失效。这些组件可以是一台核心路由器、交换机，也可以是两台设备间的一条链路，或者是一个广域网连接，甚至可以是电源、风扇和设备引擎等设备上的模块。对于某些大型网络来说，为了确保网络中的信息安全，在独立的数据中心之外还设置了冗余的容灾备份中心，以保证数据备份或者应用在故障下的切换。

在网络冗余设计中，对于通信线路常见的设计目标主要有两个：一个是备份路径，另一个是负载分担。

1. 备份路径

备份路径主要是为了提高网络的可用性。当一条路径或者多条路径出现故障时，为了保障网络的连通，网络中必须存在冗余的备份路径。备用路径由路由器、交换机等设备之间的独立备用链路构成，一般情况下，备用路径仅仅在主路径失效时投入使用。

在设计备份路径时主要考虑以下因素。

（1）备份路径的带宽。备份路径带宽的依据，主要是网络中重要区域、重要应用的带宽需要。设计人员要根据主路径失效后，哪些网络流量不能中断来形成备用路径的最小带宽需求。

（2）切换时间。切换时间是指从主路径故障到备用路径投入使用的时间，切换时间主要取决于用户对应用系统中断服务时间的容忍度。

（3）非对称。备用路径的带宽比主路径的带宽小是正常的设计方法，由于备用路径在大多数情况下并不投入使用，过大的带宽容易造成浪费。

（4）自动切换。在设计备用路径时，应尽量采用自动切换方式，避免使用手工切换。

（5）测试。备用路径由于长期不投入使用，对线路、设备上存在的问题并不容易发现，应设计定期的测试方法，以便及时发现问题。

2. 负载分担

负载分担通过冗余的方式提高网络的性能，是对备用路径方式的扩充。负载分担通过并行链路提供流量分担来提高性能，其主要的实现方法是利用两个或多个网络接口和路径来同时传递流量。

关于负载分担，在设计时要考虑以下因素。

（1）当网络中存在备用路径、备用链路时，可以考虑加入负载分担设计。

（2）对于主路径、备用路径都相同的情况，可以实施负载分担的特例——负载均衡，也就是多条路径上的流量是均衡的。

（3）对于主路径、备用路径不相同的情况，可以采用策略路由机制，让一部分应用的流量分摊到备用路径上。

（4）在路由算法的设计上，大多数设备制造厂商实现的路由算法都能够在相同带宽的路径上实现负载均衡，甚至部分特殊的路由算法，例如，在 IGRP 和 EIERP 中，可以根据主路径和备用路径的带宽比例实现负载分担。

4.5.3　网络接入设计

随着网络规模的不断发展，网络用户的流动性和地域分散特性不断增加。远程企业用户需要借助特殊的接入方式实现对企业网络的访问，而城市的网络用户也需要借助同样的技术实现对 Internet 的访问，因此这些特殊的技术主要应用于城域网，可以称为城域网远程接入技术。

1．传统的 PSTN 接入技术

PSTN 接入技术是较为经典的远程连接技术，通过在客户计算机和远程的拨号服务器之间分别安装调制解调器，实现数字信号在模拟语音信道上的调制，通过公用电话网（PSTN）完成数据传输。PSTN 接入的传输速率较低，目前常见的速率是 33.6kbit/s 或者 56kbit/s。其中 33.6kbit/s 双向传输速率相同，而 56kbit/s 双向传输速率不均衡，上行为 33.6kbit/s。下行为 56kbit/s。同时，PSTN 的接入速率还要受调制解调器性能和电话线路质量的影响。PSTN 接入技术主要使用两种协议，分别为 PPP（Point to Point Protocol，点对点协议）和 SLIP（Serial Line Internet Protocol，串行线路网际协议），其中 SLIP 只能为 TCP/IP 协议提供传输通道，而 PPP 可以为多种网络协议族提供传输通道。因此，PPP 协议也是应用最广的协议。

设计 PPP 协议时需要考虑口令认证机制，PPP 协议支持两种类型的认证机制，分别为口令认证协议（PAP）和应答握手认证协议（CHAP）。其中，PAP 协议在进行认证时，用户的口令以明文方式进行传递，而 CHAP 则利用二次握手和一个临时产生的可变应答值来验证远程节点，因此，在实际应用中应尽量使用 CHAP 作为 PPP 协议的认证机制。

在设计 PSTN 接入时，需要在网络中添加远程访问服务器（RAS），通常是带有拨号服务功能的路由器。这些路由器可以配置内置 Modem 的拨号模块，也可以通过普通模块连接外置 Modem 池实现。RAS 除了可以在自身存储静态的用户名和密码之外，还可以借助于 RADIUS、TACACS 等服务完成对动态用户与口令库的访问，如图 4.5 所示。

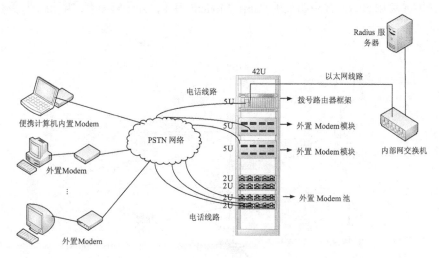

图 4.5　PSTN 接入

2．综合业务数据网

综合业务数据网（ISDN）是由地区电话服务供应商提供的数字数据传输业务，支持在电话线上传输文本、图像、视频、音乐、语音和其他的媒体数据。在 ISDN 上使用 PPP 协议，以实现数据封装、链路控制、口令认证和协议加载等功能。ISDN 提供的电路包括 64kbit/s 的承载用户信息信道（B 信道）和承载控制信息信道（D 信道），同时 ISDN 提供了两种速率接口，分别为基本速率接口和基群速率接口。

基本速率接口主要用于个人用户的远程接入，基群速率接口主要用于企业或者团体的接入。在个人接入中,通过运营商端 ISDN 交换机提供的接口实现计算机信号和语音信号的分离,计算机信号通过 PRI 接口经路由器进入网络;在企业接入中,两端的路由器通过带有 PRI 接口的路由器互连,完成两个网络的连接。

3. 线缆调制解调器

线缆调制解调器运行在有线电视(CATV)使用的同轴电缆上,可以提供比传统电话线更高的传输速率,典型的 CATV 网络系统提供 25 ~50Mbit/s 的下行带宽和 2~3Mbit/s 的上行带宽。同时,线缆调制解调器的另一个优势是不需要拨号就能实现远程站点访问。线缆调制解调器需要对传统的单向 CATV 网络进行双向改造形成数字业务网络,可以采用双缆方式(一根上行、一根下行)和单缆方式(高频下行、低频上行)。运营商通常采用混合光纤/铜缆(Hybrid Fiber/Coax,HFC)系统将 CATV 网络和运营商的高速光纤网络连接在一起。HFC 系统使用户能将计算机或者小型局域网连接到用户的同轴电缆上高速地访问 Internet 或使用 VPN 软件接入企业网络。

使用线缆调制解调器远程接入必须依赖于运营商一端的线缆调制解调器终端设备(CMTS),该设备向大量的线缆调制解调器提供高速连接。多数运营商都会借助通用的宽带路由器实现 CMTS 功能,这些路由器安装在运营商的电缆服务头端,同时提供计算机网络和 PSTN 网络的连接。

如图 4.6 所示,CMTS 的以太口可以直接与以太网相连,同时通过中继线路连接 PSTN 网络,将双向的网络和语音信号调制形成上行和下行的模拟信号,单向的有线电视下行信号以频分复用合入下行信号中。在 HFC 区域中,借助于光收发器、光电转换器等设备完成信号的中继和传递,通常光纤采用双纤,电缆采用单缆;客户端采用 Cable Modem 相连,并分解出有线电视、计算机网络和电话信号。

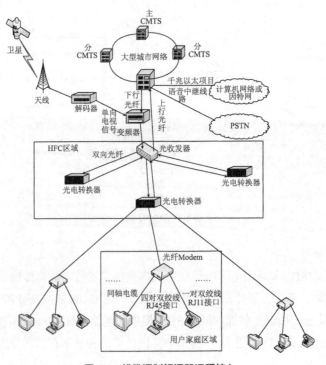

图 4.6　线缆调制解调器远程接入

4. 数字用户线路远程接入

数字用户线路（Digital Subscriber Line，DSL）允许用户在传统的电话线上提供高速的数据传输，用户计算机借助于 DSL 调制解调器连接到电话线上，通过 DSL 连接访问 Internet 或者企业网络。

DSL 采用尖端的数字调制技术，可以提供比 ISDN 快得多的速率，其实际速率取决于 DSL 的业务类型和很多物理层因素，例如，电话线的长度、线径、串扰和噪声等。

DSL 技术存在多种类型，以下是常见的技术类型。

* ADSL：非对称 DSL，用户的上、下行流量不对称，一般具有 3 个信道，分别为 1.544~9Mbit/s 的高速下行信道，16~640kbit/s 的双工信道，64kbit/s 的语音信道。

* SDSL：对称 DSL，用户的上、下行流量对等，最高可以达到 1.544Mbit/s。

* ISDN DSL：介于 ISDN 和 DSL 之间，可以提供最远距离为 4600~5500m 的 128kbit/s 双向对称传输。

* HDSL：高比特率 DSL，是在两个线对上提供 1.544Mbit/s 或在三个线对上提供 2.048Mbit/s 对称通信的技术，其最大特点是可以运行在低质量线路上，最大距离为 3700~4600m。

* VDSL：甚高比特率 DSL，一种快速非对称 DSL 业务，可以在一对电话线上提供数据和语音业务。

在这些技术中，ADSL 的应用范围最广，已经成为城域网接入的主要技术。

ADSL 接入需要的设备有接入设备（局端设备 DSLAM 和用户端设备 ATU-R）、用户线路和管理服务器。其中，DSLAM 作为 ADSL 的局端收发传送设备，主要由运营商提供，为 ADSL 用户端提供接入和集中复用功能，同时提供不对称数据流的流量控制，用户可以通过 DSLAM 接入 IP 等数据网和传统的语音电话网；用户端设备 ATU-R 实现 POTS 语音与数据的分离，完成用户端 ADSL 数据的接收和发送，即 ADSL Modem。ADSL 采用双绞线作为承载媒介，语音与数据信号同时承载在双绞线上，无须对现有的用户线路进行改造，有利于宽带业务的扩展。管理服务器主要是宽带接入服务器（BRAS），除了能够提供 ADSL 用户接入的终结、认证、计费和管理等基本 BRAS 业务外，还可以提供防火墙、安全控制、NAT 转换、带宽管理和流量控制等网络业务管理功能，如图 4.7 所示。

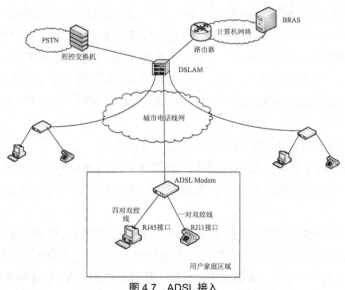

图 4.7　ADSL 接入

在选择城域网远程接入技术时，主要依据现有城域网的建设情况，并适当考虑租用经费。一般来说，城域网的远程接入主要是由电信运营商提供，设计人员需要根据远程用户的分布、用户是否需要形成专用网络、运营商的线路铺设和租赁费用等情况，与电信运营商技术服务人员进行协商和讨论，形成最终接入方案。

5. 光纤接入技术

光纤接入网（Optical Access Network，OAN）是目前发展最快速的接入网技术，除了重点解决电话等窄带业务的接入问题外，还可以同时解决调整数据业务、多媒体图像等宽带业务的接入问题。

光纤接入是指终端用户通过光纤连接到局端设备。根据光纤深入用户的程度的不同，光纤接入可以分为 FTTB（Fiber To The Building，光纤到楼）、FTTP/FTTH（将光缆扩展到家庭或企业）、FTTO（光纤到办公室）、FTTC（光纤到路边）等。光纤是宽带网络中多种传输媒介中最理想的一种，它的特点是传输容量大、传输质量好、损耗小、中继距离长等。光纤接入网泛指从交换机到用户之间的馈线段、配线段，以及引入线段的部分或全部以光纤实现接入的通信系统。光纤做传输媒介，替代传统的铜线，"光进铜退"可以说是一种革命。

光纤接入可以分为有源光接入和无源光接入。光纤用户网的主要技术是光波传输技术。光纤传输的复用技术发展相当快，多数已处于实用化。复用技术用得最多的有时分复用（TDM）、波分复用（WDM）、频分复用（FDM）、码分复用（CDM）等。光纤通信不同于有线电通信，后者是利用金属媒体传输信号，光纤通信则是利用透明的光纤传输光波。虽然光和电都是电磁波，但频率范围相差很大。光纤接入网从技术上可分为两大类：有源光网络（Active Optical Network，AON）和无源光网络（Passive Optical Network，PON）。有源光网络又可分为基于 SDH 的 AON 和基于 PDH 的 AON；无源光网络可分为窄带 PON 和宽带 PON。光纤接入的步骤分为三步：

- 在客户端使用普通的路由器串行接口与客户端光纤 Modem 相连。
- 客户端光纤 Modem 通过光纤直接与距客户端最近的城域网节点的光纤 Modem 相连。
- 最后通过 ISP 公司的骨干网出口接入 Internet 。

6. 无线接入技术

无线接入技术（Radio Interface Technologies，RIT）是指通过无线介质将用户终端与网络节点连接起来，以实现用户与网络间的信息传递。无线信道传输的信号应遵循一定的协议，这些协议构成无线接入技术的主要内容。无线接入技术与有线接入技术的一个重要区别在于可以向用户提供移动接入业务。无线接入网是指部分或全部采用无线电波这一传输媒质连接用户与交换中心的一种接入技术。在通信网中，无线接入系统的定位：是本地通信网的一部分，是本地有线通信网的延伸、补充和临时应急系统。

无线接入技术分为固定接入技术和移动接入技术两大类。

- 固定无线接入网主要为固定位置的用户或仅在小区内移动的用户提供服务，其用户终端主要包括电话机、传真机或数据终端等，实现方式主要包括固定无线接入系统、一点多址微波系统等。
- 移动无线接入网比较重视数据通信的时效性，要求在移动的过程中完成对数据信息的存取。通过移动和无线通信系统接入 Internet 的方式分为两大类：一是基于蜂窝的接入技术，如蜂窝数字分组数据（CDPD）、通用分组无线传输技术（GPRS）、增强型数据速率 GSM 演进技术（EDGE）等；

二是基于局域网的技术，如 IEEE802.11WLAN、Bluetooth、HomeRF 等。

无线接入的优点有：初期投入小，能迅速提供业务，不需要铺设线路，因而可以省去铺线的大量费用和时间；比较灵活，可以随时按照需要进行变更、扩容，抗灾难性比较强。典型的无线接入系统主要由控制器、操作维护中心、基站、固定用户单元和移动终端等几个部分组成。

4.5.4 路由选择协议设计

路由选择协议是一些规则和过程的组合。使得在互联网中的各路由器能够彼此互相通知这些变化，使得路由器能够共享它们知道互联网的信息或邻站的情况。

1. 路由选择协议的应用范围

根据路由选择协议的应用范围，可以将其分为内部网关协议（IGP）、外部网关协议（EGP）和核心网关协议（GGP）三大类。其分类如图 4.8 所示。

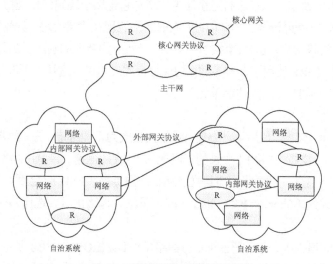

图 4.8　路由选择协议的应用范围

- 自治系统（AS）：是指同构型的网关连接的互连网络，通常是由一个网络管理中心控制的。
- 内部网关协议（IGP）：在一个自治系统内运行的路由选择协议，主要包括 RIP、OSPF、IGRP、EIGRP 等。
- 外部网关协议（EGP）：是指在两个自治系统之间使用的路由选择协议，最新的 EGP 协议是 BGP，其主要的功能是控制路由策略。
- 核心网关协议：Internet 中有个主干网，所有的自治系统都连接到主干网上，主干网中的网关称为核心网关，核心网关之间交换路由信息时使用的是核心网关协议 GGP。

2. 常用路由选择协议

大家常接触、使用得较多的路由选择协议是内部网关协议，根据算法的不同，主要包括 RIP（路由信息协议）、OSPF（开放最短路径优先协议）、IGRP（内部网关路由协议）、EIGRP（增强型内部网关路由协议）四种。所有的路由协议可以分为三类，如表 4.1 所示。

表 4.1　路由协议的类别

协议类别	工作原理	特　　点
距离向量协议	通过计算网络中所有链路的矢量和距离，并以此为依据来确定最佳路径	这类协议定期会向相邻的路由器发送全部或部分路由表
链路状态协议	使用为每个路由器创建的拓扑数据库来创建路由表，通过计算最短路径来形成路由表	这类协议定期会向相邻路由器发送网络链路状态信息
平衡型	结合了以上两个的优点	

（1）RIP

RIP（Routing Information Protocols，路由信息协议）是使用最广泛的距离向量协议，它是由施乐公司在 20 世纪 70 年代开发的。TCP/IP 版本的 RIP 是施乐协议的改进版。RIP 最大的特点是，无论实现原理还是配置方法，都非常简单。RIP 基于跳数计算路由，并且定期向邻居路由器发送更新消息。

（2）IGRP

IGRP 是思科专有的协议，只在思科路由器中实现。它也属于距离向量类协议，所以在很多地方与 RIP 有共同点，比如广播更新等。它和 RIP 最大的区别表现在度量方法、负载均衡等几方面。IGRP 支持多路径上的加权负载均衡，这样网络的带宽可以得到更加合理的利用。另外，与 RIP 仅使用跳数作为度量依据不同，IGRP 使用了多种参数，构成复合的度量值，这其中可以包含的因素有：带宽、延迟、负载、可靠性和 MTU（最大传输单元）等。

（3）OSPF

OSPF 协议是 20 世纪 80 年代后期开发的，90 年代初成为工业标准，是一种典型的链路状态协议。OSPF 的主要特性包括：支持 VLSM（变长的子网掩码）、收敛迅速、带宽占用率低等。OSPF 协议在邻居之间交换链路状态信息，以便路由器建立链路状态数据库（LSD），之后，路由器根据数据库中的信息利用最短路径优先（Shortest Path First，SPF）算法计算路由表，选择路径的主要依据是带宽。

（4）EIGRP

EIGRP 是 IGRP 的增强版，它也是思科专有的路由协议。EIGRP 采用了扩散更新（DUAL）算法，在某种程度上，它和距离向量算法相似，但具有更短的收敛时间和更好的可操作性。作为对 IGRP 的扩展，EIGRP 支持多种可路由的协议，如 IP、IPX 和 AppleTalk 等。运行在 IP 环境时，EIGRP 还可以与 IGRP 进行平滑的连接，因为它们的度量方法是一致的。

路由选择协议将路由信息发送到其他节点所采用的基本算法是扩散法，为了避免信息重复发送，通常会对路由信息分组进行编号，通常是每发送一个路由信息就递增编号（即加 1）。表 4.2 中总结了四种常见路由协议的知识点。

表 4.2　主要路由协议

协　　议	类　　别	主要特点
RIP	距离向量协议	使用广泛，简单、可靠，支持 CIDR、VLSM 及连续子网，最大跳数是 15（隔一个路由器为一跳），每隔 30s 广播一次路由信息。但其收敛慢，网络规模受限
IGRP	距离向量协议	使用组合用户配置尺度（包括延时、带宽、可靠性、负载），不支持 VLSM 和不连续子网，每 90s 发送一次路由更新广播
OSPF	链路状态协议	通过路由器间通告网络接口状态（使用 LSA——链路状态通告）建立链路状态数据库，生成最短路径树，每个路由器自己构造路由表。使用 Dijkstra 算法。主要优点是：迅速、无环路的收敛性、支持精确度量，但路由开销大
EIGRP	平衡混合（前两种）	使用一种散射更新算法，实现很高的路由性能。支持 VLSM、不连续子网，支持自动路由汇总功能，支持多种网络层协议

以上四种路由协议都是域内路由协议，它们通常使用在自治系统的内部。当进行自治系统间的连接时，往往采用诸如 BGP 协议和 EGP 协议这样的域间路由协议。目前在 Internet 上使用的域间路由协议是 BGP 第四版。

收敛是路由算法选择时所遇到的一个重要问题。收敛时间是指从网络的拓扑结构发生变化到网络上所有的相关路由器都得知这一变化，并且相应地做出改变所需要的时间。这一时间越短，网络变化对全网的扰动就越小。收敛时间过长会导致路由循环的出现。

在上述几种域内路由算法中，RIP 和 IGRP 的收敛时间相对较长，都是分钟数量级的；OSPF 要短一些，数十秒内可以收敛；EIGRP 最短，网络拓扑发生变化之后，几秒即可达到收敛状态。

3. 路由选择协议原则

在选择路由选择协议时，应根据网络本身的特性和需求选择合适的路由协议，并且要符合路由设计的原则。

- 尽可能使用更少的路由协议。
- 尽可能使用简单的路由策略。
- 网络结构更新后应该重新评估路由。

4.5.5　逻辑设计文档

编写逻辑设计文档是使用非技术性描述语言，与客户就需求分析详细讨论网络设计方案，从而设计出符合用户需要的网络方案。

逻辑文档的组成包括如下内容。

- 主管人员的评价或概述（可选），包括简短的项目描述、列出整个设计过程的各个阶段、描述各个阶段目前的状态。
- 项目目标（可选）。
- 设计原则（可选）。
- 逻辑网络设计的内容（必选），包括网络拓扑结构设计、网络分层设计、网络冗余设计、VLAN设计、网络带宽设计、服务质量设计（可选）、负载均衡设计（可选）、网络安全设计、网络隔离设计（可选）、外网接入设计、IP 地址划分、网络管理设计（可选）。
- 逻辑网络图（必选）。
- 总成本的估测（必选）。
- 审批部分（可选）。

4.6　案例分析

1. 案例 1

假定某市某中学需要进行网络系统建设，根据用户需求分析确定对实验大楼、教学楼、行政楼、印刷厂、学生公寓楼和教师家属区实现网络共享。学校为了节约 IP 地址成本开销，决定利用 5 个 C 类私有地址作为校园网用户的 IP 地址，用户采用代理或 NAT 方式访问 Internet 网络。下面主要就 5 个 C 类地址 192.168.10.0 ~ 192.168.13.0 讲解地址规划。由于需要对处于不同地理位置的办公室规划为一个工作组局域网，因而需要实现虚拟局域网（VLAN）的划分。对应的 IP 地址分配情况如表 4.3 所示，网络拓扑结构情况如图 4.9 所示。

分析：

子网 1：学生公寓，192.168.10.0/23，可用地址为 253 个，网关为 192.168.10.1。

子网 2 和子网 3：家属区，192.168.3.0/23 和 192.168.12.0/23，可用地址为 508 个，网关分别为 192.168.3.1 和 192.168.12.1。

子网 4：办公室，虚拟局域网 VLAN13，192.168.13.0/23，可用地址为 253 个，网关为 192.168.13.1。

子网 5：教室、实验室、印刷厂，以及其他区域用户属于虚拟局域网 VLAN13，192.168.13.0/23，可用地址为 253 个，网关为 192.168.13.1。

由于实现了虚拟局域网，因而需要对接入交换机、核心交换机设定虚拟局域网功能。在网络系统中均采用了思科设备，因而实现虚拟局域网的协议采用专有协议思科 ISL。将接入层交换机设定为同一个学校域中的 Client，而其中一台核心交换机设定为 Server，允许将 VLAN 广播到 Client 交换机，使得 Client 交换机可以基于简单的静态 VLAN 划分即可实现 VLAN 功能。

表 4.3　IP 地址分配情况

建筑物名称	信 息 类	信息点数量/个	VLAN 分配说明
教学楼	教室	72	属于 VLAN14
	办公室	20	属于 VLAN13
实验楼	实验室	120	属于 VLAN14
	办公室	20	属于 VLAN13
行政楼	办公室	100	属于 VLAN13
印刷厂	普通用户	10	属于 VLAN14
学生公寓楼	学生	220	—
	办公室	10	属于 VLAN13
教师家属区	个人用户	预计 400	—
其他	保留	预留 40	属于 VLAN14

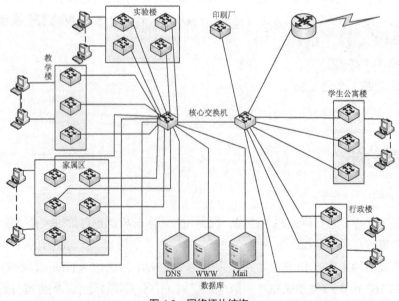

图 4.9　网络拓扑结构

2. 案例 2

小陈是一个自由职业者，在 Web 开发方面有较好的经验，为了与同行多多交流就在家里申请了 ADSL 宽带连接，一方面用于上网，另一方面则用来架设一个"个人论坛"。小陈所在的电信局给其提供的是 ADSL G.DMT 标准的服务，其网络连接如图 4.10 所示。

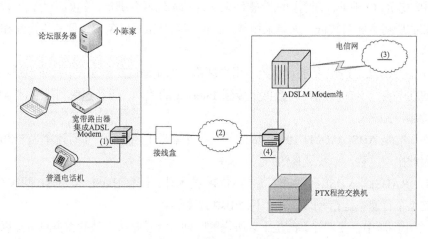

图 4.10　网络结构示意图

问题 1：请在图 4.10 中的位置（1）~（4）中填入相应的设备及网络名称。

问题 2：如果要实现架设个人论坛，则需要解决域名解析问题。应对这个问题，小陈有哪两种方法可以选择？并简要说明其优缺点。（限制在 100 字以内）

问题 3：

（1）ADSL 安装后，小陈感到上网的速度还是很快的，但是朋友们却说访问其论坛并不快，明显与其上网感受到的速度不一致。这是什么原因呢？

（2）在其他的 xDSL 技术中，是否也一样存在这种不一致性呢？如果不是，请列举出不会有这种现象的 xDSL 技术。

（3）小张在自己的家里从小陈的论坛上下载一个 15MB 的文件，如果不考虑小张的上网速率，则理论上最快需要多少秒？（如果有小数，则以四舍五入法保留前两位）

分析：

（1）问题 1：这个问题主要考查的是对 ADSL 网络中各种设备的熟悉程度。下面对每一个位置进行分析：位置（1）的设备是将接入的"电话线"一分为二，一条接到 ADSL Modem，一条接到普通电话。因此不难想到这应该是"分离器"（也称为滤波器），它的作用就是将电话线中传送的不同频段的数据分离开，将 0~4kHz 的频段中的信号分离给普通电话机，其他频段中的数据信号则传给 ADSL 调制解调器。而位置（4）的功能则是与位置（1）的设备功能相对应的，因此应该就是"局端滤波器"。而位置（2）是一个比较容易让人感到混淆的陷阱，会让人不加思索地写入 Internet，实际上，xDSL 是一个基于电话网的接入技术，因此显然应该是"PSTN"。Internet 实际上是由局端负责连接的，因此位置（3）才应该填入"Internet"。

（2）问题 2：域名解析就是负责将域名与 IP 地址关联起来。而 ADSL 提供了两种 IP 地址的分配方案：

一种是静态分配，即给 ADSL 用户提供一个不变的固定 IP 地址，每次连接所获得的 IP 地址是相同的；而另一种是动态分配，即每次连接所获得的 IP 地址是不相同的。

对于固定 IP 地址而言，是能够满足域名解析的需求的，但是通常这种分配方式，需要支付 IP 地址的服务费，费用通常比 ADSL 本身的服务费还高。

如果采用动态的 IP 地址，则需要一个软件来实现动态的域名绑定，例如花生壳等软件就可以实现，它们收取的服务费相对较低，如果采用其定义的域名甚至可以免费，但其稳定性和性能都会比静态的差一些。

（3）问题 3：ADSL 的全称是非对称数字用户环路，也就是说其上行、下行速率是不相同的。所谓的上行速率就是通过 ADSL 链路将数据上传到 Internet 的速率，下行速率则是通过 ADSL 链路从 Internet 下载数据的速率。

而小陈使用的是 ADSL G.DMT 协议，因此其上行速率是 1.5Mbit/s，下行速率是 8Mbit/s，是上行的 5 倍多，因此出现这种不一致是必然的。

除 ADSL、RADSL、VDSL 三种非对称的 xDSL 技术外，还有 HDSL 和 SDSL 两种对称的 xDSL 技术，它们的上下行速率是相等的，因此不会出现这种现象。

在第 3 个小问题中，要求计算的是下载所需的时间，显然是待下载的数据总量除以速率。但重点在于单位转换，15MB 是计算机中的单位，其进率是 1024，单位是 Byte；而速率中的 1.5Mbit/s，单位是 bit，进率是 1000，因此计算公式应该是：

（15×1024×1024）÷（1.5×1000×1000÷8）≈83.89s。

答案：

问题 1

（1）分离器（或滤波器）。

（2）PSTN（或电话网）。

（3）Internet（或互联网）。

（4）局端滤波器。

问题 2

申请静态 IP：性能稳定，但会使得每月费用大幅提高。

使用动态域名绑定服务（例如花生壳软件）：服务费低，但性能不稳定。

问题 3

（1）ADSL 是非对称的 xDSL 技术，上行、下行速率是不一致的，下行速率高得多。

（2）对称的 xDSL 技术都不存在该现象，如 HDSL、SDSL。

（3）（15×1024×1024）÷（1.5×1000×1000÷8）≈83.89s。

习题与思考

1. 网络服务的内容是什么？
2. 网络安全的设计步骤是什么？
3. 网络设计的技术评价指标包括什么？
4. 逻辑网络设计的工作内容是什么？

5. 按照现在流行的网络分层设计原则，应将整个网络体系分成哪几层？直接连接到桌面的交换机应该属于什么层？（控制在 100 字以内）

6. 路由选择协议设计的方法是什么？

7. 在本质上，ADSL 采用什么多路复用方式？

8. 逻辑设计文档内容组织包括哪些？

网络实训

某公司组织结构如图 4.11 所示。

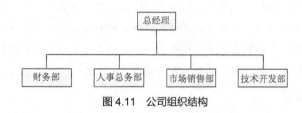

图 4.11　公司组织结构

公司管理概况：公司各部门经理向总经理负责，各部门员工向部门经理负责。公司现有网络和系统状况：公司目前拥有 10 台台式计算机，2 台笔记本计算机，其中 5 台台式机配有 10/100M 全双工自适应网络接口卡，另外 5 台台式机配有 10M 半双工网络接口卡，2 台笔记本计算机均自带有 10/100M 全双工自适应网络接口卡。信息点需求数量分布为：经理室设 3 个信息点、财务室设 4 个信息点、会议室设 2 个信息点、机房设 2 个信息点、大厅设 26 个信息点。网络设备参数要求：在交换机的选择上应满足公司现有计算机设备的接入、背板带宽大于 8Gbit/s、基于 64 字节数据分组的传输速率大于 3.6Mpps 线速传输速率、最大传输带宽大于 4Gbit/s、DRAM 大于等于 16MB、可管理 MAC 地址大于等于 8000 个；在路由器的选择上应满足的条件有：模块化设计、20kpps 以上的分组转发能力、提供 2 个以太网口；交换机、路由器应选用相同厂商的产品；IP 地址的划分：大厦提供了一个 C 类 IP 地址为 192.168.1.0/24，与公司网络连接的大厦路由器端口的 IP 地址是 192.168.1.254/30。其他要求：用户账户集中管理、按部门管理账户、禁止员工设置口令小于 7 位、防止其他员工盗用账户、记录和审核员工登录和访问公司文档的行为；全公司有一台服务器保存文档，空间不低于 70GB，总经理可读取和修改全公司文档，部门经理可读取和修改本部门文档，普通员工可读取和修改自己的文档，总经理存储文档空间不限，其他员工存储文档占用空间每人不超过 1GB；财务部和总经理各专用一台打印机，所有员工共用另外 2 台打印机，各部门经理对打印机具有优先权，管理员和总经理对所有打印机有管理权，公司可监控员工上网。请设计符合要求的网络。

05 第5章 网络设备选择

教学目的
- 掌握网卡的主流产品和选型方法
- 了解交换机、服务器、路由器、防火墙等设备的工作原理和选择指标
- 掌握交换机、服务器、路由器、防火墙等设备的主流产品和选型方法
- 了解负载均衡器、不间断电源设备等的工作原理和选择指标
- 掌握负载均衡器、不间断电源设备等的主流产品和选型方法

教学重点
- 服务器的选择指标和选择方法
- 交换机的工作原理和选择方法
- 路由器的工作原理和选择方法
- 防火墙的选择指标和选择方法
- 负载均衡器的工作原理和选择方法
- 不间断电源的工作原理和选择方法

5.1 网络设备选择的内容

一个大型的网络系统，可能涉及各式各样的网络设备，根据网络需求分析和扩展性要求，选择合适的网络设备，是构建一个完整计算机网络系统至关重要的一环。本章主要从组建局域网、城域网等角度，对网卡、交换机、服务器、路由器、防火墙、负载均衡器、不间断电源等进行讲解。网络设备选择包括以下内容。
- 网卡及设备选型。
- 服务器及其选型。
- 交换机的工作原理及其选型。
- 路由器的工作原理及其选型。
- 防火墙及其选型。
- 负载均衡器及其选型。
- 不间断电源的工作原理及其选型。

5.2 网卡及设备选型

如今互联网已经渗透到生活的各个角落，是现代人生活和工作中必不可少的部

分。网卡是实现网络连接的主要组成部分，它们用于连接局域网和 Internet。网卡的英文名称为 Network Interface Card，简写为 NIC，也叫网络适配器，它是计算机接入网络（局域网、广域网）的接口，也是局域网中最基本的部件之一。

网卡的功能有二：一是将计算机的数据封装为帧（数据分组），并通过网线将数据发送到网络上；二是接收网络上传输过来的帧，并将帧重新组合成数据，送给计算机处理。每块网卡都有一个唯一的网络节点地址，它是生产厂家在生产该网卡时直接烧入网卡 ROM 中的，也称为 MAC 地址（Media Access Control，物理地址）。

每一个网卡的 MAC 地址全球唯一，绝不会重复，一般用于在网络中标识网卡所插入的计算机的身份。

5.2.1　网卡分类

1. 按总线类型分类

按总线类型，可以将网卡分为 ISA 网卡、PCI 网卡、PCMCIA 网卡、USB 网卡和无线网卡等几种。ISA 总线的网卡因传输速度缓慢、安装复杂等缺点目前已被市场淘汰。PCI 总线网卡是目前网卡的主流产品。PCMCIA 总线网卡是一种专用于笔记本电脑中的网卡，大小与扑克牌差不多，厚度为 3 ~ 4mm。USB 接口的网卡主要是一种外置式网卡，移动方便，支持热插拔。无线网卡使用电磁波进行数据通信。

2. 按端口类型分类

按端口类型分类网卡可分为 RJ-45 端口网卡（使用双绞线连接）、BNC 端口网卡（使用细同轴电缆连接）、AUI 端口网卡（使用粗同轴电缆连接）和光纤端口网卡。RJ-45 端口网卡是最为常见的一种网卡，它的接口类似于电话接口 RJ-11，只不过使用的是 8 芯线。BNC 端口网卡主要用于以细同轴电缆作为传输介质的以太网或令牌网中。AUI 端口网卡使用粗同轴电缆作传输介质，目前更为少见。

其实很多网卡采用的端口数量并非唯一。随着千兆以太网技术的发展，网卡也出现了采用光纤作为端口的产品。

3. 按带宽分类

按带宽分类网卡可分为 10Mbit/s 网卡、100Mbit/s 网卡、10/100Mbit/s 自适应网卡和 1000Mbit/s 网卡等几种类型。

4. 按网络结构分类

按网络结构分类网卡可分为 ATM（异步传输模式）网卡、Token Ring（令牌环）网卡和 Ethernet（以太网）网卡。以太网网卡是目前最常见的局域网网卡。目前市场上大部分网卡都是 10/100Mbit/s 自适应网卡，并且是 PCI 总线的。

5.2.2　网卡的性能指标

1. 网卡的结构

（1）主控制编码芯片：网卡的主控制编码芯片控制着进出网卡的数据流。

（2）调控元件（数据泵）：调控元件的作用是发送和接收中断请求（IRQ）信号，起到数据正常流动的作用。

（3）BootROM 芯片插槽：把 BootROM 芯片插上后，就可以实现无盘启动功能。BootROM 芯片就像 BIOS 芯片一样是一块 ROM，存储着网络启动程序。根据网络操作系统的不同，分为 Novell BootROM 芯片和 Windows BootROM 芯片。

（4）工作状态指示灯：网卡的端口上方一般配有一个或多个工作状态指示灯，用来显示网卡当前的工作状态，便于了解网卡的工作状态和诊断故障，有电源指示、发送指示（Tx）和接收指示（Rx）三种工作状态。

2. 网卡的主要技术指标

（1）网卡的速率

网卡最主要的技术参数是速率，也就是它能提供的带宽，单位 Mbit/s。目前常见网卡的速率有 10Mbit/s、10/100Mbit/s 和 1000Mbit/s。

（2）是否支持全双工

半双工的意思是两台计算机之间不能同时向对方发送信息，只有当其中一台计算机发送完信息之后，另一台计算机才能发送信息，而全双工则是两台计算机可以同时进行信息数据传送。因此，全双工网卡的工作效率更高。

（3）对多操作系统的支持

网卡驱动程序应该适应于 Windows、Netware 和 Linux 等多种操作系统。

（4）是否支持远程唤醒

远程唤醒就是在一台微机上通过网络启动另一台已经处于关机状态的微机，这种功能特别适合机房或网吧管理人员使用。支持远程唤醒的网卡上有一根电缆与主板上标有 WOL（远程唤醒）的插座相连接。

5.2.3 网卡的选择

网卡质量的好坏会影响计算机与网络的连接速率、通信质量和网络的稳定性。用户若要选购一款性价比高的网卡，可以从以下几个方面考虑。

- 要看网卡的芯片；
- 网卡芯片上配有散热片，能有效降低网卡的工作温度；
- 看网卡主板上的电容电阻等元器件；
- 看网卡的金手指；
- 网卡接口处，不固焊模块，随时可插拔模块；
- 网卡接口处，采用全屏蔽镀金，能有效防干扰，使数据传输更流畅。

5.2.4 网卡的主流品牌及特点

对于网卡的选择有很多，其主流品牌有英特尔（Intel）、TP-LINK、Realtek、Broadcom、VIA 和 SIS 等。

（1）英特尔的网卡技术集中在其网卡芯片组的设计之中，如 Intel 8257X 系列高端千兆芯片、8256X 系列千兆芯片、8255X 系列百兆芯片、8254X 系列早期千兆芯片，另外还有 82598EB 万兆网卡芯片。英特尔的网卡芯片大多都是面向企业级市场的，所以普通消费者一般接触不到这些芯片。最为广大用户熟知的 Intel 网卡芯片就是无线芯片了，特别是笔记本电脑行业，Intel 的无线网卡芯片几乎成了标配。

（2）TP-LINK（普联公司）产品涵盖以太网、无线局域网、宽带接入、电力线通信，在既有的传输、交换、路由等主要核心领域外，正大力扩展移动互联网终端、智能家居、网络安全等领域。

（3）Realtek，中文名叫作瑞昱。瑞昱半导体成立于 1987 年，旗下的网卡芯片和声卡芯片被广泛运用于台式计算机中，它凭借成熟的技术和低廉的价格，走红于 DIY 市场，是许多带有集成网卡、声卡的主板的首选。尤其是 8139D 网卡芯片，在市场上占有绝对的优势。

（4）Broadcom（博通公司）创立于 1991 年，是世界上最大的无生产线半导体公司之一，总部位于美国加利福尼亚州的尔湾。2008 年 3 月，收购了光驱技术供应商 Sunext Design。NetLink 440X 系列网卡芯片市场占有份额不小，一部分品牌机和独立网卡都采用了这个芯片。它的驱动非常完善，支持大部分操作系统。

（5）SIS（矽统公司）的网卡芯片一般只出现在采用了 SIS 芯片组的主板上，独立网卡市场几乎销声匿迹。由于 SIS 官方网站上只有 SIS900，所以其他型号的网卡驱动都是主板厂商直接提供，如果网卡是 SIS 的芯片，在下载驱动程序时去主板厂商的网站查找会更方便。

（6）VIA（威盛公司）的网卡芯片曾经有过一段辉煌的历史，当时 8000 系列的板载网卡芯片非常流行，许多大的主板厂商都采用其网络芯片，后来由于 Realtek 发展壮大，其产品就被人们所遗忘。加上 VIA 主板芯片组的地位被 NVIDIA 取代，就更没有人去注意 VIA 的网络芯片了。但是现在仍然能够看到 VIA 的主板芯片组和网卡芯片。VT8231 是一个经典的网卡芯片型号，它是标准的百兆网卡芯片，采用传统、成熟的技术制作而成，缺点是稳定性不好。

5.3　服务器及其选型

5.3.1　服务器简介

服务器英文名称为 "Server"，是网络环境下为客户提供各种服务的专用计算机，在网络环境中，服务器承担着数据的存储、转发、发布等关键任务，是网络中不可或缺的重要组成部分。因为服务器在网络中是连续不断工作的，且网络数据流又可能在这里形成一个瓶颈，所以服务器的数据处理速度和系统可靠性要比普通的计算机高得多。

服务器的硬件结构由计算机发展而来，也包括处理器、芯片组、内存、存储系统，以及 I/O 设备等部分，但是和普通计算机相比，服务器硬件中包含着专门的服务器技术，这些专门的技术保证了服务器能够承担更高的负载，具有更高的稳定性和扩展能力。

与普通计算机相比，服务器应该具有以下特殊要求。

1．较高的稳定性

服务器用来承担企业应用中的关键任务，需要长时间无故障稳定运行。在某些需要不间断服务的领域，如银行、医疗、电信等领域，需要服务器 24 小时×365 天运行，一旦出现服务器宕机，后果是非常严重的。这些关键领域的服务器从开始运行到报废可能只开一次机，这就要求服务器具备极高的稳定性，这是普通计算机无法达到的。

为了实现如此高的稳定性，服务器的硬件结构需要进行专门设计。例如，机箱、电源、风扇这些在计算机上要求并不苛刻的部件在服务器上就需要进行专门的设计，并且提供冗余。服务器处理器的主频、前端总线等关键参数一般低于主流消费级处理器，这样也是为了降低处理器的发热量，提高服务器工作的稳定性。服务器内存技术如 ECC、Chipkill、内存镜像、在线备份等也提高了数据的可靠性和稳定性。服务器硬盘的热插拔技术、磁盘阵列技术也是为了保证服务器稳定运行和数据的安全可靠而设计的。

2. 较高的性能

除了稳定性之外，服务器对于性能的要求同样很高。因为服务器是在网络计算环境中提供服务的计算机，承载着网络中的关键任务，维系着网络服务的正常运行，所以为了实现提供服务所需的高处理能力，服务器的硬件采用与个人计算机不同的专门设计。

（1）服务器的处理器相对个人计算机处理器具有更大的二级缓存，高端的服务器处理器甚至集成了远远大于个人计算机处理器的三级缓存，并且服务器一般采用双路甚至多路处理器，来提供强大的运算能力。

（2）服务器的芯片组不同于个人计算机芯片组，服务器芯片组提供了对双路、多路处理器的支持。同时，服务器芯片组对于内存容量和内存数据带宽的支持高于个人计算机，如 5400 系列芯片组的内存最大可以支持 128GB，并且支持四通道内存技术，内存数据读取带宽可以达到 21GB/s 左右。

（3）服务器的内存和个人计算机内存也有不同。为了实现更高的数据可靠性和稳定性，服务器内存集成了 ECC、Chipkill 等内存检错纠错功能，近年来内存全缓冲技术的出现，使数据可以通过类似 PCI-E 的串行方式进行传输，显著提升了数据传输速度，提高了内存性能。

（4）在存储系统方面，服务器硬盘为了能够提供更高的数据读取速度，一般采用 SCSI 接口和 SAS 接口，转速通常都在 10000~15000r/min 以上。此外，服务器上一般会应用 RAID 技术，提高磁盘性能并提供数据冗余容错。

3. 较高的扩展性能

服务器在成本上远高于个人计算机，并且承担企业关键任务，一旦更新换代，需要投入很大的资金和维护成本，所以相对来说服务器更新换代比较慢。由于企业信息化的要求也不是一成不变，所以服务器要留有一定的扩展空间。相对于个人计算机而言，服务器上一般提供了更多的扩展插槽，并且内存、硬盘扩展能力也高于个人计算机，如主流服务器上一般会提供 8 个或 12 个内存插槽，提供 6 个或 8 个硬盘托架。

5.3.2　服务器分类

服务器在网络系统中的应用范围非常广泛，用途各种各样，环境、性能要求也各不相同，因此服务器的分类标准也有很多，常见的分类方法主要包括以下几个方面。

1. 按应用层次划分

服务器按其应用层次划分可分为入门级服务器、工作组级服务器、部门级服务器和企业级服务器四类。

（1）入门级服务器

入门级服务器通常只使用一块 CPU，并根据需要配置相应的内存和大容量 IDE 硬盘，必要时也会采用 IDE RAID（一种磁盘阵列技术，主要目的是保证数据的可靠性和可恢复性）进行数据保护。入门级服务器主要是针对基于 Windows 、Linux 等网络操作系统的用户，可以满足办公室型的中小型网络用户的文件共享、打印服务、数据处理、Internet 接入及简单数据库应用的需求，也可以在小范围内完成诸如 E-mail、Proxy、DNS 等服务。

（2）工作组级服务器

工作组级服务器一般支持 1~2 个处理器，可支持大容量的 ECC（一种内存技术，多用于服务器内存）内存，功能全面、可管理性强且易于维护，具备了小型服务器所必备的各种特性，如采用 SCSI 总线的 I/O 系统、SMP 对称多处理器结构、可选装 RAID、热插拔硬盘、热插拔电源等，具有较高的可用性。适用于为中小企业提供 Web、Mail 等服务，也能够用于学校等教育部门的数字校园网、多媒体教室的建设等。

（3）部门级服务器

部门级服务器通常可以支持 2~4 个处理器，具有较高的可靠性、可用性、可扩展性和可管理性。首先，集成了大量的监测及管理电路，具有全面的服务器管理能力，可监测如温度、电压、风扇、机箱等状态参数。此外，结合服务器管理软件，可以使管理人员及时了解服务器的工作状况。同时，大多数部门级服务器具有优良的系统扩展性，当用户在业务量迅速增大时能够及时在线升级系统，可保护用户的投资。目前，部门级服务器是企业网络中分散的各基层数据采集单位与最高层数据中心保持顺利连通的必要环节，适合中型企业（如金融、邮电等行业）作为数据中心、Web 站点等应用。

（4）企业级服务器

企业级服务器属于高档服务器，普遍可支持 4~8 个处理器，拥有独立的双 PCI 通道和内存扩展板设计，具有高内存带宽，大容量热插拔硬盘和热插拔电源，具有超强的数据处理能力。这类产品具有高度的容错能力、优异的扩展性能和系统性能、极长的系统连续运行时间，能在很大程度上保护用户的投资。可作为大型企业级网络的数据库服务器。

目前，企业级服务器主要适用于需要处理大量数据、高处理速度和对可靠性要求极高的大型企业和重要行业（如金融、证券、交通、邮政、通信等行业），可用于提供 ERP（企业资源配置）、电子商务、OA（办公自动化）等服务。

2. **按服务器的处理器架构划分**

服务器按其处理器的架构（也就是服务器 CPU 所采用的指令系统）划分可以分为 CISC 架构服务器、RISC 架构服务器和 VLIW 架构服务器三种。

（1）CISC 架构服务器

CISC 的英文全称为 "Complex Instruction Set Computer"，即复杂指令系统计算机，从计算机诞生以来，人们一直沿用 CISC 指令集方式。早期的桌面软件是按 CISC 设计的，并一直沿续到现在，所以，微处理器（CPU）厂商一直在走 CISC 的发展道路，包括 Intel、AMD，以及 TI（德州仪器）、VIA（威盛）等。在 CISC 微处理器中，程序的各条指令是按顺序串行执行的，每条指令中的各个操作也是按顺序串行执行的。顺序执行的优点是控制简单，但计算机各部分的利用率不高，执行速度慢。CISC 架构的服务器主要以 IA-32 架构（Intel Architecture，英特尔架构）为主，而且多数为中低档服务器所采用。

如果企业的应用都是基于 Windows 或 Linux 平台的应用，那么服务器的选择基本上就定位于 IA

架构（CISC 架构）的服务器。如果应用必须是基于 Solaris 的，那么服务器只能选择 SUN 服务器。如果应用基于 AIX（IBM 的 Unix 操作系统）的，那么只能选择 IBM Unix 服务器（RISC 架构服务器）。

（2）RISC 架构服务器

RISC 的英文全称为 "Reduced Instruction Set Computing"，即精简指令集，它的指令系统相对简单，它只要求硬件执行很有限且最常用的那部分指令，大部分复杂的操作则使用成熟的编译技术，由简单指令合成。目前在中高档服务器中普遍采用这一指令系统的 CPU，如 HP 公司的 PA-RISC、IBM 公司的 Power PC、MIPS 公司的 MIPS 和 SUN 公司的 Spare。

（3）VLIW 架构服务器

VLIW 是英文 "Very Long Instruction Word" 的缩写，即超长指令集架构，简称为 IA-64 架构。VLIW 架构采用先进的 EPIC（清晰并行指令）设计，指令运行速度非常快（每时钟周期 IA-64 可运行 20 条指令，CISC 可运行 1~3 条指令，RISC 可运行 4 条指令）。VLIW 的最大优点是简化了处理器的结构，删除了处理器内部许多复杂的控制电路，从而使 VLIW 的结构变得简单，芯片制造成本降低，价格低廉，能耗少，性能显著提高。目前基于这种指令架构的微处理器主要有 Intel 的 IA-64 和 AMD 的 x86-64 两种。

3. 按服务器的用途划分

服务器按其用途不同可分为通用型服务器和专用型服务器两类。

（1）通用型服务器

通用型服务器是可以提供各种服务功能的服务器，当前大多数服务器均是通用型服务器。这类服务器因为不是专为某一功能而设计，所以在设计时就要兼顾多方面的应用需要，服务器的结构相对较为复杂，而且要求性能较高，当然在价格上也就更贵些。

（2）专用型服务器

专用型（或称"功能型"）服务器是专门为某一种或某几种功能专门设计的服务器，如光盘镜像服务器主要是用来存放光盘镜像文件的，需要配备大容量、高速的硬盘，以及光盘镜像软件。FTP 服务器主要用于在网上（包括 Intranet 和 Internet）进行文件传输，这就要求服务器在硬盘稳定性、存取速度、I/O 带宽方面具有明显优势。而 E-mail 服务器则主要是要求服务器配置高速宽带上网工具，硬盘容量要大等。这些功能型的服务器的性能要求比较低，因为它只需要满足某些需要的功能应用即可，所以结构比较简单，采用单 CPU 结构即可；在稳定性、扩展性等方面要求不高，价格也便宜许多，相当于 2 台左右的高性能计算机价格。

4. 按服务器的结构划分

服务器按其结构不同可分为塔式服务器、机架式服务器和刀片服务器三种结构。

（1）塔式服务器

塔式服务器是目前应用最广泛、最常见的一种服务器。塔式服务器从外观上看就像一台体积比较大的计算机，机箱做工一般比较扎实，非常沉重。

塔式服务器由于机箱很大，可以提供良好的散热性能和扩展性能，并且配置可以很高，可以配置多个处理器、多根内存条和多块硬盘，当然也可以配置多个冗余电源和散热风扇。如图 5.1 所示为 IBM x3800 服务器，该服务器可以支持 4 个处理器，提供了 16 个内存插槽，内存最大可以支持 64GB，并且可以安装 12 个热插拔硬盘。

塔式服务器由于具备良好的扩展能力，配置上可以根据用户需求进行升级，所以可以满足企业大多数应用的需求。塔式服务器是一种通用的服务器，可以集多种应用于一身，非常适合服务器采购数量要求不高的用户。塔式服务器在设计成本上要低于机架式和刀片服务器，所以价格通常也较低，目前主流应用的工作组级服务器一般都采用塔式结构，当然部门级和企业级服务器也会采用这一结构。

塔式服务器虽然具备良好的扩展能力，但是即使扩展能力再强，一台服务器的扩展升级也会有限度，而且塔式服务器需要占用很大的空间，不利于服务器的托管，所以在需要服务器密集型部署，实现多机协作的领域，塔式服务器并不占优势。

（2）机架式服务器

顾名思义，机架式服务器就是"可以安装在机架上的服务器"。机架式服务器相对塔式服务器大大节省了空间占用，节省了机房的托管费用，并且随着技术的不断发展，机架式服务器有着不逊色于塔式服务器的性能，机架式服务器是一种平衡了性能和空间占用的解决方案，如图 5.2 所示。

图 5.1　IBM 塔式服务器

图 5.2　惠普 DL 360 G5 机架式服务器

机架式服务器是按照机柜的规格设计的，可以统一安装在 19 英寸（1 英寸≈2.54 厘米）的标准机柜中。机柜的高度以 U 为单位，1U 是一个基本高度单元，为 1.75 英寸，机柜的高度有多种规格，如 10U、24U、42U 等，机柜的深度没有特别要求。通过机柜安装服务器可以使管理、布线更为方便整洁，也可以方便和其他网络设备连接。

机架式服务器由于机身受到限制，在扩展能力和散热能力上不如塔式服务器，这就需要对机架式服务器的系统结构进行专门设计，如主板、接口、散热系统等，这样就使机架式服务器的设计成本提高，所以价格一般也要高于塔式服务器。

（3）刀片服务器

刀片式结构是一种比机架式更为紧凑整合的服务器结构，它是专门为特殊行业和高密度计算环境所设计的。刀片服务器在外形上比机架服务器更小，体积只有机架服务器的 1/3~1/2，这样就可以使服务器密度更加集中，更大地节省了空间，如图 5.3 所示。

每个刀片就是一台独立的服务器，具有独立的 CPU、内存、I/O 总线，通过外置磁盘可以独立地安装操作系统，可以提供不同的网络服务，相互之间并不影响。刀片服务器也可以像机架服务器那样，安装到刀片服务器机柜中，形成一个刀片服务器系统，可以实现更为密集的计算机部署，如图 5.4 所示。

虽然刀片服务器在空间节省、集群计算、扩展升级、集中管理、总体成本等方面相对于另外两种结构的服务器具有很大优势，但是刀片服务器至今还没有形成一个统一的标准，刀片服务器的几大巨头如 IBM、HP、Sun 各自有不同的标准，之间互不兼容，这样导致了刀片服务器用户选择的空间较小，制约了刀片服务器的发展。

图 5.3　IBM 刀片服务器

图 5.4　刀片服务器系统

5.3.3　服务器性能指标

服务器性能指标主要是以系统响应速度和作业吞吐量为代表。响应速度是指用户从输入信息到服务器完成任务给出响应的时间，作业吞吐量是整个服务器在单位时间内完成的任务量。假定用户不间断地输入请求，则在系统资源充裕的情况下，单个用户的吞吐量与响应时间成反比，即响应时间越短，吞吐量越大。具体指标如下。

- 服务器系统资源方面：本机的 CPU 占用率，内存占用率，磁盘的读写指标。
- 网络的占用情况：基础吞吐率。
- 事务处理速度：如平均登录时间，操作平均响应时间。

5.3.4　服务器选购

服务器可以说是整个局域网的核心，如何选择与网络规模相适应的服务器，是有关决策者和技术人员都要考虑的问题。选购服务器可以从下列几个方面加以考虑。

1.　服务器健康状况

主要是从同服务器共 IP 网段的其他网站来考虑的，同一个服务器同一个 IP 网段的一些网站因为使用黑帽作弊导致网站被降权。

2.　稳定性

为了保证网络能够正常运转，选择服务器首先要确保稳定，因为一个性能不稳定的服务器，即使配置再高、技术再先进，也不能保证网络正常运转，严重的可能给使用者造成不可估量的损失。另一方面，性能稳定的服务器还意味着为公司节省维护费用。

3.　访问速度

访问速度决定了用户打开网站的速度，访问速度越快，用户打开网站的速度也就越快，服务满意度也就越高。

4.　功能支持

是否支持 URL 静态化就是一个非常重要的功能，无论是 Linux 主机还是 Windows 主机都是可以支持这个功能的，做好 URL 静态化对于 SEO 来说也是非常有帮助的。

5.4　交换机的工作原理及其选型

5.4.1　交换机简介

交换机（Switch）是集线器的换代产品，其作用也是将传输介质的线缆汇聚在一起，以实现计算机的连接。但集线器工作在 OSI 模型的物理层，而交换机工作在 OSI 模型的数据链路层。交换机在网络中的作用主要表现在以下几方面。

1. 提供网络接口

交换机在网络中最重要的应用就是提供网络接口，所有网络设备的互联都必须借助交换机才能实现，主要包括以下设备。

（1）连接交换机、路由器、防火墙和无线接入点等网络设备。

（2）连接计算机、服务器等计算机设备。

（3）连接网络打印机、网络摄像头、IP 电话等其他网络终端。

2. 扩充网络接口

尽管有的交换机拥有较多数量的端口（如 48 口），但是当网络规模较大时，一台交换机所能提供的网络接口数量往往不够。此时，就必须将两台或更多台交换机连接在一起，从而成倍地扩充网络接口。

3. 扩展网络范围

交换机与计算机或其他网络设备是依靠传输介质连接在一起的，而每种传输介质的传输距离都是有限的，根据网络技术不同，同一种传输介质的传输距离也是不同的。当网络覆盖范围较大时，必须借助交换机进行中继，以成倍地扩展网络传输距离，增大网络覆盖范围。

根据不同的标准，可以对交换机进行不同的分类。不同种类的交换机其功能特点和应用范围也有所不同，应当根据具体的网络环境和实际需求进行选择。

5.4.2　交换机分类

1. 可网管交换机和不可网管交换机

以交换机是否可管理，可以将交换机划分为可网管交换机和不可网管交换机两种类型。

（1）可网管交换机

可网管交换机也称智能交换机，它拥有独立的操作系统，且可以进行配置与管理。一台可网管的交换机在正面或背面一般有一个网管配置 Console 接口，现在的交换机控制台端口一般采用 RJ-45 端口，如图 5.5 所示。可管理型交换机便于网络监控、流量分析，但成本相对也较高。大中型网络在汇聚层应该选择可网管交换机，在接入层视应用需要而定，核心层交换机则全部是可网管交换机。

图 5.5　RJ-45 控制端口

（2）不可网管交换机

不能进行配置与管理的交换机称为不可网管交换机，也称傻瓜交换机。如果局域网对安全性要求不是很高，接入层交换机可以选用傻瓜交换机。由于傻瓜交换机价格非常便宜，被广泛应用于低端网络（如学生机房、网吧等）的接入层，用于提供大量的网络接口。

2. 固定端口交换机和模块化交换机

以交换机的结构为标准，交换机可分为固定端口交换机和模块化交换机两种不同的结构。

（1）固定端口交换机

固定端口交换机只能提供有限数量的端口和固定类型的接口（如 100Base-T、1000Base-T 或 GBIC、SFP 插槽）。一般的端口标准是 8 端口、16 端口、24 端口、48 端口等。固定端口交换机通常作为接入层交换机，为终端用户提供网络接入，或作为汇聚层交换机，实现与接入层交换机之间的连接。图 5.6 所示为 Cisco Catalyst 3560 系列固定端口交换机。如果交换机拥有 GBIC、SFP 插槽，也可以通过采用不同类型的 GBIC、SFP 模块（如 1000Base-SX、1000Base-LX、1000Base-T 等）来适应多种类型的传输介质，从而拥有一定程度的灵活性。

（2）模块化交换机

模块化交换机也称机箱交换机，拥有更大的灵活性和可扩充性。用户可任意选择不同数量、不同速率和不同接口类型的模块，以适应千变万化的网络需求。图 5.7 所示为 Cisco Catalyst 4503 模块化交换机。模块化交换机大多具有很高的性能（如背板带宽、转发速率和传输速率等）、很强的容错能力，支持交换模块的冗余备份，并且往往拥有可插拔的双电源，以保证交换机的电力供应。模块化交换机通常被用于核心交换机或骨干交换机，以适应复杂的网络环境和网络需求。

图 5.6　Cisco Catalyst3560 系列交换机

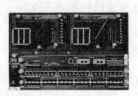

图 5.7　Cisco Catalyst4503 模块化交换机

3. 接入层交换机、汇聚层交换机和核心层交换机

以交换机的应用规模为标准，交换机被划分为接入层交换机、汇聚层交换机和核心层交换机。在构建满足中小型企业需求的 LAN 时，通常采用分层网络设计，以便于网络管理、网络扩展和网络故障排除。分层网络设计需要将网络分成相互分离的层，每层提供特定的功能，这些功能界定了该层在整个网络中扮演的角色。

（1）接入层交换机

部署在接入层的交换机称为接入层交换机，也称工作组交换机，通常为固定端口交换机，用于实现终端计算机的网络接入。接入层交换机可以选择拥有 1～2 个 1000Base-T 端口或 GBIC、SFP 插槽的交换机，用于实现与汇聚层交换机的连接。

（2）汇聚层交换机

部署在汇聚层的交换机称为汇聚层交换机，也称骨干交换机、部门交换机，是面向楼宇或部门接入的交换机。汇聚层交换机首先汇聚接入层交换机发送的数据，再将其传输给核心层，最终发送到目的地。汇聚层交换机可以是固定端口交换机，也可以是模块化交换机，一般配有光纤接口。与接入层交换机相比，汇聚层交换机通常全部采用 1000Mbit/s 端口或插槽，拥有网络管理的功能。

（3）核心层交换机

部署在核心层的交换机称为核心层交换机，也称中心交换机。核心层交换机属于高端交换机，一般全部采用模块化结构的可网管交换机，作为网络骨干构建高速局域网。图 5.8 所示为 Cisco WS-C6509 模块化交换机。

图 5.8　Cisco WS-C6509 模块化交换机

4. 二、三、四层交换机

根据交换机工作在 OSI 七层网络模型的协议层不同，交换机又可以分为第二层交换机、第三层交换机、第四层交换机等。

（1）第二层交换机

第二层交换机依赖于数据链路层的信息（如 MAC 地址）完成不同端口间数据的线速交换，它对网络协议和用户应用程序完全是透明的。第二层交换机通过内建的一张 MAC 地址表完成数据的转发决策。接入层交换机通常全部采用第二层交换机。

（2）第三层交换机

第三层交换机具有第二层交换机的交换功能和第三层路由器的路由功能，可将 IP 地址信息用于网络路径选择，并实现不同网段间数据的快速交换。当网络规模较大或通过划分 VLAN 来减小广播所造成的影响时，只有借助第三层交换机才能实现。在大中型网络中，核心层交换机通常都由第三层交换机来充当。当然，某些网络应用较为复杂的汇聚层交换机也可以选用第三层交换机。

（3）第四层交换机

第四层交换机工作在传输层，通过包含在每一个 IP 数据分组头中的服务进程/协议（例如，HTTP 用于传输 Web，Telnet 用于终端通信，SSL 用于安全通信等）来完成报文的交换和传输处理，并具有带宽分配、故障诊断和对 TCP/IP 应用程序数据流进行访问控制等功能。由此可见，第四层交换机应当是核心层交换机的首选。

5. 快速以太网交换机、吉比特以太网交换机和 10 吉比特以太网交换机

依据交换机所提供的传输速率，可以将交换机划分为快速以太网交换机、吉比特以太网交换机和 10 吉比特以太网交换机等。

（1）快速以太网交换机

快速以太网交换机是指交换机所提供的端口或插槽全部为 100Mbit/s，几乎全部为固定配置交换机，通常用于接入层。为了保证与汇聚层交换机实现高速连接，通常配置有少量（1～4 个）的 1000Mbit/s 端口。快速以太网交换机的接口类型包括：

- 100Base-T 双绞线端口。
- 100Base-FX 光纤接口。

（2）吉比特以太网交换机

吉比特以太网交换机也称为千兆位以太网交换机，是指交换机提供的端口或插槽全部为 1000Mbit/s，可以是固定端口交换机，也可以是模块化交换机，通常用于汇聚或核心层。吉比特以太网交换机的接口类型包括：

- 1000Base-T 双绞线端口。
- 1000Base-SX 光纤接口。
- 1000Base-LX 光纤接口。
- 1000Base-ZX 光纤接口。
- 1000Mbit/s GBIC 插槽。
- 1000Mbit/s SFP 插槽。

（3）10 吉比特以太网交换机

10 吉比特以太网交换机也称万兆位以太网交换机，是指交换机拥有 10Gbit/s 以太网端口或插槽，

可以是固定端口交换机，也可以是模块化交换机，通常用于大型网络的核心层。10 吉比特以太网交换机接口类型包括：

- 10GBase-T 双绞线端口。
- 10Gbit/s SFP 插槽。

6. 对称交换机和非对称交换机

依据交换机端口速率的一致性，可将交换机分为对称交换机或非对称交换机两类。

（1）对称交换机

在对称交换机中，所有端口的传输速率均相同，全部为 100Mbit/s（快速以太网交换机）或者全部为 1Gbit/s（吉比特以太网交换机）。其中，100Mbit/s 对称交换机用于小型网络或者充当接入层交换机，1Gbit/s 对称交换机则主要充当大中型网络中的汇聚层或核心层交换机。

（2）非对称交换机

非对称交换机是指拥有不同速率端口的交换机。提供不同带宽端口（例如，100Mbit/s 端口和 1000Mbit/s 端口）之间的交换连接。其通常拥有 2～4 个高速率端口（1Gbit/s 或 10Gbit/s），以及 12～48 个低速率端口（100Mbit/s 或 1Gbit/s）。高速率端口用于实现与汇聚层交换机、核心层交换机、接入层交换机和服务器的连接，搭建高速骨干网络。低速率端口则用于直接连接客户端或其他低速率设备。

5.4.3 交换机主要性能标准

1. 转发速率

转发速率是交换机的一个非常重要的参数。转发速率通常以"Mpps"（Million Packet Per Second，每秒百万分组数）来表示，即每秒能够处理的数据分组的数量。转发速率体现了交换引擎的转发功能，该值越大，交换机的性能越强劲。

2. 端口吞吐量

端口吞吐量反映交换机端口的分组转发能力，通常可以通过两个相同速率的端口进行测试。吞吐量是指在没有帧丢失的情况下，设备能够接受的最大速率。

3. 背板带宽

背板带宽是交换机接口处理器或接口卡和数据总线间所能吞吐的最大数据量。背板带宽体现了交换机总的数据交换能力，单位为 Gbit/s，也叫交换带宽。一台交换机的背板带宽越高，所能处理数据的能力就越强，但同时设计成本也会越高。

4. 端口种类

交换机按其所提供的端口种类的不同有三种类型的产品，它们分别是纯百兆端口交换机、百兆和千兆端口混合交换机、纯千兆端口交换机。每一种产品所应用的网络环境各不相同，核心骨干网络上最好选择千兆产品，上连骨干网络一般选择百兆/千兆混合交换机，边缘接入一般选择纯百兆交换机。

5. MAC 地址数量

每台交换机都维护着一张 MAC 地址表，记录 MAC 地址与端口的对应关系，交换机就是根据

MAC 地址将访问请求直接转发到对应端口上的。存储的 MAC 地址数量越多，数据转发的速度和效率也就越高，抗 MAC 地址溢出供给能力也就越强。

6. 缓存大小

交换机的缓存用于暂时存储等待转发的数据。如果缓存容量较小，当并发访问量较大时，数据将被丢弃，从而导致网络通信失败。只有缓存容量较大，才可以在多播和广播流量很大的情况下，提供更佳的整体性能，同时保证最大可能的吞吐量。目前，几乎所有的廉价交换机都采用共享内存结构，由所有端口共享交换机内存，均衡网络负载并防止数据分组丢失。

7. 支持网管类型

网管功能是指网络管理员通过网络管理程序对网络上的资源进行集中化管理的操作，包括配置管理、性能和记账管理、问题管理、操作管理和变化管理等。一台设备所支持的管理程度反映了该设备的可管理性及可操作性，现在交换机的管理通常是通过厂商提供的管理软件或通过满足第三方管理软件的管理来实现的。

8. VLAN 支持

一台交换机是否支持 VLAN 是衡量其性能好坏的一个重要指标。通过将局域网划分为虚拟网络 VLAN 网段，可以强化网络管理和网络安全，控制不必要的数据广播，减少广播风暴的产生。由于 VLAN 是基于逻辑上连接而不是物理上的连接，因此网络中工作组的划分可以突破共享网络中的地理位置限制，而完全根据管理功能来划分。目前，好的产品可提供功能较为细致丰富的子网划分功能。

9. 支持的网络类型

一般情况下，固定配置式不带扩展槽的交换机仅支持一种类型的网络，机架式交换机和固定配置式带扩展槽的交换机则可以支持一种以上类型的网络，如支持以太网、快速以太网、千兆以太网、ATM、令牌环及 FDDI 等。一台交换机所支持的网络类型越多，其可用性、可扩展性越强。

10. 冗余支持

冗余强调了设备的可靠性，也就是当一个部件失效时，相应的冗余部件能够接替工作，使设备继续运转。冗余组件一般包括管理卡、交换结构、接口模块、电源、机箱风扇等。对于提供关键服务的管理引擎及交换结构模块，不仅要求冗余，还要求这些部件具有"自动切换"的特性，以保证设备冗余的完整性。

5.4.4　交换机工作过程

交换机刚启动时，如图 5.9 所示。MAC 地址表内无表项，表 5.1 所示为当前交换机的 MAC 地址表条目。

表 5.1　MAC 地址表

MAC Address	Port

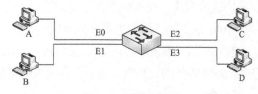

图 5.9　交换机刚启动

当计算机 A 发送数据帧时,交换机把计算机 A 的帧中的源 MAC 地址 MAC_A 与接收到此帧的端口 E0 关联起来,写进 MAC 地址表,表 5.2 所示为将 MAC 地址与收到此帧的端口相关联。交换机把计算机 A 的帧从所有其他端口发送出去(除了接收到帧的端口 E0)。这是因为对于此时的交换机来说,计算机 A 发送的数据帧是未知数据帧,所以交换机需要广播这个未知数据帧,如图 5.10 所示。

表 5.2 MAC 地址表

MAC Address	Port
MAC_A	E0

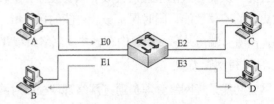

图 5.10 交换机 MAC 地址学习

计算机 B、C、D 发出回应数据帧给计算机 A。交换机把接收到的帧中的源地址与相应的端口关联起来。表 5.3 所示为交换机将收到帧中的源地址与对应端口关联。这就是交换机的 MAC 地址表学习的过程。

如图 5.11 所示,计算机 A 发出目的地为 D 的单播数据帧,交换机根据帧中的目的地址,从相应的端口 E3 发送出去。交换机不在其他端口上转发此单播数据帧。这就是交换机实现单播的方式。

表 5.3 MAC 地址表

MAC Address	Port
MAC_A	E0
MAC_B	E1
MAC_C	E2
MAC_D	E3

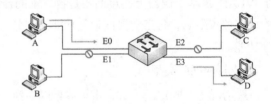

图 5.11 交换机实现单播

5.4.5 交换机的选择指标

近年来,各网络产品公司纷纷推出了各种类型、功能齐全的交换机产品。在众多的品牌及各种档次的交换机市场中,到底选择什么样的交换机设备以满足用户的不同需求呢?功能需求和性价比是第一重要的。通常,在进行交换机产品选择时,应重点注意以下几个方面。

1. 交换机的尺寸

现在的局域网建设除了功能实用外,局域网结构的布局合理也是大家所要考虑的问题。为此,局域网常常使用控制柜,对各种网络设备进行整体控制和统一管理。

2. 交换机的传输速度

交换的速度要快。交换机传输速度的选择,要根据不同用户的不同通信要求来选择。一般的局域网都是 10M 以太网,再考虑到升级换代的需要,10M/100M 自适应交换机就成为局域网交换机的主流,甚至可以成为局域网的标准交换设备。但随着通信要求的不断提高,数据传输流量的不断增大,开始出现 100M 的交换机,还有千兆交换机甚至万兆交换机了。

3. 端口数

端口数要满足将来升级要求。局域网对网络通信的要求越来越高,网络扩容的速度也越来越快,因此最好在选购交换机时，考虑到足够的扩展性，选择适当的端口数目。

4. 交换机品牌

根据使用要求选择合适的品牌。这一点需要结合各个用户的实际经济承受能力来选定。

5.5 路由器的工作原理及其选型

5.5.1 路由器工作原理

路由器是一台工作在 OSI 参考模型第三层（网络层）的数据分组转发设备。它能将不同网络或网段之间的数据信息进行"翻译"，使不同的网络或网段能够相互"读"懂对方的数据，从而构成一个更大的网络，其主要作用如下。

* 具有判断网络地址和选择路径的功能。
* 根据接收到的数据分组中的网络层地址和路由器内部维护的路由表决定输出端口和下一跳地址。
* 通过动态维护路由表反映当前的网络拓扑，并通过与网络上其他路由器交换路由和链路信息来维护路由表。
* 异构网络的互联。
* 可用完全不同的数据分组和介质访问方法互连各种子网。只接收源站或其他路由器的信息，而不关心各子网所用的硬件设备（但要求运行与网络层协议相一致的软件）。
* 网络地址判断、最佳路由选择和数据处理（加密/优先级/过滤等）。
* 支持复杂的网络拓扑结构。
* 网络互联和路由选择（中间节点路由器）。
* 分隔子网和隔离广播（边界路由器）。

路由器工作原理图如图 5.12 所示。

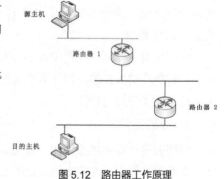

图 5.12 路由器工作原理

5.5.2 路由器分类

1. 核心层（骨干级）路由器

位于网络中心，要求高速可靠（热备份/双电源/双数据通路等），用于实现企业级网络的互连。

2. 分发层（企业级）路由器

中大型企业和 Internet 服务供应商（ISP）或分级系统中的中级系统访问层（接入级）路由器。

3. 访问层（接入层）路由器

位于网络边缘，应用最广泛，主要用于中小型企业和大型企业分支机构中。目前最常用的接入路由器是宽带路由器。

5.5.3 路由器的性能指标

1. 吞吐量

吞吐量反映核心路由器的数据分组转发能力。吞吐量与路由器的端口数量、端口速率、数据分组长度、数据分组类型、路由计算模式（分布或集中），以及测试方法有关，一般泛指处理器处理数据分组的能力，高速路由器的数据分组转发能力至少能够达到20Mpps以上。吞吐量包括整机吞吐量和端口吞吐量两个方面，整机吞吐量通常小于核心路由器所有端口吞吐量之和。

2. 路由表能力

路由器通常依靠所建立及维护的路由表决定分组的转发。路由表能力是指路由表内所容纳路由表项数量的极限。由于在 Internet 上执行 BGP 协议的核心路由器通常拥有数十万条路由表项，所以该项目也是路由器能力的重要体现。一般而言，高速核心路由器应该能够支持至少25万条路由，平均每个目的地址至少提供2条路径，系统必须支持至少25个 BGP 对等及至少50个 IGP 邻居。

3. 背板能力

背板指的是输入与输出端口间的物理通路，背板能力通常是指路由器背板容量或者总线带宽能力，这个性能对于保证整个网络之间的连接速度是非常重要的。如果所连接的两个网络速率都较快，而由于路由器的带宽限制，将直接影响整个网络之间的通信速度。所以一般来说，如果是连接两个较大的网络，且网络流量较大，此时，就应格外注意路由器的背板容量，但如果是在小型企业网之间，这个参数就不太重要了，因为一般来说路由器在这方面都能满足小型企业网之间的通信带宽要求。

背板能力主要体现在路由器的吞吐量上，传统路由器通常采用共享背板，但是作为高性能路由器不可避免会遇到拥塞问题，其次也很难设计出高速的共享总线，所以现有高速核心路由器一般都采用可交换式背板的设计。

4. 分组丢失率

分组丢失率是指核心路由器在稳定的持续负荷下，由于资源缺少而不能转发的数据分组在应该转发的数据分组中所占的比例。分组丢失率通常用作衡量路由器在超负荷工作时核心路由器的性能。分组丢失率与数据分组长度，以及分组发送频率相关，在一些环境下，可以加上路由抖动或大量路由后进行测试模拟。

5. 时延

时延是指数据分组第一个比特进入路由器到最后一个比特从核心路由器输出的时间间隔。该时间间隔是存储转发方式工作的核心路由器的处理时间。时延与数据分组的长度及链路速率都有关系，通常是在路由器端口吞吐量范围内进行测试。时延对网络性能影响较大，作为高速路由器，在最差的情况下，要求对1518字节及以下的 IP 分组时延必须小于1ms。

6. 时延抖动

时延抖动是指时延变化。数据业务对时延抖动不敏感，所以该指标通常不作为衡量高速核心路由器的重要指标。当网络上需要传输语音、视频等数据量较大的业务时，该指标才有测试的必要性。

7. 背靠背帧数

背靠背帧数是指以最小帧间隔发送最多数据分组不引起数据丢失时的数据分组数量。该指标用于测试核心路由器的缓存能力。具有线速全双工转发能力的核心路由器，该指标值无限大。

8. 服务质量能力

服务质量能力包括队列管理控制机制和端口硬件队列数两项指标。其中，队列管理控制机制是指路由器拥塞管理机制及其队列调度算法。常见的方法有 RED、WRED、WRR、DRR、WFQ、WF2Q等。端口硬件队列数是指路由器所支持的优先级是由端口硬件队列来保证的，而每个队列中的优先级又是由队列调度算法进行控制的。

9. 网络管理能力

网络管理是指网络管理员通过网络管理程序对网络上资源进行集中化管理的操作，包括配置管理、计账管理、性能管理、差错管理和安全管理。设备所支持的网管程度体现设备的可管理性与可维护性，通常使用 SNMPv2 协议进行管理。网管力度指路由器管理的精细程度，如管理到端口、网段、IP 地址、MAC 地址等，管理力度可能会影响路由器的转发能力。

10. 可靠性和可用性

路由器的可靠性和可用性主要是通过路由器本身的设备冗余程度、组件热插拔、无故障工作时间及内部时钟精度等四项指标来提供保证的。

（1）设备冗余程度：设备冗余可以包括接口冗余、插卡冗余、电源冗余、系统板冗余、时钟板冗余等。

（2）组件热插拔：组件热插拔是路由器 24 小时不间断工作的保障。

（3）无故障工作时间：即路由器不间断、可靠工作的时间长短，该指标可以通过主要器件的无故障工作时间计算或者大量相同设备的工作情况计算。

（4）内部时钟精度：拥有 ATM 端口做电路仿真或者 POS 口的路由器互连通常需要同步，在使用内部时钟时，其精度会影响误码率。

5.6 防火墙及其选型

5.6.1 防火墙简介

防火墙是一种设置在不同网络（如可信任的企业内部网和不可信的公共网）或网络安全域之间的一系列部件的组合。它是不同网络或网络安全域之间信息的唯一出入口，能根据企业的安全策略控制（允许、拒绝、监测）出入网络的信息流，且本身具有较强的抗攻击能力。在逻辑上，防火墙是一个分离器、一个限制器，也是一个分析器，它可以有效地监控内部网和 Internet 之间的任何活动，进而保证内部网络的安全。对于普通用户来说，防火墙就是一种被放置在自己的计算机与外界网络之间的防御系统，从网络发往计算机的所有数据都要经过它的判断处理后，才会决定能不能把这些数据交给计算机，一旦发现有害数据，防火墙就会拦截下来，从而实现对计算机的必要保护。防火墙的具体功能主要表现在以下几个方面。

1. 网络安全的屏障

一个防火墙（作为阻塞点、控制点）能极大地提高一个内部网络的安全性，并通过过滤不安全的服务而降低风险。由于只有经过精心选择的应用协议才能通过防火墙，所以网络环境变得更安全。如防火墙可以禁止诸如众所周知的不安全的 NFS 协议进出受保护网络，这样外部的攻击者就不可能利用这些脆弱的协议来攻击内部网络。防火墙同时可以保护网络免受基于路由的攻击，如 IP 选项中的源路由攻击和 ICMP 的重定向攻击。

2. 强化网络安全策略

通过以防火墙为中心的安全方案配置，能将所有安全软件（如口令、加密、身份认证、审计等）配置在防火墙上。与将网络安全问题分散到各个主机上相比，防火墙的集中安全管理更经济。例如，在网络访问时，一次一密口令系统和其他的身份认证系统完全可以不必分散在各个主机上，而集中在防火墙中统一实现。

3. 对网络存取和访问进行监控审计

如果所有的访问都经过防火墙，那么，防火墙就能记录下这些访问并作出日志记录，同时也能提供网络使用情况的统计数据。当发生可疑动作时，防火墙能进行适当的报警，并提供网络是否受到监测和攻击的详细信息。另外，收集一个网络的使用和误用情况也是非常重要的，管理员既能了解防火墙是否能够抵挡攻击者的探测和攻击，还能了解防火墙的控制是否充足，同时通过网络使用统计可以很方便地对网络需求和威胁进行分析。

4. 防止内部信息的外泄

利用防火墙对内部网络的划分，可以实现对内部网重点网段的隔离，从而限制了局部重点或敏感网络安全问题对全局网络造成的影响。再者，隐私是内部网络非常关心的问题，一个内部网络中不引人注意的细节可能包含了有关安全的线索，而引起外部攻击者的兴趣，甚至因此而暴露内部网络的某些安全漏洞。使用防火墙可以隐蔽那些透漏内部信息的细节，如 Finger、DNS 等服务。

5. VPN 支持

除了安全作用，防火墙还支持具有 Internet 服务特性的企业内部网络技术体系 VPN。通过 VPN，将企事业单位在地域上分布在全世界各地的 LAN 或专用子网有机地连成一个整体。这样，不仅省去了专用通信线路，而且为信息共享提供了技术保障。

5.6.2 防火墙分类

目前，防火墙产品种类繁多，其分类方法也各不相同，常见的分类方法主要包括以下几种。

1. 按防火墙的物理特性进行分类

防火墙按其物理特性进行分类可分为硬件防火墙、软件防火墙以及芯片级防火墙。

（1）硬件防火墙

硬件防火墙是一种以物理形式存在的专用设备，通常架设于两个网络的连接处，直接从网络设备上检查、过滤有害的数据报文，位于防火墙设备后端的网络或者服务器接收到的是经过防火墙处理的相对安全的数据，不必另外分出 CPU 资源去进行基于软件架构的 NDIS 数据检测，可以大大提高工作效率。

硬件防火墙一般是通过网线连接于外部网络接口与内部服务器或企业网络之间的设备，由于硬件防火墙的主要作用是把传入的数据报文进行过滤处理后，转发到位于防火墙后面的网络中，因此它自身的硬件规格也是分档次的，尽管硬件防火墙已经足以实现比较高的信息处理效率，但是在一些对数据吞吐量要求很高的网络中，档次低的防火墙仍然会形成瓶颈，所以对于一些大企业而言，芯片级的硬件防火墙才是首选。

传统硬件防火墙一般至少应具备三个端口，分别接内网、外网和 DMZ 区（非军事化区）。一些新的硬件防火墙往往扩展了端口，常见的四端口防火墙将第四个端口作为配置管理端口。

（2）软件防火墙

软件防火墙是一种安装在负责内外网络转换的网关服务器或者独立的个人计算机上的特殊程序，它是以逻辑形式存在的。防火墙程序跟随系统启动，通过运行在 Ring0 级别的特殊驱动模块把防御机制插入系统关于网络的处理部分和网络接口设备驱动之间，形成一种逻辑上的防御体系。软件防火墙就像其他的软件产品一样，需要先在计算机上安装并做好配置才可以使用。使用软件防火墙，需要网络管理人员对所工作的操作系统平台比较熟悉。

（3）芯片级防火墙

芯片级防火墙基于专门的硬件平台，设有操作系统。专有的 ASIC 芯片促使它们比其他种类的防火墙速度更快、处理能力更强、性能更高。生产这类防火墙主要的厂商有 NetScreen、FortiNet、Cisco 等。这类防火墙由于是专用 OS（操作系统），因此防火墙本身的漏洞比较少，不过价格相对比较高昂。

2. 按防火墙所采用的技术进行分类

防火墙按其所采用的技术进行分类可分为分组过滤技术防火墙、应用代理技术防火墙、状态监视技术防火墙。

（1）分组过滤技术防火墙

分组过滤技术防火墙工作在 OSI 网络参考模型的网络层和传输层，它根据数据报文中的源地址、目的地址、端口号和协议类型等标志确定是否允许通过。只有满足过滤条件的报文才被转发到相应的目的地，其余报文则被从数据流中丢弃。

在整个防火墙技术的发展过程中，分组过滤技术出现了两种不同版本，称为"第一代静态分组过滤"和"第二代动态分组过滤"。

① 第一代静态分组过滤防火墙

这类防火墙几乎是与路由器同时产生的，它是根据定义好的过滤规则审查每个数据报文，以便确定其是否与某一条包过滤规则相匹配。过滤规则基于数据包的报头信息进行制订，报头信息中包括 IP 源地址、IP 目标地址、传输协议（TCP、UDP、ICMP 等）、TCP／UDP 目标端口、ICMP 消息类型等。分组过滤类型的防火墙要遵循的一条基本原则是"最小特权原则"，即明确允许哪些管理员希望通过的数据分组，禁止其他的数据分组。

② 第二代动态分组过滤防火墙

这类防火墙采用动态设置分组过滤规则的方法，避免了静态分组过滤所存在的问题。动态分组过滤功能在保持原有静态分组过滤技术和过滤规则的基础上，会对已经成功与计算机连接的报文传输进行跟踪，并且判断该连接发送的数据分组是否会对系统构成威胁，一旦触发其判断机制，防火墙就会自动产生新的临时过滤规则或者把已经存在的过滤规则进行修改，从而阻止该有害数据的继续传输。现代的分组过滤防火墙均为动态分组过滤防火墙。

基于分组过滤技术的防火墙是依据过滤规则的实施来实现分组过滤的，不能满足建立精细规则的要求，而且只能工作于网络层和传输层，不能判断高层协议里的数据是否有害，但价格低廉，容易实现。

（2）应用代理技术防火墙

由于分组过滤技术无法提供完善的数据保护措施，而且一些特殊的报文攻击仅仅使用过滤的方法并不能消除危害（如 SYN 攻击、ICMP 洪水等），因此需要一种更全面的防火墙保护技术，这就是采用"应用代理"（Application Proxy）技术的防火墙。

应用代理型防火墙是工作在 OSI 的最高层，即应用层。其特点是完全"阻隔"了网络通信流，通过对每种应用服务编制专门的代理程序，实现监视和控制应用层通信流的作用。

应用代理防火墙也叫应用层网关（Application Gateway）防火墙。这种防火墙通过一种代理（Proxy）技术参与到一个 TCP 连接的全过程，从内部发出的数据分组经过这样的防火墙处理后，就好像是源于防火墙外部网卡一样，从而可以达到隐藏内部网结构的作用，它的核心技术就是代理服务器技术。

所谓代理服务器，是指代表客户在服务器上处理用户连接请求的程序。当代理服务器收到一个客户的连接请求时，服务器将核实该客户请求，并经过特定的安全化的代理应用程序处理连接请求，将处理后的请求传递到真实的服务器上，然后接收服务器应答，并做进一步处理后，将答复交给发出请求的最终客户。

在代理型防火墙技术的发展过程中，它也经历了两个不同的版本，即第一代应用网关型代理防火墙和第二代自适应代理防火墙。

代理型防火墙的最突出的优点就是安全。由于每一个内外网络之间的连接都要通过 Proxy 的介入和转换，通过专门为特定的服务如 Http 编写的安全化的应用程序进行处理，然后由防火墙本身提交请求和应答，没有给内外网络的计算机以任何直接会话的机会，从而避免了入侵者使用数据驱动类型的攻击方式入侵内部网。

（3）状态监视技术防火墙

状态监视技术是继"分组过滤"技术和"应用代理"技术后发展的防火墙技术，这种防火墙技术通过一种被称为"状态监视"的模块，在不影响网络安全正常工作的前提下采用抽取相关数据的方法对网络通信的各个层次实行监测，并根据各种过滤规则做出安全决策。

状态监视技术在保留了对每个数据分组的头部、协议、地址、端口、类型等信息进行分析的基础上，进一步发展了"会话过滤"功能，在每个连接建立时，防火墙会为这个连接构造一个会话状态，其中包含了这个连接数据分组的所有信息，以后这个连接都基于这个状态信息进行，这种检测的高明之处是能对每个数据分组的内容进行监视，一旦建立了一个会话状态，则此后的数据传输都要以此会话状态作为依据。状态监视可以对数据分组的内容进行分析，从而摆脱了传统防火墙仅局限于几个分组头部信息的检测弱点，而且这种防火墙不必开放过多端口，进一步杜绝了可能因为开放端口过多而带来的安全隐患。

3. 按防火墙的结构进行分类

防火墙按其结构进行分类可分为单一主机防火墙、路由器集成式防火墙和分布式防火墙。

（1）单一主机防火墙

单一主机防火墙是最为传统的防火墙，独立于其他网络设备，它位于网络边界。这种防火墙其实与一台计算机结构差不多，同样包括主板、CPU、内存、硬盘等基本组件。它与一般计算机最主要的区别就是一般防火墙都集成了两个以上的以太网卡，用来连接一个以上的内、外部网络。其中的硬盘用来存储防火墙所用的基本程序，如分组过滤程序和代理服务器程序等，有的防火墙还把日志记录也记录在硬盘上。

（2）路由器集成式防火墙

随着防火墙技术的发展及应用需求的提高，原来作为单一主机的防火墙已发生了许多变化。最明显的变化就是在许多中、高档的路由器中已集成了防火墙的功能。

（3）分布式防火墙

分布式防火墙不仅位于网络边界，而且还渗透到网络的每一台主机，对整个内部网络的主机实施保护。在网络服务器中，通常会安装一个用于管理防火墙系统的软件，在服务器及各主机上安装有集成网卡功能的 PCI 防火墙卡，一块防火墙卡同时兼有网卡和防火墙的双重功能，这样一个防火墙系统就可以彻底保护内部网络。各主机把任何其他主机发送的通信连接都视为"不可信"的，都需要严格过滤，而不是像传统边界防火墙那样，仅对外部网络发出的通信请求"不信任"。

5.6.3　防火墙的选购

网络防火墙与路由器非常类似，是一台特殊的计算机，同样有自己的硬件系统和软件系统，与一般计算机相比，只是没有独立的输入/输出设备。防火墙的主要性能参数是指影响网络防火墙分组处理能力的参数。在选择网络防火墙时，应主要考虑网络的规模、网络的架构、网络的安全需求、在网络中的位置，以及网络端口的类型等要素，选择性能、功能、结构、接口、价格都最为适宜的网络安全产品。

1. 防火墙购买参数参考

（1）系统性能

防火墙性能参数主要是指网络防火墙处理器的类型及主频、内存容量、闪存容量、存储容量和类型等数据。一般而言，高端防火墙的硬件性能优越，处理器应当采用 ASIV 架构或 NP 架构，并拥有足够大的内存。

（2）接口

接口数量关系到网络防火墙能够支持的连接方式，通常情况下，网络防火墙至少应当提供 3 个接口，分别用于连接内网、外网和 DMZ 区域。如果能够提供更多数量的端口，则还可以借助虚拟防火墙实现多路网络连接。而接口速率则关系到网络防火墙所能提供的最高传输速率，为避免可能的网络瓶颈，防火墙的接口速率应为 100Mbit/s 或 1000Mbit/s。

（3）并发连接数

并发连接数是衡量防火墙性能的一个重要指标，是指防火墙或代理服务器对其业务信息流的处理能力，是防火墙能够同时处理的点对点连接的最大数目，反映出防火墙设备对多个连接的访问控制能力和连接状态跟踪能力，该参数值直接影响防火墙所能支持的最大信息点数。

提示：低端防火墙的并发连接数都在 1000 个左右。而高端设备则可以达到数万甚至数十万个并发连接。

（4）吞吐量

防火墙的主要功能就是对每个网络中传输的每个数据分组进行过滤，因此需要消耗大量的资源。吞吐量是指在数据不丢失的情况下单位时间内通过防火墙的数据分组数量。

防火墙作为内外网之间的唯一数据通道，如果吞吐量太小，就会成为网络瓶颈，给整个网络的传输效率带来负面影响。因此，考察防火墙的吞吐能力有助于更好地评价其性能表现。这也是测量防火墙性能的重要指标。

（5）安全过滤带宽

安全过滤带宽是指防火墙在某种加密算法标准下的整体过滤功能，如 DES（56 位）算法或 3DES（168 位）算法等。一般来说，防火墙总的吞吐量越大，其对应的安全过滤带宽越高。

（6）支持用户数

防火墙的用户数限制分为固定限制用户数和无用户数限制两种。前者如 SOHO 型防火墙一般支持几十个到几百个用户不等，而无用户数限制大多用于大的部门或公司。这里的用户数量和前面介绍的并发连接数并不相同，并发连接数是指防火墙的最大会话数（或进程），而每个用户可以在一个时间里产生很多的连接。

2. 网络防火墙选择策略

针对越来越多的蠕虫、病毒、间谍软件、垃圾邮件、DoS/DDoS 等混合威胁及黑客攻击，不仅需要有效检测到各种类型的攻击，更重要的是降低攻击的影响，从而保证业务系统的连续性和可用性。

一个较好的网络防火墙应该具备以下特征。

（1）提供针对各类攻击的检测和防御功能，同时提供丰富的访问控制能力。

（2）准备识别各种网络流量，降低漏报和误报率，避免影响正常的业务通信。

（3）满足高性能的要求，提供强大的分析和处理能力，保证正常网络通信的质量。

（4）具备良好的可靠性，提供硬件 BYPASS 或 HA 等可靠性保障措施。

（5）提供灵活的部署方式，支持在线模式和旁路模式的部署，第一时间把攻击阻断在企业网络之外，同时也支持旁路模式部署，用于攻击检测，适用于不同用户需要。

（6）支持分级部署、集中管理，满足不同规模网络的使用和管理需求。

5.7 负载均衡器及其选型

负载均衡器是一种把网络请求分散到一个服务器集群中的可用服务器上，通过管理进入的 Web 数据流量和增加有效的网络带宽的硬件设备。

5.7.1 负载均衡器简介

由于目前现有网络的各个核心部分随着业务量的提高，访问量和数据流量的快速增长，其处理能力和计算强度也相应地增大，使得单一的服务器设备根本无法承担。在此情况下，如果扔掉现有设备去做大量的硬件升级，将造成现有资源的浪费，而且当再面临业务量的提升时，又将导致再一次硬件升级的高额成本投入，甚至性能再卓越的设备也不能满足当前业务量增长的需求。

5.7.2　负载均衡实现方式

1.　软件负载均衡技术

该技术适用于一些中小型网站系统，可以满足一般的均衡负载需求。软件负载均衡技术是在一个或多个交互的网络系统中的多台服务器上安装一个或多个相应的负载均衡软件，实现均衡负载技术。软件可以很方便地安装在服务器上，并且实现一定的均衡负载功能。软件负载均衡技术配置简单、操作方便，最重要的是成本很低。

2.　硬件负载均衡技术

由于硬件负载均衡技术需要增加额外的负载均衡器，成本比较高，所以适用于流量高的大型网站系统。不过在现在较有规模的企业网、政府网站，一般来说都会部署硬件负载均衡设备。硬件负载均衡技术是在多台服务器间安装相应的负载均衡设备，也就是用负载均衡器来完成均衡负载技术，与软件负载均衡技术相比，能达到更好的负载均衡效果。

3.　本地负载均衡技术

本地负载均衡技术是对本地服务器群进行负载均衡处理。该技术通过对服务器进行性能优化，使流量能够平均分配在服务器群中的各个服务器上。本地负载均衡技术不需要购买昂贵的服务器或优化现有的网络结构。例如微软 NLB 网络负载均衡技术，该技术通过在多台服务器上应用完成负载均衡。原理是几台服务器虚拟出一个 IP 地址，应用会使服务器轮循响应数据。但是在一次安全网关的部署过程中却遇到了问题，问题简单描述如下：当外部测试个人计算机，向虚拟 IP 地址发了一个 ping 分组之后，虚拟 IP 回应一个数据分组，另外，实主机也均回应数据分组，导致安全设备认为会话不是安全的。所以进行阻断，致使业务不正常。

4.　全局负载均衡技术

全局负载均衡技术（也称为广域网负载均衡）适用于拥有多个地域的服务器集群的大型网站系统。全局负载均衡技术是对分布在全国各个地区的多个服务器进行负载均衡处理，该技术可以通过对访问用户的 IP 地理位置判定，自动转向地域最近点。很多大型网站都使用这种技术。

5.　链路集合负载均衡技术

链路集合负载均衡技术是将网络系统中的多条物理链路，当作单一的聚合逻辑链路使用，使网站系统中的数据流量由聚合逻辑链路中所有的物理链路共同承担。这种技术可以在不改变现有的线路结构，不增加现有带宽的基础上大大提高网络数据吞吐量，节约成本。

5.7.3　负载均衡器的选择

负载均衡的部署方式，简单地可分为串接、单臂、透明和服务器直接返回 4 类。

1.　串接路由模式

串接部署模式如图 5.13 所示，通常服务器的网关需要指向负载均衡设备。

这种情况下的流量处理最简单，负载均衡只做一次目标地址 NAT（选择服务器时）和一次源地址 NAT（响应客户端报文时），如图 5.14 所示。

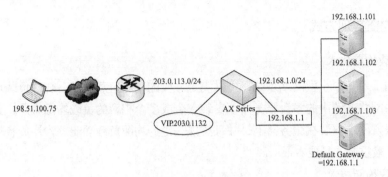

图 5.13   串接路由模式

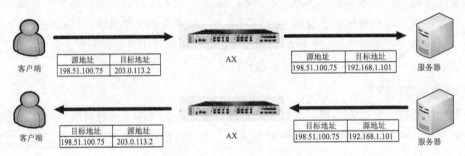

图 5.14   串接部署模式数据传输

负载均衡器使用两个不同网段，使用 3 层分配流量。是比较常见的部署方式。串接部署模式有以下优点：①将服务器有效隔离，安全考虑上最好；②服务器网关指向负载均衡器，功能实现更简单，有利于最大化负载均衡性能；③服务器可以直接接收到真实访问源客户 IP 地址。

同时，这种部署模式也有一些缺点：对现有拓扑结构变动较大；需要考虑内网服务器是否有对外访问需求，必要时需要设置静态 NAT 转换。

2. 单臂模式

单臂模式如图 5.15 所示，通常服务器网关指向核心交换，为保证流量能够正常处理。

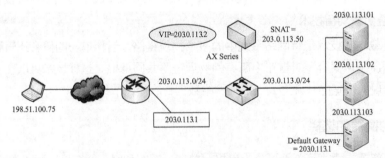

图 5.15   单臂模式

负载均衡设备需要同时做源地址和目标地址 NAT 转换，如图 5.16 所示。也就是说，这种情况下服务器无法记录真实访问客户端的源地址。如果是 http 流量时，可以通过在报头中插入真实源地址，同时调整服务器日志记录的方式弥补。

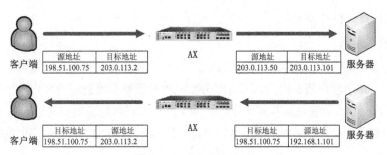

图 5.16　单臂模式数据传输

单臂模式下，VIP（提供服务的虚拟 IP）和真实服务器在同一网段。这是最常见的部署模式。这种方式部署方便，对现有拓扑结构变动小，和应用无关的流量不会通过负载均衡器，内部应用无影响，外部应用通常需要前端防火墙做 NAT 映射到应用 VIP。但这种模式也有一些缺点：第一，不能有效地屏蔽真实服务器，安全方面需要考虑；第二，服务器网关不是负载均衡器时，负载均衡器需要做源地址 NAT 后再转发流量，需要 IP 地址增多，并且服务器不能直接接收访问客户源地址，需要对应用做修改后才可以通过其他方式获得真实访问地址。

3. 透明模式

透明模式如图 5.17 所示，服务器和负载均衡设备在同一网段；通过二层透传，服务器的流量需要经过负载均衡设备，如图 5.18 所示。

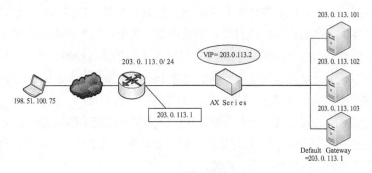

图 5.17　透明模式

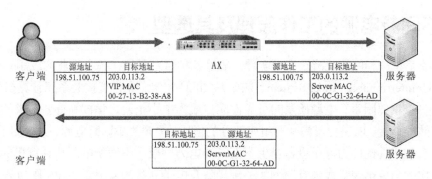

图 5.18　透明模式数据传输

透明模式下，负载均衡器和服务器部署在同一网段，仅在有特殊需求时使用。透明模式的优点：对现有拓扑结构变动最小；服务器可以直接接收到访问源客户 IP 地址。但透明模式也有缺点：部署不直观；调试和故障分析时较烦琐。

4. 服务器直接返回

服务器直接返回是较早的负载均衡常用方式，如图 5.19 所示，通过在服务器上的配置修改，负载均衡设备其实仅处理客户请求流量，所有服务器响应的流量直接返还给客户，早期在负载均衡性能较低时常用来作为一个避免性能瓶颈的手段。由于此种方式只能使用一些基本的 4 层负载，现在的高性能负载均衡设备通常不使用此类部署，但仍对延迟性要求高的语音类和视频类有应用。

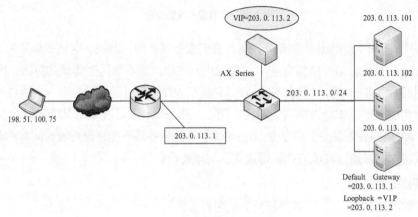

图 5.19　服务器直接返回模式

服务器直接返回模式下，服务器回程报文不通过负载均衡器，直接返回给客户端；延迟短，适合流媒体等对时延要求较高的应用。这种模式的优点是：性能高，可处理吞吐量高；服务器可以直接接收到访问源客户 IP 地址。但也有一些缺点：只能做 4 层的负载均衡，基于 7 层的服务无法实现优化（例如，压缩等）无法使用需要在服务器上配置 loopback 地址。loopback 地址称为本地环回接口（或地址），亦称回送地址。此类接口是应用最为广泛的一种虚接口，几乎在每台路由器上都会使用。系统管理员完成网络规划之后，为了方便管理，会为每一台路由器创建一个 loopback 接口，并在该接口上单独指定一个 IP 地址作为管理地址，管理员会使用该地址对路由器远程登录（Telnet），该地址实际上起到了类似设备名称一类的功能。

5.8　不间断电源的工作原理及其选型

当前，数字革命和网络经济正席卷全球。随着各种信息系统在各个行业的应用，更带动了不间断电源（Uniuterruptable Power System，UPS）的迅猛发展。作为直接关系到计算机软硬件能否安全运行的一个重要因素，电源质量的可靠性应当成为中小企业、学校等首要考虑的问题。UPS是一种含有储能装置，以逆变器为主要组成部分的恒压、恒频的不间断电源，主要用于给服务器、计算机网络系统或其他电力电子设备提供不间断的电力供应。不间断电源从计算机的外围设备、一个不受重用的角色迅速变成为互联网的关键设备及电子商务的保卫者。UPS 作为信息社会的基石，已开始了其新的历史使命。随着国际互联网时代的到来，对电力供电质量提出了越来越高的要求，无论是整个网络的设备还是给数据传输途径以端到端的全面保护，都要求配置高质量的不间断电源。

5.8.1　不间断电源工作原理

UPS 是一种含有储能装置，以逆变器为主要元件，稳压、稳频输出的电源保护设备。当市电正常输入时，UPS 就将市电稳压后供给负载使用。同时对机内电池充电，把能量贮存在电池中，当市电中断（各种原因停电）或输入故障时，UPS 即将机内电池的能量转换为 220V 交流电继续供负载使用，使负载维持正常工作并保护负载软、硬件不受损坏。

UPS 主要从 20 世纪 90 年代开始成规模，90 年代初，对 UPS 要求能提供无时间中断的电源来确保用户的数据不致丢失为保护重点；90 年代中期，发展为在 UPS 配置了 RS232 接口和在计算机监控平台上配置各种电源监控软件的智能化 UPS，保护重点为用户数据的完整性；到了 90 年代末期，UPS 以确保系统具有"高稳定性"及"高可用性"为其保护重点。

5.8.2　不间断电源的分类

目前市场上有不同类型的 UPS，按 UPS 的工作方式可分为后备式、在线互动式、双变换在线式三大类。

1. 后备式 UPS 电源

它是静止式 UPS 的最初形式，应用广泛，技术成熟，一般只用小功率范围，电路简单，价格低廉。这种 UPS 对电压的频率不稳、波形畸变，以及从电网侵入的干扰等不良影响基本上没有任何改善，其工作性能特点如下。

（1）市电利用率高，可达 96%。

（2）输出能力强，对负载电流波峰因数、浪涌系数、输出功率因数、过载等没有严格限制。

（3）输出转换开关受切换电流能力和动作时间限制。

（4）输入功率因数和输入电流谐波取决于负载性质。

2. 在线互动式 UPS 电源

在线互动式 UPS 电源也称为 3 端口式 UPS 电源，使用的是工频变压器。从能量传递的角度考虑，其变压器在 3 个能量流动的端口；端口 1 连接市电输入，端口 2 通过双向变换器与蓄电池相连，端口 3 输出，市电供电时，交流电经端口 1 流入变压器，在稳压电路的控制下选择合适的变压器抽头拉入，同时在端口 2 的双向变换器的作用下借助蓄电池的能量转换共同调节端口 3 上的输出电压，以此来达到比较好的稳压效果。当市电掉电时，蓄电池通过双向变换器经端口 2 给变压器供电，维持端口 3 上的交流输出。在线互动式 UPS 电源在变压器抽头切换的过程中，双向变换器作为逆变器方式工作，蓄电池供电，因此能实现输出电压的不间断。其工作性能特点如下。

（1）市电利用率高，可达 98%。

（2）输出能力强，对负载电流波峰因数、浪涌系数、输出功率因数、过载等没有严格的限制。

（3）输入功率因数和输入电流谐波取决于负载性质。

（4）变换器直接接在输出端，并处于热备份状态。对输出电压尖峰干扰有抑制作用。

（5）输入开关存在断开时间，致使 UPS 输出仍有转换时间，但比后备式小得多。

（6）变换器同时具有充电功能，且其充电能力很强。

（7）如在输入开关与自动稳压器之间串接一个电感，当市电掉电时，逆变器可立即向负载供电，可避免输入开关未断开时，逆变器反馈到电网而出现短路的危险。

3. 双变换在线式 UPS 电源

它是属于串联功率传输方式。当市电存在时，实现 AC→DC 转换功能，一方面向 DC→AC 逆变器提供能量，同时还向蓄电池充电。该整流器多为可控硅整流器，但也有 IGBT-PWM-DSP 高频变换新一代整流器。当逆变时，完成 DC→AC 转换功能，向输出端提供高质量电能，无论由市电供电或转向电池供电，其转换时间为零。当逆变器过载或发生故障时，逆变器停止输出，静态开关自动转换，由市电直接向负载供电。静态开关为智能型大功率无触点开关其工作性能特点如下。

（1）不管有无市电供应，负载的全部功率都由逆变器提供，保证高质量的电力输出。

（2）由于全部负载功率都由逆变器提供，因而 UPS 的输出能力不理想，对负载提出限制条件，如负载流峰值因数，过载能力，输出功率因数等。

（3）对可控整流器还存在输入功率因数低、损耗大、输入谐波电流对电网产生极大影响的问题，当然，若使用 IGBT-PWM-DSP 整流技术成功率因数校正技术，可把输入功率因数提高到接近 1。

4. 双逆变电压补偿在线式 UPS 电源

此项技术是近些年提出来的，主要是把交流稳压技术中的电压补偿原理（delta 变换）应用到 UPS 的主电路中，产生一种新的 UPS 电路结构型式，它属于串并联功率传输其工作性能特点如下。

（1）逆变器（Ⅱ）监视输出端，并与逆变器（Ⅰ）参与主电路电压的调整，可向负载提供高质量的电能。

（2）市电掉电时，输出电压不受影响，没有转换时间；当负载电流发生畸变时，由逆变器（Ⅱ）调整补偿，因而是在线工作方式。

（3）当市电存在时，逆变器（Ⅰ）与（Ⅱ）只对输入电压与输出电压的差值进行调整与补偿，逆变器只承担最大输出功率的 20%，因而功率余最大。过载能力强。

（4）逆变器（Ⅰ）同时完成对输入端的功率因数校正功能。输入功率因数可达到 0.99，输入谐波电流 < 3%。

（5）在市电存在时，由于两个逆变器承担的最大功率仅为输出功率的 1/5，因此整机效率可达到 96%。

（6）在市电存在时，逆变器（Ⅱ）功率强度仅为额定值的 1/5，因此功率器件的可靠性必然大幅度提高。

（7）由于具有输入功率因数补偿，因而有节能效果。

5.8.3 不间断电源的选择方法

根据设备的情况、用电环境，以及想达到的电源保护目的，可以选择适合的 UPS。

1. 设备功率

一般来讲，普通计算机或工控机的功率在 200W 左右，苹果计算机在 300W 左右，服务器在 300～600W，其他设备的功率数值可以参考该设备的说明书。另外，应了解 UPS 的额定功率有两种表示方法：视在功率（单位 VA）与实际输出功率（单位 W），由于无功功率的存在所以造成了这种差别，两者的换算关系为：视在功率×功率因数=实际输出功率。

后备式、在线互动式的功率因数为 0.5～0.7，在线式的功率因数一般是 0.8。

2. 使用环境

按使用环境选择可以将 UPS 分为工业级 UPS 和商业级 UPS，工业级 UPS 适应于环境比较恶劣的地方，商业级 UPS 对环境的要求比较高。UPS 通常分为工频机和高频机两种。工频机由可控硅 SCR 整流器、IGBT 逆变器、旁路和工频升压隔离变压器组成。因其整流器和变压器工作频率均为工频 50Hz，顾名思义叫工频 UPS。高频机通常由 IGBT 高频整流器、电池变换器、逆变器和旁路组成，IGBT 可以通过控制加在其门极的驱动来控制 IGBT 的开通与关断，IGBT 整流器开关频率通常在几 kHZ 到几十 kHz，甚至高达上百 kHz，相对于 50Hz 工频，称之为高频 UPS。

随着电力电子技术的发展和高频功率器件不断问世。中小功率段的 UPS 产品正逐步高频化，高频 UPS 有功率密度大、体积小、重量轻的特点。但在高频 UPS 功率段向中大功率过渡推进的过程中。高频拓扑 UPS 在使用过程中暴露出一些固有缺点，并影响 UPS 的安全使用和运行。UPS 电池配置方案及选购 UPS 不间断电源方法：电池供电时间主要受负载大小、电池容量、环境温度、电池 放电截止电压等因素影响。根据延时能力，确定所需电池的容量大小，用安时（Ah）值的来表示，以给定电流安培数时放电的时间小时数来计算。一般 UPS 配置按以下公式计算：

UPS 电源功率（VA）×延时时间（小时数）÷UPS 电源启动直流=所需蓄电池安时数（Ah）

以山特 C3KS 延时 4 小时为例：

● 普通蓄电池一般没有容量为 125AH 的一组 8 只蓄电池。一般蓄电池大多为 12V 直流，96V（UPS 启动直流电压）÷12V（蓄电池直流电压）=8Ah。

● 可以选择一组 100Ah 电池来对其进行配置，其延时时间为：100Ah（蓄电池容量）×96V（UPS 启动直流）÷3000V（UPS 电源功率）=3.2h；也可以选择 2 组（16 只）65Ah 的蓄电池并联进行配置，其延时时间为：65Ah×2×96V÷3000VA=4.16h。

5.9　案例分析

1. 案例 1：大规模局域网的设备选择

某大学在校师生大约 5000 人，分两个校区：本部校区和西南校区。学校师生需要访问学校官网和 chinaNet，西南校区网络连接本部校区接入外网。学校主要有教学楼、办公楼、逸夫楼、信息楼、图书馆、学生公寓、学生食堂等楼宇，所有楼宇均采用铺设光缆的方式连接到信息楼的网络中心，并接入 Internet。应用系统包含办公系统、教学系统、人事工资档案等，所有应用系统和数据均存储在网络中心。学校对外部用户提供的服务有门户网站、邮件系统等应用系统，对内部用户提供的服务有 OA 系统、FTP 应用系统、选课系统、课件制作系统等，并对内部用户提供 DNS 服务、DHCP 服务。要使用的操作系统有 Windows、UNIX、Linux 等，数据库有 SQL Server、Oracle、MySQL、Access 等。通过建立校园内部的局域网并接入广域网，可以实现内部办公及学生在线学习，并能访问 Internet。

为了实现上述需求，首先需要制定网络建设方案，其网络拓扑结构如图 5.20 所示。

组建这个大规模学校局域网时，用到的基本网络设备有：交换机、路由器、防火墙。在本案例中，选择 Cisco Catalyst 4506 作为核心交换机，表 5.4 所示为该交换机的基本参数。该交换机是模块化交换机，有 6 个插槽，可以插不同类型的线卡。通过线卡提供的 GBIC 光纤口，使光纤能够与办公楼、教学楼、图书馆等楼宇的汇聚交换机互连。西南校区可以采用 TRUNK 模式或者路由模式，把西南校区的交换机通过租用的数字链路直接连接到核心交换机，最终实现所有楼宇的连接。所有校区均通过光纤接入网络中心，并通过统一出口访问广域网。

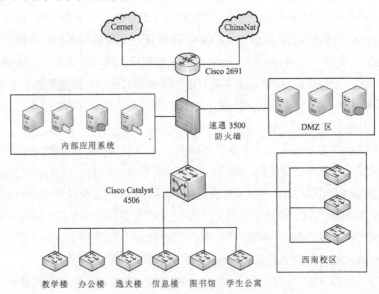

图 5.20　学校网络组建拓扑结构图

表 5.4　Cisco Catalyst 4506 交换机基本参数

项　　目	参　　数
背板带宽	100Gbit/s
分组转发率	75Mpps
是否支持 VLAN	支持
网络标准	IEEE802.3、10BASE-T，IEEE802.3u、100BASE-TX，IEEE802.3、10BASE-FX，IEEE802.3z、IEEE802.3x、IEEE802.3ab，10BASE-X（GBIC）
传输速度	10/100/1000/10000 Mbit/s
端口类型	10/100/1000Base-T，1000Base-FX
端口数	240 口
模块化插槽	有，6个
支持全双工	是
管理方式	SNMP 管理信息库（MIB）II，SNMP MIB 扩展，桥接 MIB（RFC 1493）

本案例中汇聚交换机选用 Cisco Catalyst 3560，表 5.5 所示为该交换机的基本参数。各个汇聚交换机通过光纤接口与 Cisco Catalyst 4506 核心交换机互连，并为各接入交换机或直接接入用户提供 10M、100M 或 1000M 接入。

表 5.5　Csico Catalyst 3560 交换机基本参数

项　　目	参　　数
背板带宽	32Gbit/s
内存	32Mb
端口类型	10/100 端口 ISFP 吉比特（千兆）以太网端口 1RU
支持速率	10Mbit/s/100Mbit/s/1000Mbit/s
是否支持全双工	支持
是否支持 VLAN	支持
MAC 地址表	12k

本案例防火墙选择速通 3500，表 5.6 所示为该防火墙的基本参数。防火墙部署在路由器和核心交换机之间，一则对整个内网的用户提供安全保障，二则实施 NAT 转换（解决 IP 地址匮乏问题）。此外，当 IDS 检测到攻击时，防火墙应能够接收到 IDS 指令，并对来自外部的攻击进行阻拦，对防火墙的规则进行动态调整。因此，防火墙应能与用户的 IDS 设备联动。

表 5.6　速通防火墙 3500 基本参数

项　目	参　数
带宽	100Mbit/s
并发连接数	50 万
策略数	1200
网口数	外口×1，交换卡×4，扩展口×2
部署方式	支持路由、透明、混合模式，支持 NAT
过滤方式	支持状态分组检测，支持基于时间的过滤，基于用户认证的过滤，基于内容的过滤
VPN 功能	支持 IPSec 协议，PPTP 协议，AES 加密、DES/3DES 加密
高可靠性	双击热备，链路备份，软件升级

2．案例 2：城域网设备选择

某市网通公司城域网分布于市内的 4 个点，A 区 2 个点，B 区 2 个点，计划建设成基于以太网接入和 VLAN 连接的宽带 IP 城域网。该城域网具有 1 个 GE 的 Internet 出口（通过 CNC 骨干网的 POP 路由器上的 GE 端口）。该城域网结构图如图 5.21 所示。

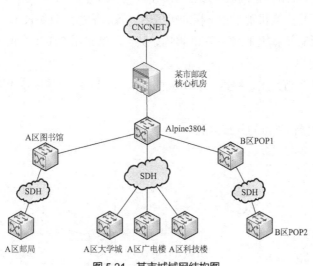

图 5.21　某市城域网结构图

某市城域网的网络节点包括骨干层、汇聚层，开通后还会有接入层，其中，骨干层包括 1 个核心节点：市邮政机房。核心节点配置有一台爱立信的 Extreme BD6808 核心路由交换机，和一台 Alpine3804 核心三层交换机。BD6808 核心路由交换机通过 155Mbit/s 接口连接 CNC 骨干网 POP 路由器，通过 1GE 以太网端口连接城域网的汇聚节点。汇聚层目前有 7 个节点，A 区图书馆、A 区邮政、A 区科技大楼、A 区广电大楼、A 区大学城、B 区 POP1、B 区 POP2 节点。每个汇聚节点各有一台 Extreme Summit48i 汇聚三层交换机。在本城域网项目中，各节点间的连接主要靠混合传输网来实现。各汇聚交换（Summit48i）配置了 100Mbit/s 以太网端口连接混合传输网。A 区图书馆和义乌

POP1 与 A 区邮政中心骨干机房的 BD6808 核心路由交换机通过 GE 裸光纤直连，向下通过混合传输网分别以百兆以太网端口连接 A 区邮政和义乌 POP2 节点，其他节点到核心路由交换机的连接是通过城域网的综合传输网来实现。

习题与思考

1. 一个网卡的选购需要从哪几个方面考虑？标志网卡性能的指标有哪些？
2. 简述交换机的工作原理，给出必要的示意图和简单的 MAC 地址表加以说明。
3. 简述路由器的工作原理和选择方法（控制在 100 字以内）。
4. 查阅配置路由过滤器的具体命令方法并列出表格。
5. 路由器的性能指标有哪些？——列举并说明其含义。
6. 简述负载均衡器的工作原理和选择方法（控制在 100 字以内）。

网络实训

1. 某高校校园的拓扑图如图 5.22 所示。该校在校园网建设中的基本要求如下。

（1）要求主干链路 1000Mbit/s 连接，桌面主机 100Mbit/s 连接到接入交换机，其中网络中心距离学生宿舍最远不超过 2000 米，距离教学楼区最远不超过 400 米。

（2）教学楼区的汇聚交换机置于教学楼的机房内，各层信息点数如表 5.7 所示。

（3）教学楼区的所有计算机采用静态 IP 地址，其他区域采用 DHCP 分配方式，DHCP 服务器采用千兆光口网卡。

（4）信息中心有 2 条百兆出口线路，在防火墙上根据外网 IP 设置出口策略，分别从 2 个出口访问 Internet。

表 5.7 所示为教学楼信息点的分布情况。

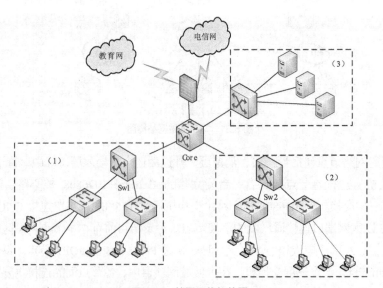

图 5.22　校园网络拓扑图

问题 1：根据网络的需求和拓扑图，在满足网络功能的前提下，本着最节约成本的布线方式，传输介质 1 应采用（　　），传输介质 2 应采用（　　），传输介质 2 应采用（　　）。

A. 单模光纤　　　　　　　B. 多模光纤　　　　　　　C. 基带同轴电缆

D. 宽带同轴电缆　　　　　E. 3 类双绞线　　　　　　F. 5 类双绞线

问题 2：网络工程师小张根据网络需求选择了三种类型的交换机，其基本参数如表 5.8 所示。根据网络需求、拓扑图和交换机参数类型，在图 5.22 中，Switch1 应采用（　　）类型交换机，Switch2 应采用（　　）类型交换机，Switch3 应采用（　　）类型交换机。根据需求描述和所选交换机类型，则教学楼的 4 楼至少需要（　　）类交换机（　　）台。

表 5.7　教学楼信息点分布表

楼　层	信息点分布数
1	24
2	30
3	19
4	22
5	24

表 5.8　交换机配置表

交换机类型	交换机配置详情
1	12 端口 1000Mbit/s 光电自适应接口
2	24 端口 100Mbit/sRJ-45 接口，一端口 1000Mbit/s SFP
3	5 插槽模块化三层交换机

问题 3：工程师小张根据层次化网络设计的思想部署网络设计，在（　　）层设置了大量的访问控制列表，以实现精确的网络访问控制。为了实现用户的个人计算机能安全的使用网络，在（　　）层实现 MAC 与 IP 地址绑定，（　　）层完成数据的高速转发。

2. 某小区采用 HFC 接入 Internet 的解决方案进行网络设计，网络结构如图 5.23 所示。

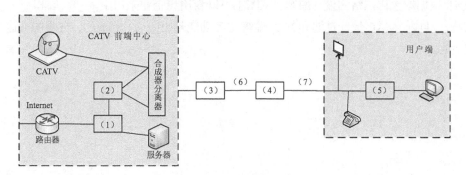

图 5.23　某小区网络结构

问题 1：请为图中（1）~（5）处选择对应的设备名称。

备选设备：CMTS、以太网交换机、光收发器、光电转换节点、Cable Modem。

问题 2：请为图中（6）、（7）处选择对应的传输介质。

3. 某企业的网络结构如图 5.24 所示。

问题 1：图中的网络设备①应为_____，网络设备②应为_____，从网络安全的角度出发，Switch9 所组成的网络一般称为_____区。图中③处的网络设备的作用是检测流经内网的信息，提供对网络系统的安全保护，该设备提供主动防护，能预先对入侵活动和攻击性网络流量进行拦截，避免造成损失，而不是简单地在恶意流量传送时或传送后才发出警报。网络设备③应为_____，其连接的 Switch1 的 G1/1 端口称为_____端口。这种连接方式一般称为_____。

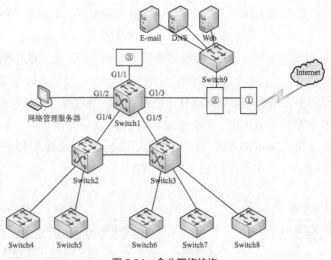

图 5.24　企业网络结构

问题 2：随着企业用户的增加，要求部署上网行为管理设备，对用户的上网行为进行安全分析、流量管理、网络访问控制等，以保证正常的上网需求。部署上网行为管理设备的位置应该在图 5.24 中的_____和_____之间比较合理。

问题 3：网卡的工作模式有直接、广播、多播和混杂四种模式，默认的工作模式为_____和_____，即它只接收广播帧和发给自己的帧。网络管理机在抓取分组时，需要把网卡置于_____，这时网卡将接收同一子网内所有站点所发送的数据分组，这样就可以达到对网络信息监视的目的。

问题 4：根据层次化网络的设计原则，从图中可以看出该企业采用由_____层和_____层组成的两层架构，其中，MAC 地址过滤和 IP 地址绑定等功能是由_____完成的，分组的高速转发是由_____完成的。

06

第6章　交换机配置

教学目的

- 掌握交换机简单配置及 VLAN 配置
- 掌握 Trunk 配置和 VTP 配置

教学重点

- 交换机简单配置
- VLAN 配置
- Trunk 配置和 VTP 配置

6.1　交换机配置的内容

交换机是第二层网络设备，主要作为工作站、服务器、路由器、集线器和其他交换机的集中点。交换机是一台多端口网桥，为所连接的两台连网设备提供一条独享的点对点虚链路，因此避免了冲突。也可以在一条实际的物理线路上提供干道技术绑定多条虚链路，以允许交换机之间的多个 VLAN 可以通信。交换机配置的内容包括以下内容。

- 交换机的简单配置。
- VLAN 技术。
- Trunk 技术。
- VTP 协议。

6.2　交换机的简单配置

交换机的配置过程复杂，而且根据品牌及产品的不同也各不相同。但是基本的配置过程是大同小异的。在对交换机进行配置之前，首先应登录连接到交换机，这可通过交换机的控制端口（Console）连接或通过 Telnet 登录来实现。对于首次配置交换机，必须采用该方式。对交换机设置管理 IP 地址后，就可采用 Telnet 登录方式来配置交换机。

对于可管理的交换机一般都提供有一个名为 Console 的控制台端口（或称配置口），该端口采用 RJ-45 接口，是一个符合 EIA/TIA-232 异步串行规范的配置口，通过该控制端口，可实现对交换机的本地配置。交换机一般都随机配送了一根控制线，它的一端是 RJ-45 水晶头，用于连接交换机的控制台端口，另一端提供了 DB-9（针）和 DB-25（针）串行接口插头，用于连接计算机的 COM1 或 COM2 串行接口，华为交换机配送的是该类控制线。思科设备的控制线两端均是 RJ-45 水晶头接口，但配送有 RJ-45 到 DB-9 和 RJ-45 到 DB-25 的转接头。

通过该控制线将交换机与计算机相连，并在个人计算机上运行超级终端仿真程序，即可实现将计算机仿真成交换机的一个终端，从而实现对交换机的访问和配置。

如图 6.1 所示，交换机的软件配置分为用户配置模式、特权用户配置模式、全局配置模式。

在首次通过 Console 控制口完成对交换机的配置，并设置交换机的管理 IP 地址和登录密码后，就可通过 Telnet 会话来连接登录交换机，从而实现对交换机的远程配置。可在计算机中利用 Telnet 登录连接交换机，也可在登录一台交换机后，再利用 Telnet 命令，来登录连接另一台交换机，实现对另一台交换机的访问和配置。假设交换机的管理 IP 地址为 192.168.168.3，利用网线将交换机接入网络，然后在 DOS 命令行输入并执行命令 telnet 192.168.168.3，此时将要求用户输入 Telnet 登录密码，密码输入时不会回显，校验成功后，即可登入交换机，出现交换机的命令行提示符，如图 6.2 所示。

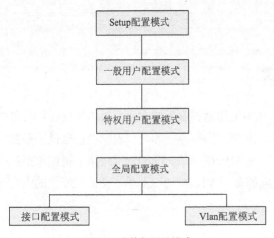

图 6.1　交换机配置模式

图 6.2　交换机的命令行提示符

6.2.1　用户配置模式

"Switch>" 中的符号 ">" 为一般用户配置模式的提示符：当用户从特权用户配置模式使用命令 exit 退出时，可以回到一般用户配置模式。用户在一般用户配置模式下不能对交换机进行任何配置，只能查询交换机的时钟和交换。

6.2.2　特权用户配置模式

"Switch#"：在特权用户配置模式下，用户可以查询交换机配置信息、各个端口的连接情况、收发数据统计等。

6.2.3　全局配置模式

switch（Config）#——全局配置模式：在全局配置模式，用户可以对交换机进行全局性的配置，如对 MAC 地址表、端口镜像、创建 VLAN、启动 IGMP Snooping、STP 等。用户在全局配置模式还可通过命令进入端口对各个端口进行配置。

6.2.4 交换机基本配置

1. 进入特权模式

命令格式: enable

```
switch:                                    //初始状态为用户模式
switch> enable
switch#                                    //已进入特权模式
```

2. 进入全局配置模式

命令格式: configure terminal

```
switch> enable
switch#configure terminal
switch(conf)#                              //已进入全局配置模式
```

3. 交换机命名（以 CISCO 2950 为例）

命令格式: hostname CISCO 2950

```
switch> enable
switch#configure terminal
switch(conf)#hostname CISCO2950
CISCO2950 (conf)#                          //交换机命令成功
```

4. 配置使能口令（以 CQUPT 为例）

命令格式: enable password CQUPT

```
switch> enable
switch#configure terminal
switch(conf)#hostname CISCO2950
CISCO2950 (conf)# enable password CQUPT    //修改使能口令成功
```

5. 配置使能密码（以 cicsolab 为例）

命令格式: enable secret ciscolab

```
switch> enable
switch#configure terminal
switch(conf)#hostname CISCO2950
CISCO2950 (conf)# enable secret ciscolab   //修改使能密码成功
```

6.3 VLAN 技术

6.3.1 VLAN 概述

VLAN（Virtual LAN），中文称作"虚拟局域网"。VLAN 技术允许网络管理者将一个物理的 LAN 逻辑地划分成不同的广播域（或称虚拟 LAN，即 VLAN），每一个 VLAN 都包含一组有着相同需求的计算机工作站，与物理上形成的 LAN 有着相同的属性。但由于它是逻辑地而不是物理地划分，所以同一个 VLAN 内的各个工作站不需要被放置在同一个物理空间，即这些工作站不一定属于同一个物理 LAN 网段。一个 VLAN 内部的广播和单播流量都不会转发到其他 VLAN 中，从而有助于控制流量、减少设备投资、简化网络管理、提高网络的安全性。

广播域是指广播帧（目标 MAC 地址全部为 1）所能传递到的范围，亦即能够直接通信的范围，如图 6.3 所示。严格地说，并不仅仅是广播帧，多播帧（Multicast Frame）和目标不明的单播帧（Unknown Unicast Frame）也能在同一个广播域中畅行无阻。二层交换机只能构建单一的广播域，不过使用 VLAN 功能后，它能够将网络分割成多个广播域。

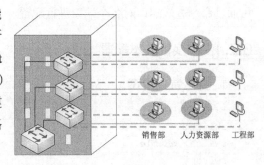

图 6.3　广播域

6.3.2　VLAN 结构

如图 6.4 所示，每个逻辑的 VLAN 就像一个独立的物理桥。交换机上的每一个端口都可以分配给不同的 VLAN。默认的情况下，所有的端口都属于 VLAN1（Cisco）。

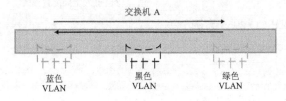

图 6.4　VLAN 的基本结构

同一个 VLAN 可以跨越多个交换机，如图 6.5 所示。

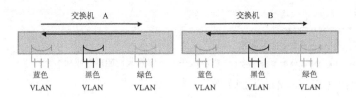

图 6.5　同一 VLAN 跨多交换机

主干功能支持多个 VLAN 的数据，如图 6.6 所示。主干还使用了特殊的封装格式支持不同的 VLAN。只有快速以太网端口可以配置为主干端口。

图 6.6　主干功能

6.3.3　VLAN 协议

IEEE 802.1Q 是 VLAN 的正式标准，定义了同一个物理链路上承载多个子网的数据流的方法。IEEE 802.1Q 定义了 VLAN 的帧格式，为识别帧属于哪个 VLAN 提供了一个标准的方法。这个格式统一了标识 VLAN 的方法，有利于保证不同厂家设备配置的 VLAN 可以互通。IEEE 802.1Q 还定义了以下内容：VLAN 的结构；VLAN 中提供的服务；VLAN 实施中涉及的协议和算法。每个交换机必须确定它所收到的帧属于哪个 VLAN。一个交换机的任何端口都必须属于且只能属于一个 VLAN，但当端口配置成 Trunk 干线后，该端口就失去了它自身的 VLAN 标识，可以为该交换机内所有 VLAN 传输数据。除 IEEE 802.1Q 协议外，ISL 协议是思科公司交换设备的 VLAN 协议。ISL 的主干功能使得 VLAN 信息可以穿越主干线，如图 6.7 所示。这个过程通过硬件（ASIC）实现，ISL 标识不会出现在工作站，客户端并不知道 ISL 的封装信息。

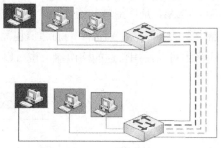

图 6.7　ISL 标识

在交换机或路由器与交换机之间，在交换机与具有 ISL 网卡的服务器之间都可以实现。

6.3.4　使用 VLAN 分割广播域

广播帧在一个局域网络中会非常频繁地出现。如果整个网络只处在一个局域网中，那么一旦发出广播信息，就会传遍整个网络，并且对网络中的主机带来额外的负担。

分割广播域时，一般都必须使用到路由器。使用路由器后，可以以路由器上的网络接口（LAN Interface）为单位分割广播域。但是，路由器分割广播域，所能分割的个数完全取决于路由器的网络接口个数，使得用户无法自由地根据实际需要分割广播域。

与路由器相比，二层交换机一般带有多个网络接口。因此如果能使用它分割广播域，那么无疑运用上的灵活性会大大提高。用于在二层交换机上分割广播域的技术，就是 VLAN。通过利用 VLAN，可以自由设计广播域的构成，提高网络设计的自由度。

那么如何使用 VLAN 来分割广播域呢？看看下面的例子。

在 1 台未设置任何 VLAN 的二层交换机上，如图 6.8 所示，任何广播帧都会被转发给除接收端口外的所有其他端口（Flooding）。例如，计算机 A 发送广播信息后，会被转发给端口 2、3、4。

在交换机上生成红、蓝 2 个 VLAN；同时设置端口 1、2 属于红色 VLAN、端口 3、4 属于蓝色 VLAN。再从 A 发出广播帧的话，交换机就只会把它转发给同属于红色 VLAN 的端口 2，不会再转发给属于蓝色 VLAN 的端口，如图 6.9 所示。

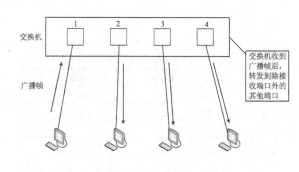

图 6.8　VLAN 划分广播域

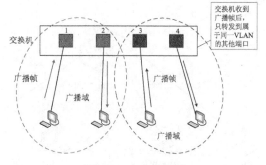

图 6.9　VLAN 广播域

可以把 VLAN 理解为将一台交换机在逻辑上分割成了数台交换机。VLAN 生成的逻辑上的交换机是互不相通的。因此，在交换机上设置 VLAN 后，如果未做其他处理，VLAN 间是无法通信，如

图 6.10 所示。

　　VLAN 是广播域。通常两个广播域之间由路由器连接，广播域之间来往的数据分组都是由路由器中继的。因此，VLAN 间的通信也需要路由器提供中继服务，这被称作"VLAN 间路由"。VLAN 间路由可以使用普通的路由器，也可以使用三层交换机。

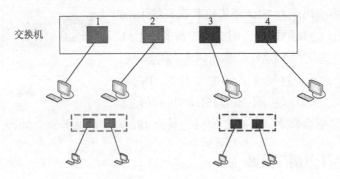

图 6.10　VLAN 内通信

6.3.5　VLAN 的访问链接

　　交换机的端口可以分为以下两种。

* 访问链接（Access Link）。
* 汇聚链接（Trunk Link）。

　　访问链接指的是"只属于一个 VLAN，且仅向该 VLAN 转发数据帧"的端口。在大多数情况下，访问链接所连的是用户端。通常设置 VLAN 的顺序如下。

* 生成 VLAN。
* 设定访问链接（决定各端口属于哪一个 VLAN）。
* 设定访问链接的手法，分为静态 VLAN 和动态 VLAN。

　1. 基于端口的静态 VLAN

　　基于端口的静态 VLAN，特点是划分简单，如图 6.11 所示。但它的缺点是当用户一个端口移动到另一个端口时，网络管理员必对 VLAN 源进行配置，表 6.1 所示为基于端口的静态 VLAN 信息。

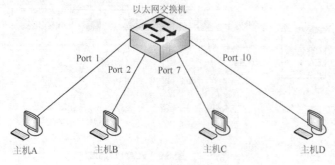

图 6.11　基于端口的静态 VLAN

表 6.1　基于端口的静态 VLAN 表

端口	所属 VLAN
Port 1	VLAN 5
Port 2	VLAN 10
……	……
Port 7	VLAN 5
……	……
Port 10	VLAN 10

2. 基于 MAC 地址的动态 VLAN

VMPS 服务器通过 MAC 地址数据库将 MAC 地址映射成相应的 VLAN，如图 6.12 所示。

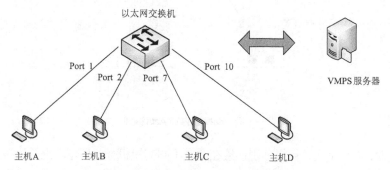

图 6.12　基于 MAC 地址的动态 VLAN

计算机连接到交换机的某个端口，该端口被激活。交换机缓存该个人计算机的 MAC 地址。交换机向 VMPS（VLAN 管理策略服务器，对于思科设备，要使用思科 WORK2000 作为 VLAN 管理策略服务器）请求下载 VLAN 和 MAC 地址映射对应表的文件。表 6.2 所示为基于 MAC 地址的动态 VLAN 信息。对计算机的 MAC 地址进行查询比较，把该端口分配到对应的 VLAN 中间；如果没有该 MAC 地址的映射，该端口不会被激活。

表 6.2　基于 MAC 地址的动态 VLAN 表

MAC 地址	所属 VLAN
MAC A	VLAN 5
MAC B	VLAN 10
MAC C	VLAN 5
MAC D	VLAN 10

3. 基于第 3 层的 VLAN

基于第 3 层的 VLAN 是采用在路由器中常用的方法：IP 子网和 IPX 网络号等。其中，局域网交换机允许一个子网扩展到多个局域网交换端口，甚至允许一个端口对应于多个子网。

4. 基于策略的 VLAN

基于策略的 VLAN 是一种比较灵活有效的 VLAN 划分方法。该方法的核心是采用什么样的策略。目前，常用的策略如下（与厂商设备的支持有关）。

* 按 MAC 地址。
* 按 IP 地址。
* 按以太网协议类型。
* 按网络的应用等。

6.3.6　VLAN 内通信

VLAN 内的通信分为以下两种情况。

* 在一个交换机上的同一 VLAN 内通信。
* 在不同交换机上的同一 VLAN 内通信。

如图 6.13 所示，在物理上，端口 1、2、3、4 都属于同一交换机，但在逻辑上，端口 1 和端口 2 属于同一 VLAN，端口 3 和端口 4 属于同一 VLAN。

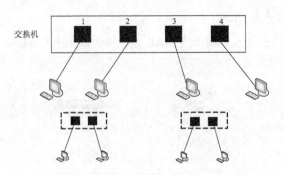

图 6.13　同一交换机的 VLAN 内通信

如图 6.14 所示，4 台个人计算机分别连接在两台不同交换机上。但逻辑上，连接在交换机 1 上的 A 和连接在交换机 2 上的 C 属于同一 VLAN，连接在交换机 1 上的 B 和连接在交换机 2 上的 D 属于同一 VLAN。

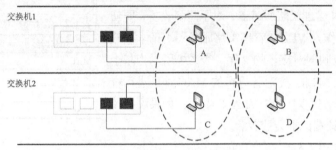

图 6.14　跨交换机的 VLAN 内通信

如图 6.15 所示，当在不同交换机间通信时，每增加一个 VLAN，都需要添加一条互联网线，并且还需要额外的端口。这样做的扩展性和管理效率都不佳。如果将交换机间互连的网线集中到一根上，这将会优化扩展性和管理效率。这时需要使用汇聚链接（Trunk Link）。

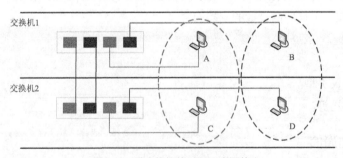

图 6.15　跨交换机的 VLAN 内通信

6.4　Trunk 技术

汇聚链接指的是能够转发多个不同 VLAN 的通信的端口。汇聚链路上流通的数据帧，都被附加了用于识别分属于哪个 VLAN 的特殊信息。通过汇聚链路附加的 VLAN 识别信息，有可能支持标准的"IEEE 802.1Q"协议，也可能是思科产品独有的"ISL（Inter Switch Link）"。

6.4.1 VLAN 间的通信

前面已经知道 2 台计算机即使连接在同一台交换机上，只要所属的 VLAN 不同就无法直接通信。因为在 LAN 内的通信，必须在数据帧头中指定通信目标的 MAC 地址。而为了获取 MAC 地址，TCP/IP 协议下使用的是 ARP。ARP 解析 MAC 地址的方法是通过广播。也就是说，如果广播报文无法到达，那么就无从解析 MAC 地址，亦即无法直接通信。因此，属于不同 VLAN 的计算机之间无法直接互相通信。为了能够在 VLAN 间通信，需要利用 OSI 参照模型中更高一层——网络层的信息（IP 地址）来实现路由功能。

路由功能，一般主要由路由器提供。但在局域网中，也经常利用带有路由功能的交换机——三层交换机（Layer 3 Switch）来实现。在使用路由器进行 VLAN 间路由时，与构建横跨多台交换机的 VLAN 时的情况类似，还是会遇到"该如何连接路由器与交换机"这个问题。路由器和交换机的接线方式大致有以下两种。

- 将路由器与交换机上的每个 VLAN 分别连接。
- 不论 VLAN 有多少个，路由器与交换机都只用一条网线连接。

1. 同一 VLAN 内的通信

使用汇聚链路连接交换机与路由器时，VLAN 间路由的通信方式如图 6.16 所示。同一 VLAN 内通信的交换机的配置信息如表 6.3 所示。

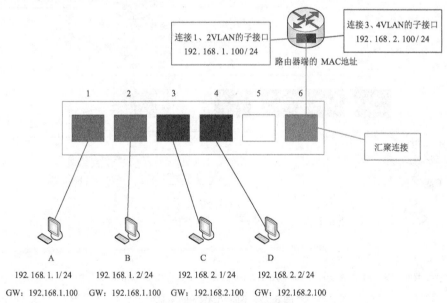

图 6.16　同一 VLAN 内的通信

首先考虑计算机 A 与同一 VLAN 内的计算机 B 之间通信时的情形。计算机 A 发出 ARP 请求信息，请求解析 B 的 MAC 地址。交换机收到数据帧后，检索 MAC 地址列表中与收信端口同属一个 VLAN 的表项。结果发现，计算机 B 连接在端口 2 上，于是交换机将数据帧转发给端口 2，最终计算机 B 收到该帧。收发信双方同属一个 VLAN 之内的通信，一切处理均在交换机内完成。

表 6.3   同一 VLAN 内通信的交换机配置表

端　　口	MAC 地址	VLAN
1	A	1
2	B	1
3	C	2
4	D	2
5	—	—
6	R	汇聚

2. 不同 VLAN 间通信

下面考虑计算机 A 与计算机 C 之间通信时的情况。

如图 6.17 所示，计算机 A 从通信目标的 IP 地址（192.168.2.1）得出 C 与本机不属于同一个网段，因此会向设定的默认网关（Default Gateway，GW）转发数据帧。在发送数据帧之前，需要先用 ARP 获取路由器的 MAC 地址，得到路由器的 MAC 地址 R 后，接下来就是按图中所示的步骤发送往 C 的数据帧。①的数据帧中，目标 MAC 地址是路由器的地址 R，但内含的目标 IP 地址仍是最终要通信的对象 C 的地址。

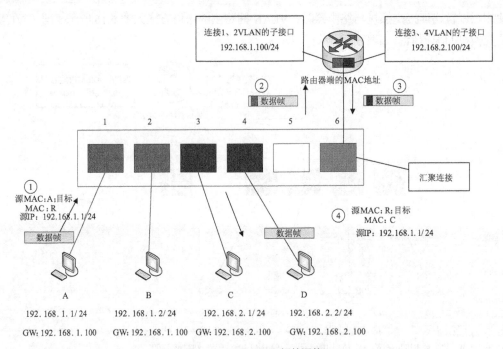

图 6.17   不同 VLAN 间的通信

交换机在端口 1 上收到①的数据帧后，检索 MAC 地址列表中与端口 1 同属一个 VLAN 的表项。由于汇聚链路会被看作属于所有的 VLAN，因此这时交换机的端口 6 也属于被参照对象。这样交换机就知道往 MAC 地址 R 发送数据帧，需要经过端口 6 转发。

从端口 6 发送数据帧时，由于它是汇聚链接，因此会被附加上 VLAN 识别信息。由于原先是来自 1-2 号 VLAN 的数据帧，因此如图中②所示，会被加上 1-2 号 VLAN 的识别信息后进入汇聚链路。路由器收到②的数据帧后，确认其 VLAN 识别信息，由于它是属于 1-2 号 VLAN 的数据帧，因此交由负责 1-2 号 VLAN 的子接口接收。

接着，根据路由器内部的路由表，判断该向哪里中继。

由于目标网络 192.168.2.0/24 是 3-4 号 VLAN，且该网络通过子接口与路由器直连，因此只要从负责 3-4 号 VLAN 的子接口转发就可以了。这时，数据帧的目标 MAC 地址被改写成计算机 C 的目标地址；并且由于需要经过汇聚链路转发，因此被附加了属于 3-4 号 VLAN 的识别信息。这就是图中③的数据帧。

交换机收到③的数据帧后，根据 VLAN 标识信息从 MAC 地址列表中检索属于 3-4 号 VLAN 的表项。由于通信目标计算机 C 连接在端口 3 上，且端口 3 为普通的访问链接，因此交换机会将数据帧除去 VLAN 识别信息后（数据帧④）转发给端口 3，最终计算机 C 才能成功地收到这个数据帧。

通过使用 VLAN 构建局域网，用户能够不受物理链路的限制而自由地分割广播域。另外，通过先前提到的路由器与三层交换机提供的 VLAN 间路由，能够适应灵活多变的网络构成。但是，由于利用 VLAN 容易导致网络构成复杂化，因此也会造成整个网络的组成难以把握。

6.4.2　使用 VLAN 的局域网中网络构成的变化

利用 VLAN 后，可以在免于改动任何物理布线的前提下，自由进行网络的逻辑设计。如果所处的工作环境恰恰需要经常改变网络布局，那么利用 VLAN 的优势就非常明显了。并且，当需要新增一个地址为 192.168.3.0/24 的网段时，也只需要在交换机上新建一个对应 192.168.3.0/24 的 VLAN，并将所需的端口加入它的访问链路就可以了。如果网络环境中还需要利用外部路由器，则只要在路由器的汇聚端口上新增一个子接口的设定就可以完成全部操作，而不需要消耗更多的物理接口（LAN接口）。

虽然利用 VLAN 可以灵活地构建网络，但同时它也带来了网络结构复杂化的问题。特别是由于数据流纵横交错，一旦发生故障时，准确定位并排除故障会比较困难。

为了便于理解数据流向的复杂化，假设有图 6.18 所示的网络。计算机 A 向计算机 C 发送数据时，数据流的整体走向如下：计算机 A→交换机 1→路由器→交换机 1→交换机 2→计算机 C。

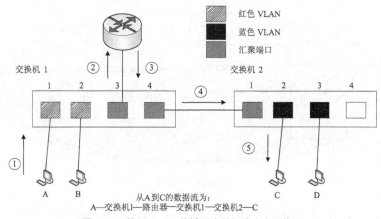

图 6.18　使用 VLAN 的域网中数据流走向示意图

6.4.3　交换机之间传输多个 VLAN 信息

举个例子，假如 Sw1 上销售部的一名员工与 Sw2 上的销售部员工发了个消息 hello，而同一时间 Sw1 上研发部的一名员工与 Sw2 上的研发部员工也发了个消息 hello。交换机 1 和交换机 2 怎么区分哪句 hello 是销售部，哪句是研发部的呢？在中间链路上默认是不能支持传输多个 VLAN 信息的。启用了 Trunk 或者 ISL 封装，就相当于打了个标记，例如 VLAN10 | hello 或者 VLAN20 | hello 就可以区分了。

6.5　VTP 协议

交换机一旦通过某种方式激活了干线（Trunk），这些交换机会通过通告报文来指示哪些 VLAN 是可用的，并且会维持这些 VLAN 的相关信息，这种功能称为 VTP（Vlan Trunking Protocol，VLAN 中继协议）。

使用 VTP 可以将 1 台交换机配置成 VTP Server，将其余的交换机配置成 VTP Client，那么作为 VTP Client 的交换机会自动同步 VTP Server 交换机上配置的 VLAN 信息，这样就不需要在每台交换机上配置相同的 VLAN 信息；对 VTP Server 上 VLAN 的添加和删除重命名等操作会自动同步到 VTP Client，确保整个网络配置的一致性。

VTP 这种消息协议，使用第二层帧，通过 VLAN1 传输；可以用 VTP 管理网络的 VLAN 范围为 1～1005，VTP 不能管理扩展的 VLAN（大于 1005）。VTP 协议使用 VTP 通告（VTP advertisements）在交换机间交互 VLAN 信息，但 VTP 通告只能在 Trunk（主干）链路上互交信息。

VTP 保持了整个网络的 VLAN 配置一致性，能准确跟踪和监控 VLAN，动态报告网络中添加的 VLAN，当 VLAN 添加到网络时，动态执行中继配置。

6.5.1　VTP 域

VTP 域由一组相同域名的、通过 Trunk 相互连接的交换机组成，如图 6.19 所示。

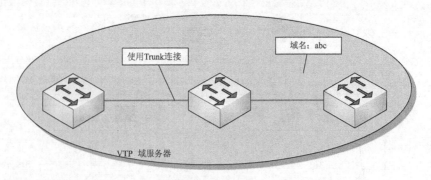

图 6.19　VTP 域

6.5.2　VTP 运行模式

VTP 有 3 种模式：服务器模式（Sever）、客户机模式（Client）和透明模式（Transparent）。

1. 服务器模式

服务器模式下工作的交换机可以创建、修改、删除 VLAN。VTP Server 交换机通告自己的 VLAN 信息给同一个域中的其他交换机，同时也与收到的 VTP 通告同步 VLAN 信息。

2. 客户机模式

客户机模式下工作的交换机不可以创建、修改、删除 VLAN。当工作在这种模式下的交换机重启时，它发送一个查询通告给 VTP Server，请求更新 VLAN 信息。

3. 透明模式

透明模式下工作的交换机可以创建、修改、删除 VLAN，但所做的修改只影响当前交换机。在这种模式下，交换机可以转发收到的 VTP 通告给网络中的其他交换机，但只是转发，Transparent 模式下的交换机并不发送自己的 VTP 信息给其他交换机，也不与网络中的其他交换机同步信息。

6.5.3 VTP 通告

VTP 通告是为了实现交换机之间共享 VTP 信息，而周期性或事件触发式发送的信息，这些信息包括 VTP 版本、VTP 模式、VTP 配置版本号。

1. 客户机的通告请求——获取 VLAN 信息

交换机重新启动后，VTP 域名变更后，交换机接收到配置修订号大的汇总通告。

2. 服务器的通告响应——发送 VLAN 信息

（1）汇总通告：用于通知邻接的 Catalyst 交换机目前的 VTP 域名和配置修订编号；每隔 300s 一次，或配置改变的时候发送通告。

（2）子集通告：通告中包含 VLAN 的详细信息。VTP 消息通过 VLAN 1 传送，使用多播发送，地址为 01-00-0c-cc-cc-cc，并且只通过中继端口传递。

6.5.4 VTP 裁剪

VTP 裁剪（VTP Pruning）是 VTP 的一个重要功能，能够减少中继端口上不必要的信息量。在图 6.20 中，IOU1 和 IOU2 之间的链路被配置成主干，IOU1 被配置成 VTP Server，IOU2 被配置成 VTP Client，PC1-4 是用 VPCS 模拟出来的 4 台计算机，PC1 被划分到 VLAN2 中，PC2 被划分到 VLAN3 中，PC3 被划分到 VLAN3 中，PC4 被划分到 VLAN4 中；IOU1 和 IOU2 在没有开启 VTP 裁剪前，在主干端口 "e3/3" 上会发送全部 VLAN 信息的 VTP 通告，如果开启了 VTP 裁剪，那么 IOU1 发给 IOU2 的 VTP 通告中将不会包含 VLAN2 的信息，因为 SW2 上面没有属于

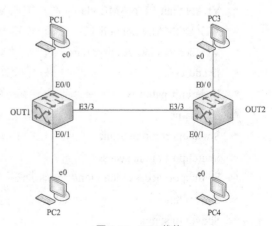

图 6.20　VTP 裁剪

VLAN2 的接口，同理 IOU2 发给 IOU1 的通告中不会包含 VLAN4 的信息。

6.6 案例分析

1. 案例 1：跨交换机实现 VLAN（Tag Vlan）

（1）目的

理解 VLAN 如何跨交换机实现。

（2）背景

假设宽带小区城域网中有两台楼道交换机，住户 PC1、PC2、PC3、PC4 分别接在交换机一的 0/1、0/2 端口和交换机二的 0/1、0/2 端口。PC1 和 PC3 是一个单位的两家住户，PC2 和 PC4 是另一个单位的两家住户，现要求同一个单位的住户能够互联互通，不同单位的住户不能互通。

（3）功能

在同一 VLAN 中的计算机系统能跨交换机进行相互通信，而在不同 VLAN 的计算机系统不能进行相互通信。

（4）设备

Switch2950（2 台）。

（5）拓扑

拓扑图如图 6.21 所示。

图 6.21 线路连接情况为：交换机 S1 的 F0/12 端口和交换机 S2 的 F0/12 端口相连，S1 的 F0/1、F0/2 分别和 PC1、PC2 相连，S2 的 F0/1、F0/2 分别和 PC3、PC4 相连。

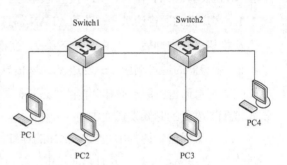

图 6.21　案例 1 拓扑图

（6）实验所需命令

- enable
- configure terminal
- vlan database
- VLAN vlan 号 NAME vlan 名 ；增加 VLAN
- VTP DOMAIN domain 名 ；设置 VTP 域
- VTP server/client/transparent ；设置 VTP 域的模式
- IP address ；给交换机设 IP 地址
- IP default-gateway ；给交换机设默认网关
- Hostname ；给交换机设主机名
- Stwitchport mode trunk ；给交换机设 Trunk
- Switchport mode access
- Switchport access vlan vlan# ；把端口放入某个 vlan
- Show vlan
- Show vtp status
- Interface vlan vlan#

（7）实验步骤

① 交换机 s1 配置。

Switch>enable

```
Switch#vlan database
Switch(vlan)#vtp domain xyz
Switch(vlan)#vtp server
Switch(vlan)#vlan 2 name jsjx
Switch(vlan)#exit
Switch#configure terminal
Switch(config)#hostname S1
S1(config)#ip default-gateway 192.168.1.254  ；此处可省略
S1(config)#int vlan 1
S1(config-if)#ip add 192.168.1.10 255.255.255.0
S1(config-if)#no shut
S1(config-if)#int F0/2
S1(config-if)#switchport mode access  ；可省略
S1(config-if)#switchport access vlan 2
S1(config-if)#int f0/12
S1(config-if)#switchport mode trunk
S1(config-if)#end
S1#
```

② 交换机 s2 配置。

```
Switch>enable
Switch#vlan database
Switch(vlan)#vtp domain xyz
Switch(vlan)#vtp client
Switch(vlan)#exit
Switch#configure terminal
Switch(config)#hostname S2
S2(config)#ip default-gateway 192.168.1.254 ；此处可省略
S2(config)#int vlan 1
S2(config-if)#ip add 192.168.1.11 255.255.255.0
S2(config-if)#no shut
S2(config-if)#int F0/2
S2(config-if)#switchport mode access  ；可省略
S2(config-if)#switchport access vlan 2
S2(config-if)#int f0/12
S2(config-if)#switchport mode trunk
S2(config-if)#end
S2#
```

③ 计算机设置。

（在 Boson netsim 模拟器上请输入命令：winipcfg，然后可以设置各参数）

PC1: IP address:192.168.1.1 netmask:255.255.255.0 gateway:192.168.1.254

PC2: IP address:192.168.1.2 netmask:255.255.255.0 gateway:192.168.1.254

PC3: IP address:192.168.1.3 netmask:255.255.255.0 gateway:192.168.1.254

PC4: IP address:192.168.1.4 netmask:255.255.255.0 gateway:192.168.1.254

（8）验证测试

当完成上面这些配置时，VLAN1 内的 PC1、PC3 可相互 ping 通，VLAN2 内的 PC2、PC4 也可相互 ping 通，但两个 VLAN 间的用户无法相互 ping 通。

2. 案例 2：通过单臂路由器实现 VLAN 间通信

（1）拓扑

拓扑图如图 6.22 所示。

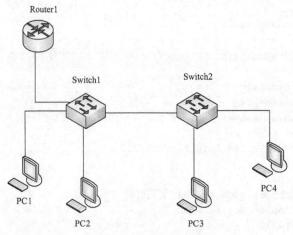

图 6.22　案例 2 拓扑图

图 6.21 线路连接情况为：Router2621 通过 F0/0 端口和交换机 S1 的 F0/12 端口相连，交换机 S1 的 F0/11 端口和交换机 S2 的 F0/12 端口相连，S1 的 F0/1、F0/2 分别和 PC1、PC2 相连，S2 的 F0/3、F0/4 分别和 PC3、PC4 相连。

（2）目的

通过路由器实现各个 VLAN 间的互联互通。

（3）设备

- 1 台 Cisco 2621 路由器，要带有 1 个快速以太口和 2 台 2950 的交换机。
- Cisco IOS 10.0 版或更高版本。
- 4 台个人计算机。
- 1 根交叉电缆和 1 根直通电缆。
- 1 根用于控制端口访问 Cisco 的扁平电缆。

（4）命令

在上面实验命令的基础上，再加上 Encapsulation isl/dot1 vlan#（封装 ISL 或 802.1Q 协议）。

（5）步骤

① 交换机 s1 配置。

```
Switch>enable
Switch#vlan database
Switch(vlan)#vtp domain xyz
Switch(vlan)#vtp server
Switch(vlan)#vlan 2 name jsjx
Switch(vlan)#exit
Switch#configure terminal
Switch(config)#hostname S1
S1(config)#ip default-gateway 192.168.1.254
S1(config)#int vlan 1
S1(config-if)#ip add 192.168.1.10 255.255.255.0
S1(config-if)#no shut
S1(config-if)#int F0/2
S1(config-if)#switchport mode access ; 可省略
S1(config-if)#switchport access vlan 2
S1(config-if)#int f0/11
S1(config-if)#switchport mode trunk
S1(config-if)#int f0/12
S1(config-if)#switchport mode trunk
```

```
S1(config-if)#end
S1#
```

② 交换机 s2 配置。

```
Switch>enable
Switch#vlan database
Switch(vlan)#vtp domain xyz
Switch(vlan)#vtp client
Switch(vlan)#exit
Switch#configure terminal
Switch(config)#hostname S2
S2(config)#ip default-gateway 192.168.1.254
S2(config)#int vlan 1
S2(config-if)#ip add 192.168.1.11 255.255.255.0
S2(config-if)#no shut
S2(config-if)#int F0/4
S2(config-if)#switchport mode access   ；可省略
S2(config-if)#switchport access vlan 2
S2(config-if)#int f0/12
S2(config-if)#switchport mode trunk
S2(config-if)#end
S2#
```

③ 计算机设置。

PC1：IP address:192.168.1.1 netmask:255.255.255.0 gateway:192.168.1.254

PC2：IP address:192.168.2.1 netmask:255.255.255.0 gateway:192.168.2.254

PC3：IP address:192.168.1.2 netmask:255.255.255.0 gateway:192.168.1.254

PC4：IP address:192.168.2.2 netmask:255.255.255.0 gateway:192.168.2.254

 注意 当完成上面这些配置时，VLAN1 内的 PC1、PC3 可相互 ping 通，VLAN2 内的 PC2、PC4 也可相互 ping 通，但两个 VLAN 间的用户无法相互 ping 通。

④ 路由器配置。

```
Router>enable
Router#conf t
Router(config)#int f0/0
Router(config-if)#no shut
Router(config-if)#int f0/0.1
Router(config-subif)#encapsulation dot1 1
Router(config-subif)#ip add 192.168.1.254 255.255.255.0
Router(config-subif)#no shut
Router(config-subif)#int f0/0.2
Router(config-subif)#encapsulation dot1 2
Router(config-subif)#ip add 192.168.2.254 255.255.255.0
Router(config-subif)#no shut
Router(config-subif)#end
Router#
```

（6）结果

当完成路由器的配置后，PC1、PC2、PC3、PC4 可相互 ping 通，其中 PC1、PC3 在 VLAN1 内，IP 网段为 192.168.1.0，PC2、PC4 在 VLAN2 内，IP 网段为 192.168.2.0。

3．案例 3：VLAN 间路由的配置

本案例需要 2621 路由器 1 台，2900 交换机 1 台，计算机 2 台，console 线 1 条，如图 6.23 所示。

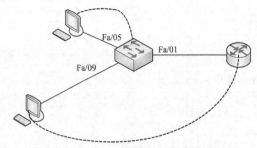

图 6.23　VLAN 间路由配置实验网络拓扑图

针对该图，表 6.4 所示为当前交换机的配置信息。

表 6.4　交换机配置信息表

交换机配置	配置详情
指定交换机	Switch
交换机名称	Switch_A
使能密码	Class
进入特权模式、VTY 模式、Console 密码	Cisco
VLAN 1 的 IP 地址	192.168.1.2
子网掩码	255.255.255.0
VLAN 名和成员	VLAN1 Native VLAN2 sales VLAN3 support
交换机端口分配	Fa0/1-0/4 Fa0/5-0/8 Fa0/9-0/12

（1）配置交换机。

参考上面的实验。

（2）配置连接到交换机上的主机。

- 连接到 port 0/5 上的个人计算机：

IP address 192.168.5.2

Subnet mask 255.255.255.0

Default gateway 192.168.5.1

- 连接到 port 0/9 上的个人计算机：

IP address 192.168.7.2

Subnet mask 255.255.255.0

Default gateway 192.168.7.1

（3）测试连通性。

（4）创建并命名 2 个 VLANs。

2900:

```
Switch_A#vlan database
Switch_A(vlan)#vlan 10 name Sales
Switch_A(vlan)#vlan 20 name Support
Switch_A(vlan)#exit
```

1900:

```
Switch_A#config terminal
Switch_A(config)#vlan 10 name Sales
Switch_A(config)#vlan 20 name Support
Switch_A(config)#exit
```

（5）安排端口 5、6、7、8 到 VLAN 10。

2900：

```
Switch_A#configure terminal
Switch_A(config)#interface fastethernet 0/5
Switch_A(config-if)#switchport mode access
Switch_A(config-if)#switchport access vlan 10
Switch_A(config-if)#interface fastethernet 0/6
Switch_A(config-if)#switchport mode access
Switch_A(config-if)#switchport access vlan 10
Switch_A(config-if)#interface fastethernet 0/7
Switch_A(config-if)#switchport mode access
Switch_A(config-if)#switchport access vlan 10
Switch_A(config-if)#interface fastethernet 0/8
Switch_A(config-if)#switchport mode access
Switch_A(config-if)#switchport access vlan 10
Switch_A(config-if)#end
```

1900：

```
Switch_A#configure terminal
Switch_A(config)#interface ethernet 0/5
Switch_A(config-if)vlan static 10
Switch_A(config-if)#interface ethernet 0/6
Switch_A(config-if)vlan static 10
Switch_A(config-if)#interface ethernet 0/7
Switch_A(config-if)vlan static 10
Switch_A(config-if)#interface ethernet 0/8
Switch_A(config-if)vlan static 10
Switch_A(config-if)#end
```

（6）安排端口 9、10、11、12 到 VLAN 20。

2900：

```
Switch_A#configure terminal
Switch_A(config)#interface fastethernet 0/9
Switch_A(config-if)#switchport mode access
Switch_A(config-if)#switchport access vlan 20
Switch_A(config-if)#interface fastethernet 0/10
Switch_A(config-if)#switchport mode access
Switch_A(config-if)#switchport access vlan 20
Switch_A(config-if)#interface fastethernet 0/11
Switch_A(config-if)#switchport mode access
Switch_A(config-if)#switchport access vlan 20
Switch_A(config-if)#interface fastethernet0/12
Switch_A(config-if)#switchport mode access
Switch_A(config-if)#switchport access vlan 20
Switch_A(config-if)#end
```

1900：

```
Switch_A#configure terminal
Switch_A(config)#interface ethernet 0/9
Switch_A(config-if)vlan static 20
```

```
Switch_A(config-if)#interface ethernet 0/10
Switch_A(config-if)vlan static 20
Switch_A(config-if)#interface ethernet 0/11
Switch_A(config-if)vlan static 20
Switch_A(config-if)#interface ethernet 0/12
Switch_A(config-if)vlan static 20
Switch_A(config-if)#end
```

（7）显示 VLAN 接口信息。

```
Switch_A#show vlan
```

（8）创建 trunk。

2900：

```
Switch_A(config)#interface fastethernet0/1
Switch_A(config-if)#switchport mode trunk
Switch_A(config-if)#switchport trunk encapsulation dot1q
Switch_A(config-if)#end
```

1900: Note the 1900 switch will only support ISL trunking, not dot1q.

```
Switch_A#configure terminal
Switch_A(config)#interface fastethernet0/26
Switch_A(config-if)#trunk on
```

（9）配置路由器。

```
a. Configure the router with the following data. Note that in order to
Router_A(config)#interface fastethernet 0/0
Router_A(config-if)#no shutdown
Router_A(config-if)#interface fastethernet 0/0.1
Router_A(config-subif)#encapsulation dot1q 1
Router_A(config-subif)#ip address 192.168.1.1 255.255.255.0
Router_A(config-if)#interface fastethernet 0/0.2
Router_A(config-subif)#encapsulation dot1q 10
Router_A(config-subif)#ip address 192.168.5.1 255.255.255.0
Router_A(config-if)#interface fastethernet 0/0.3
Router_A(config-subif)#encapsulation dot1q 20
Router_A(config-subif)#ip address 192.168.7.1 255.255.255.0
Router_A(config-subif)#end
```

（10）保存路由器的配置文件。

（11）显示路由器的路由表。

（12）测试 VLANs 和 trunk。

```
Switch>enable
Switch#configure terminal
Switch(config)#hostname Switch_A
Switch_A(config)#enable secret class
Switch_A(config)#line con 0
Switch_A(config-line)#password cisco
Switch_A(config-line)#login
Switch_A(config-line)#line vty 0 15
Switch_A(config-line)#password cisco
Switch_A(config-line)#login
Switch_A(config-line)#exit
Switch_A(config)#interface Vlan1
Switch_A(config-if)#ip address 192.168.1.2 255.255.255.0
Switch_A(config-if)#no shutdown
Switch_A(config-if)#exit
Switch_A(config)#ip default-gateway 192.168.1.1
```

```
Switch_A(config)#end
Switch_A#vlan datab
Switch_A#vlan database
Switch_A(vlan)#vlan 10 name Sales
VLAN 10 added:
Name: Sales
Switch_A(vlan)#vlan 20 name Support
VLAN 20 added:
Name: Support
Switch_A(vlan)#exit
APPLY completed.
Exiting....
Switch_A#configure terminal
Switch_A(config)#interface fastethernet0/5
Switch_A(config-if)#switchport mode access
Switch_A(config-if)#switchport access vlan 10
Switch_A(config-if)#interface fastethernet0/6
Switch_A(config-if)#switchport mode access
Switch_A(config-if)#switchport access vlan 10
Switch_A(config-if)#interface fastethernet0/7
Switch_A(config-if)#switchport mode access
Switch_A(config-if)#switchport access vlan 10
Switch_A(config-if)#interface fastethernet0/8
Switch_A(config-if)#switchport mode access
Switch_A(config-if)#switchport access vlan 10
Switch_A(config-if)#end
Switch_A#configure terminal
Switch_A(config)#interface fastethernet0/9
Switch_A(config-if)#switchport mode access
Switch_A(config-if)#switchport access vlan 20
Switch_A(config-if)#interface fastethernet0/10
Switch_A(config-if)#switchport mode access
Switch_A(config-if)#switchport access vlan 20
Switch_A(config-if)#interface fastethernet0/11
Switch_A(config-if)#switchport mode access
Switch_A(config-if)#switchport access vlan 20
Switch_A(config-if)#interface fastethernet0/12
Switch_A(config-if)#switchport mode access
Switch_A(config-if)#switchport access vlan 20
Switch_A(config-if)#end
Switch_A#show vlan
VLAN Name Status Ports
---- -------------------------- --------
1 default active Fa0/1, Fa0/2, Fa0/3, Fa0/4,
Fa0/13, Fa0/14, Fa0/15, Fa0/16,
Fa0/17, Fa0/18, Fa0/19, Fa0/20,
Fa0/21, Fa0/22, Fa0/23, Fa0/24
10 Sales active Fa0/5, Fa0/6, Fa0/7, Fa0/8
20 Support active Fa0/9, Fa0/10, Fa0/11, Fa0/12
1002 fddi-default active
1003 token-ring-default active
1004 fddinet-default active
1005 trnet-default active
VLAN Type SAID MTU Parent RingNo BridgeNo Stp BrdgMode Trans1 Trans2
---- ----- ------ ----- ------ ------ -------- ---- -------- ------ ------
1 enet 100001 1500 - - - - - - 0 0
```

```
    10 enet 100010 1500 - - - - - 0 0
    20 enet 100020 1500 - - - - - 0 0
    1002 fddi 101002 1500 - - - - - 0 0
    1003 tr 101003 1500 - - - - - 0 0
    1004 fdnet 101004 1500 - - - ieee - 0 0
    1005 trnet 101005 1500 - - - ibm - 0.0
    Switch_A#configure terminal
    Switch_A(config)#interface fastethernet0/1
    Switch_A(config-if)#switchport mode trunk
    Switch_A(config-if)#end
    Router>enable
    Router#configure terminal
    Router(config)#hostname Router_A
    Router_A(config)#enable secret class
    Router_A(config)#line con 0
    Router_A(config-line)#password cisco
    Router_A(config-line)#login
    Router_A(config-line)#line vty 0 4
    Router_A(config-line)#password cisco
    Router_A(config-line)#login
    Router_A(config-line)#exit
    Router_A(config)#interface fastethernet 0/0
    Router_A(config-if)#no shutdown
    Router_A(config-if)#interface fastethernet 0/0.1
    Router_A(config-subif)#encapsulation dot1q 1
    Router_A(config-subif)#ip address 192.168.1.1 255.255.255.0
    Router_A(config-subif)#interface fastethernet 0/0.2
    Router_A(config-subif)#encapsulation dot1q 10
    Router_A(config-subif)#ip address 192.168.5.1 255.255.255.0
    Router_A(config-subif)#interface fastethernet 0/0.3
    Router_A(config-subif)#encapsulation dot1q 20
    Router_A(config-subif)#ip address 192.168.7.1 255.255.255.0
    Router_A(config-subif)#end
    Router_A#show ip route
    Codes: C - connected, S - static, I - IGRP, R - RIP, M - mobile, B - BGP
D - EIGRP, EX - EIGRP external, O - OSPF, IA - OSPF inter area
N1 - OSPF NSSA external type 1, N2 - OSPF NSSA external type 2
E1 - OSPF external type 1, E2 - OSPF external type 2, E - EGP
i - IS-IS, L1 - IS-IS level-1, L2 - IS-IS level-2, ia - IS-IS inter area
* - candidate default, U - per-user static route, o - ODR
P - periodic downloaded static route
Gateway of last resort is not set
    C 192.168.5.0/24 is directly connected, FastEthernet0/0.2
    C 192.168.7.0/24 is directly connected, FastEthernet0/0.3
    C 192.168.1.0/24 is directly connected, FastEthernet0/0.1
Router_A#
C:\>ping 192.168.5.2
    Pinging 192.168.5.2 with 32 bytes of data:
    Reply from 192.168.5.2: bytes=32 time<10ms TTL=127
    Reply from 192.168.5.2: bytes=32 time<10ms TTL=127
    Reply from 192.168.5.2: bytes=32 time<10ms TTL=127
    Reply from 192.168.5.2: bytes=32 time<10ms TTL=127
    Ping statistics for 192.168.5.2:
    Packets: Sent = 4, Received = 4, Lost = 0 (0% loss),
    Approximate round trip times in milli-seconds:
    Minimum = 0ms, Maximum = 0ms, Average = 0ms
```

```
C:\>ping 192.168.1.2
    Pinging 192.168.1.2 with 32 bytes of data:
    Reply from 192.168.1.2: bytes=32 time<10ms TTL=254
    Reply from 192.168.1.2: bytes=32 time=40ms TTL=254
    Reply from 192.168.1.2: bytes=32 time=20ms TTL=254
    Reply from 192.168.1.2: bytes=32 time<10ms TTL=254
    Ping statistics for 192.168.1.2:
    Packets: Sent = 4, Received = 4, Lost = 0 (0% loss),
    Approximate round trip times in milli-seconds:
    Minimum = 0ms, Maximum = 40ms, Average = 15ms
```

习题与思考

1. 第二层交换机的管理用 IP 地址指的是（　　）。

   A. 任意物理端口的 IP 地址　　　　　B. F0/1 端口的 IP 地址

   C. VLAN1 的 IP 地址　　　　　　　　D. 与第三层设备连接的端口 IP 地址

2. 根据下面的配置选择，正确的说法是（　　）。（多选）

```
S1(config)#int f0/10
S1(config-if)#switchport mode access
S1(config-if)#switchport - security maximum 10
S1(config-if)#switchport - security mac - address sticky
S1(config-if)#switchport - security violation shutdown
```

   A. 该端口最多允许接入 10 台设备　　　B. 该端口最大速度限制为 10Mbit/s

   C. 端口动态学习设备的 MAC 地址　　　D. 违规处理方式为关闭端口

3. Trunk 的封装格式为（　　）。

   A. ISL、802.11q　　　　　　　　　　B. PAP、802.11g

   C. ISL、802.11q　　　　　　　　　　D. PAP、802.11q

4. 关于 VTP 服务器模式的描述，正确的是（　　）。

   A. 接收和传播 VTP 通告；不能创建、修改 VLAN

   B. 接收和传播 VTP 通告；可创建、修改 VLAN

   C. 不接收和传播 VTP 通告；可创建、修改 VLAN

   D. 不接收和传播 VTP 通告；不能创建、修改 VLAN

5. 关于 VTP 客户机模式的描述，正确的是（　　）。

   A. 接收和传播 VTP 通告；不能创建、修改 VLAN

   B. 接收和传播 VTP 通告；可创建、修改 VLAN

   C. 不接收和传播 VTP 通告；可创建、修改 VLAN

   D. 不接收和传播 VTP 通告；不能创建、修改 VLAN

6. 交换机 S0 和 S1 的 VTP 配置如下，S1 不能更新自己的 VLAN 信息，可能的原因是（　　）。（多选）

```
S0#sh vtp status
VTP Version                              :2
Configuration Revision                   :4
Maximum VLANs supported locally          :128
```

```
Number of existing VLANs                         :6
VTP Operating Mode                               :Sever
VTP Domain Name                                  :test1
S1#sh vtp status
VTP Version                                      :2
Configuration Revision                           :7
Maximum VLANs supported locally                  :128
Number of existing VLANs                         :2
VTP Operating Mode                               :Client
VTP Domain Name                                  :test2
```

  A. S0 和 S1 的 VTP 域密码配置不一致 B. VTP 修剪特性未激活

  C. S1 配置版本号比 S0 高   D. S0 和 S1 的 VTP 域名不一致

  7. 某学校计划建立校园网，拓扑结构如图 6.24 所示。该校园网分为核心、汇聚、接入三层，由交换模块、广域网接入模块、远程访问模块和服务器群四大部分组成。

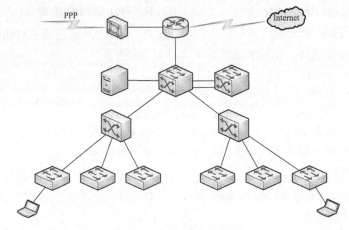

图 6.24 某校校园网拓扑图

  问题 1：在校园网设计过程中，划分了很多 VLAN，采用了 VTP 简化管理。将横线上空缺信息补全。

  （1）VTP 信息只能在_____端口上传播。

  （2）运行 VTP 的交换机可以工作在三种模式：_____、_____、_____。

  （3）共享相同 VLAN 数据库的交换机构成一个_____。

  问题 2：该校园网采用了异步拨号进行远程访问，异步封装协议采用了 PPP 协议。将横线上空缺的信息补全。

  （1）异步拨号连接属于远程访问中的电路交换服务，远程访问中另外两种可选的服务类型是_____和_____。

  （2）PPP 提供了两种可选身份认证方法，它们分别是_____和_____。

  问题 3：该校园网内交换机数量较多，交换机间链路复杂，为了防止出现环路，需要在各交换机上运行_____。

网络实训

  某企业园区网采用了三层架构，按照需求，在网络中需要设置 VLAN、快速端口、链路捆绑、

Internet 接入等功能。该园区网内部分 VLAN 和 IP 地址如表 6.5 所示。

表 6.5　VLAN 和 IP 地址表

VLAN 号	VLAN 名称	IP 网段	默认网关	说　明
VLAN1		193.168.1.0/24	192.168.1.254	管理 VLAN
VLAN10	Xsb	193.168.10.0/24	192.168.10.254	销售部 VLAN
VLAN20	Scb	193.168.20.0/24	192.168.20.254	生产部 VLAN
VLAN30	Sjb	193.168.30.0/24	192.168.30.254	设计部 VLAN
VLAN50	Fwq	193.168.50.0/24	192.168.50.254	服务器 VLAN

某交换机的配置命令如下，根据命令后面的注释，填写横线上的空缺内容，完成配置命令。

Switch（config）#_____将交换机命名为 Sw1

Sw1（config）#interface vlan 1

Sw1（config - if）#_____设置交换机的 IP 地址为 192.168.1.1/24

Sw1（config - if）# no shutdown

Sw1（config）#_____设置交换机默认网关地址

在核心交换机中设置了各个 VLAN，在交换机 Sw1 中将端口 1~20 划归销售部，请完成以下配置。

Sw1（config）# interface range fastethernet0/1-20　进入组配置状态。

Sw1（config - if - range）#_____设置端口工作在访问（接入）模式。

Sw1（config - if - range）#_____设置端口 1~20 为 VLAN10 的成员。

（1）在默认情况下，交换机刚加电启动时，每个端口都要经历生成树的四个阶段，它们分别是：阻塞、侦听、_____、_____。

（2）根据需求，需要将 Sw1 交换机的端口 1~20 设置为快速端口，完成以下配置。

Sw1（config）#interface range fastethernet0/1~20 进入组配置状态。

Sw1（config - if - range）#_____设置端口 1~20 为快速端口。

该网络的 Internet 的接入如图 6.25 所示。

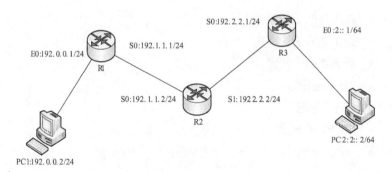

图 6.25　网络接入拓扑图

根据图 6.25，解释以下配置命令，填写空格。

（1）router（config）#interface s0/0

（2）router（config-if）#ip address 61.235.1.1　255.255.255.252　_____

（3）router（config）#ip route0.0.0.0　0.0.0.0 s0/0　_____

（4）router（config）#ip route 192.168.0.0　255.255.255.0 f0/0　_____

（5）router（config）#access-list 100　deny　any　any　eq　telnet　_____

第7章　路由器配置

教学目的

- 掌握静态路由配置和 RIP 配置
- 掌握 OSPF 路由配置和 EIGRP 路由配置
- 掌握 MPLS 网络原理及配置

教学重点

- 静态路由配置和 RIP 配置
- OSPF 路由配置和 EIGRP 路由配置
- MPLS 网络原理及配置

7.1　路由器配置的内容

路由是跨越从源主机到目标主机的一个互联网络转发数据分组的过程。能够将数据分组转发到正确的目的地，并在转发过程中选择最佳路径的设备就是路由器。本章以思科设备为例，讲述路由器的工作原理及配置模式。以 IP 互联网为例，讲述各种路由的配置。路由器配置的内容如下。

- 路由器的工作原理。
- 路由器的配置模式。
- 静态路由的配置。
- RIP 的配置。
- OSPF 的配置。
- EIGRP 的配置。
- MPLS 的配置。

7.2　路由器工作原理

如图 7.1 所示，主机 1.1 要发送数据给主机 4.2。首先，主机 1.1 将数据发到直连的路由器 Router1，路由器接收到数据之后，查看数据分组中的目的地址是 4.2。于是查看自己的路由表，根据自己的路由表将数据传输到 S0 端口发送出去。路由器 Router2 收到数据后，查看数据的目的地址并查看自己的路由表。根据路由表将数据发送到 E0 端口，数据再传输到主机 4.2。这就是路由器的工作过程。

路由表是什么呢？它就是在路由器中维护的路由条目，路由器根据路由表做路径选择。那么路由表中有些什么路由呢？

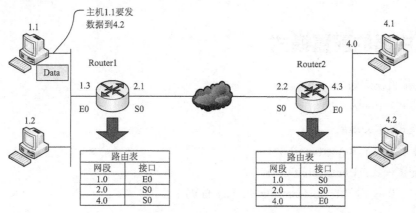

图 7.1　路由器工作原理

1. 直连路由

当在路由器上配置了接口的 IP 地址，并且接口状态为 up 的时候，路由表中就出现直连路由项。对于不直连的网段，需要静态路由或动态路由，将网段添加到路由表中。

2. 静态路由

静态路由是由管理员手工配置的，是单向的。除非网络管理员干预，否则静态路由不会发生变化。路由表的形成不需要占用网络资源。静态路由一般用于网络规模很小、拓扑结构固定的网络中，如图 7.2 所示。

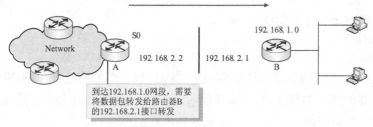

图 7.2　静态路由

3. 默认路由

当路由器在路由表中找不到目标网络的路由条目时，路由器把请求转发到默认路由接口，如图 7.3 所示。

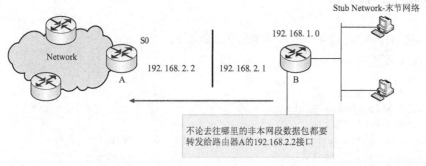

图 7.3　默认路由

在所有路由类型中，默认路由的优先级最低。一般应用在只有一个出口的末端网络中或作为其他路由的补充。

7.3　路由器的配置模式

路由器的配置模式如下。

- 用户模式：Router>
- 特权模式：Router#
- 全局配置模式：Router(config)#
- 接口配置模式：Router(config-if)#
- 子接口配置模式：Router(config)#interface fa0/0.1

　　　　　　　　　　　　　Router(config-subif)#
- Line 模式：Router(config-line)#
- 路由模式：Router(config-router)#

7.4　静态路由的配置

7.4.1　静态路由配置格式

1. 静态路由创建

ip route 目的网络 掩码 { 网关地址 | 接口 }

例如：ip route 192.168.1.0 255.255.255.0 s0/0
　　　ip route 192.168.1.0 255.255.255.0 12.12.12.2

在写静态路由时，如果链路是点到点的链路（例如，PPP 封装的链路），采用网关地址和接口都是可以的；然而如果链路是多路访问的链路（例如，以太网），则只能采用网关地址，即不能：ip route 192.168.1.0 255.255.255.0 f0/0 。

2. 删除静态路由

删除静态路由的命令格式：

no ip route ip 地址 子网 接口/下一跳 ip

7.4.2　静态路由配置示例

例如：网络拓扑图如图 7.4 所示。具体配置命令如下。

（1）Route A 配置

```
Router>enable
Router#config terminal
Router(config)#hostname RouteA
RouteA(config)#int f0/1
RouteA(config-if)#ip address 1.1.1.2 255.255.255.0    //配置 ip
RouteA(config-if)#no shutdown                          //开启端口
```

```
RouteA(config-if)#int s0/0
RouteA(config-if)#ip address 192.168.12.1 255.255.255.0
RouteA(config-if)#no shut
RouteA(config-if)#exit
RouteA(config)#exit
RouteA#copy run start                           //保存当前配置
Destination filename [startup-config]?
Building configuration...
[OK]
```

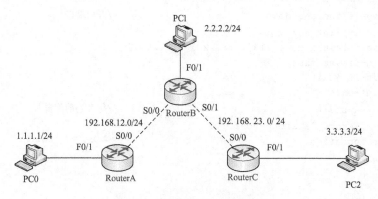

图 7.4　静态路由配置网络拓扑图

（2）Route B 配置

```
Router>enable
Router#config terminal
RouterB(config)#hostname RouterB
RouterB(config)#int f0/1
RouterB(config-if)#ip address 2.2.2.1 255.255.255.0
RouterB(config-if)#no shut
RouterB(config-if)#int s0/0
RouterB(config-if)#ip address 192.168.12.2 255.255.255.0
RouterB(config-if)#clock rate 128000                   //配置时钟
RouterB(config-if)#no shut
RouterB(config)#in s0/1
RouterB(config-if)#ip address 192.168.23.1 255.255.255.0
RouterB(config-if)#clock rate 128000
RouterB(config-if)#no shut
RouterB(config-if)#
RouterB(config-if)#exit
```

（3）Route C 配置

```
Router>enable
Router#config terminal
Router#hostname RouterC
RouterC(config)#int s0/0
RouterC(config-if)#ip address 192.168.23.2 255.255.255.0
RouterC(config-if)#no shut
RouterC(config-if)#int f0/1
RouterC(config-if)#ip address 3.3.3.1 255.255.255.0
RouterC(config-if)#no shut
RouterC(config-if)#exit
RouterC(config)#exit
RouterC#copy run start
```

```
Destination filename [startup-config]?
Building configuration...
[OK]

Router>enable
Router#config terminal
Router(config)#hostname RouteA                      //修改路由器名称
RouteA(config)#int f0/1                              //进入 F0/1 接口模式
RouteA(config-if)#ip address 1.1.1.2 255.255.255.0  //配置ip
RouteA(config-if)#no shutdown                        //开启端口
RouteA(config-if)#int s0/0
RouteA(config-if)#ip address 192.168.12.1 255.255.255.0
RouteA(config-if)#no shut
RouteA(config-if)#exit
RouteA(config)#exit
RouteA#copy run start                                //保存当前配置
Destination filename [startup-config]?
Building configuration...
[OK]

Router>enable
Router#config terminal
RouterB(config)#hostname RouterB
RouterB(config)#int f0/1
RouterB(config-if)#ip address 2.2.2.1 255.255.255.0
RouterB(config-if)#no shut
RouterB(config-if)#int s0/0
RouterB(config-if)#ip address 192.168.12.2 255.255.255.0
RouterB(config-if)#clock rate 128000                 //配置时钟
RouterB(config-if)#no shut
RouterB(config)#in s0/1
RouterB(config-if)#ip address 192.168.23.1 255.255.255.0
RouterB(config-if)#clock rate 128000
RouterB(config-if)#no shut
RouterB(config-if)#
RouterB(config-if)#exit
[OK]

Router>enable
Router#config terminal
Router#hostname RouterC
RouterC(config)#int s0/0
RouterC(config-if)#ip address 192.168.23.2 255.255.255.0
RouterC(config-if)#no shut
RouterC(config-if)#int f0/1
RouterC(config-if)#ip address 3.3.3.1 255.255.255.0
RouterC(config-if)#no shut
RouterC(config-if)#exit
RouterC(config)#exit
RouterC#copy run start
Destination filename [startup-config]?
Building configuration...
[OK]
```

配置完成可以使用 ping 命令进行检测。

（4）删除静态路由配置

```
RouteA(config)#ip route 2.2.2.0 255.255.255.0 s0/0
RouteA(config)#ip route 3.3.3.0 255.255.255.0 192.168.12.2
RouterB(config)#ip route 1.1.1.0 255.255.255.0 s0/0
RouterB(config)#ip route 3.3.3.0 255.255.255.0 s0/1
RouterC(config)#ip route 2.2.2.0 255.255.255.0 s0/0
RouterC(config)#ip route 1.1.1.0 255.255.255.0 192.168.23.1
```

（5）查看静态路由的配置情况

```
Router#show ip route
```

7.4.3　默认路由配置

默认路由是一种特殊的静态路由，指的是当路由表中与分组的目的地址之间没有匹配的表项时，路由器能够做出的选择。

图 7.4 示例中的具体配置：

```
RouteA(config)#ip route 0.0.0.0 0.0.0.0 s0/0
RouteB(config)#ip route 0.0.0.0 0.0.0.0 s0/0
```

配置完成可以使用 ping 命令进行检测。

7.5　RIP 的配置

7.5.1　距离矢量协议的适用情形

距离矢量协议的适用情形如下。

* 网络进行了分层设计，大型网络通常如此。
* 管理员对于网络中采用的链路状态路由协议非常熟悉。
* 网络对收敛速度的要求极高。

链路状态协议的运行过程如图 7.5 所示。

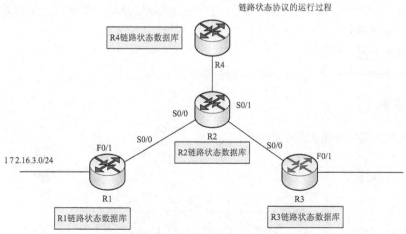

图 7.5　链路状态协议运行过程

7.5.2 RIP 配置格式

1. 启动 RIP 进程
```
Router(config)# router rip
```
2. 定义关联网络
```
Router(config-router)# network network-number
```

> **注** RIP 只对外通告关联网络的路由信息。
> **意** RIP 只向关联网络所属接口通告路由信息。

3. 定义 RIP 的版本
```
Router(config-router)# version {1 | 2}
```
4. 关闭 RIPv2 自动汇总
```
Router(config-router)# no auto-summary
```
5. 路由自动汇总

当子网路由穿越有类网络边界时，将自动汇总成有类网络路由 RIPv2。默认情况下将进行路由自动汇聚，RIPv1 不支持该功能。

6. 调整 RIP 时钟

- 更新时钟：路由器每隔 30s 从每个启动 RIP 协议的接口发送出路由更新信息。
- 无效时钟：如果一条路由在 180s 内没有收到更新，这条路由的跳数将记为 16。
- 刷新时钟：如果这条路由在被记为 16 跳后，60s 内还没有收到更新，则将这条路由从路由表中删除。
- 抑制时钟：如果一个目标的距离增加或变为不可达，启动抑制时钟（180s），直到抑制时钟超时，路由器才接收有关于这条路由的更新信息。作用是防止路由抖动。

调整 RIP 时钟配置：
```
Router(config-router)# timers basci update invalid flush
```
7. 关闭水平分割

水平分割是一个规则，用来防止路由环路的产生。其规则是从一个接口上学习到的路由信息，不再从这个接口发送出去。

关闭水平分割配置：
```
Router(config-if)# no ip split-horizon
```

7.5.3 配置实例

RIP 配置实例网络拓扑图如图 7.6 所示。

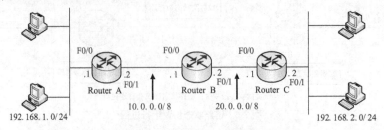

图 7.6 RIP 配置实例网络拓扑图

1. RouterA 配置

```
RouterA(config)#interface f0/0
RouterA(config-if)#ip address 192.168.1.1 255.255.255.0
RouterA(config-if)#no shutdown
RouterA(config)#interface f0/1
RouterA(config-if)#ip address 10.0.0.2 255.0.0.0
RouterA(config-if)#no shutdown
RouterA(config)#router rip
RouterA(config-router)#network 10.0.0.0
RouterA(config-router)#network 192.168.1.0
```

2. RouterB 配置

```
RouterB(config)#interface f0/0
RouterB(config-if)#ip address 10.0.0.1 255.0.0.0
RouterB(config-if)#no shutdown
RouterB(config)#interface f0/1
RouterB(config-if)#ip address 20.0.0.2 255.0.0.0
RouterB(config-if)#no shutdown
RouterB(config)#router rip
RouterB(config-router)#network 10.0.0.0
RouterB(config-router)#network 20.0.0.0
```

3. RouterC 配置

```
RouterC(config)#interface f0/0
RouterC(config-if)#ip address 20.0.0.1 255.0.0.0
RouterC(config-if)#no shutdown
RouterC(config)#interface f0/1
RouterC(config-if)#ip address 192.168.2.2 255.255.255.0
RouterC(config-if)#no shutdown
RouterC(config)#router rip
RouterC(config-router)#network 20.0.0.0
RouterC(config-router)#network 192.168.2.0
```

4. 查看路由协议配置

```
RouterA# show ip protocol
```

5. 打开 RIP 协议调试命令

```
RouterA# debug ip rip
```

7.6　OSPF 的配置

7.6.1　OSPF 介绍

　　OSPF 是一个链路状态协议，其操作以网络连接或者链路状态为基础。OSPF 基本绘制出互联网的全网结构图，然后根据这个结构图选择开销最小的路径。在 OSPF 中，计算网络拓扑时最基本的元素是每台路由器中的每条链路状态。通过学习每条链路连接到何处，OSPF 可以建立一个数据库，记录网络中的所有链路，然后使用最短路径优先算法计算出到每个目标网络的最短路径。由于所有路由器都持有完全相同的网络拓扑图，OSPF 只有在网络拓扑发生变化时才发送路由更新信息。

1. OSPF 数据分组的 5 种类型

　　（1）Hello 数据分组：发现邻居并与其建立相邻关系。

　　（2）数据库说明：在路由器间检查数据库同步情况。

（3）链路状态请求：由一台路由器发往另一台路由器请求特定的链路状态记录。

（4）链路状态更新：发送所请求的特定链路状态记录。

（5）链路状态确认：确认其他数据分组类型。

2．Hello 协议

（1）发现 OSPF 邻居并建立相邻关系。

（2）通告两台路由器建立相邻关系所必须统一的参数。

（3）在以太网和帧中继网络等多路访问网络中选举指定路由器（DR）和备用指定路由器（BDR）。

如图 7.7 所示，SPF 路由器正在通过所有启用了 OSPF 的接口发送 Hello 数据分组，以确定那些链路上是否存在邻居。OSPF Hello 中的信息包括发送方路由器的 OSPF 路由器 ID。一个接口收到 OSPF Hello 数据分组随后，OSPF 即与该邻居建立相邻关系。

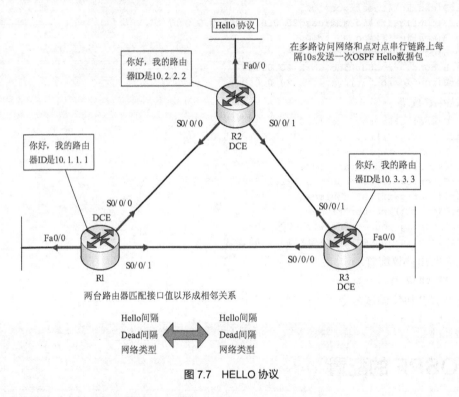

图 7.7　HELLO 协议

两台路由器在建立 OSPF 相邻关系之前，必须统一三个值：Hello 间隔、Dead 间隔和网络类型。OSPF Hello 数据分组都会通过组播发送给 ALLSPFRouters 的专用地址 224.0.0.5。Cisco 所用的默认断路间隔为 Hello 间隔的 4 倍。

3．OSPF 算法

每台 OSPF 路由器都会维持一个链路状态数据库，其中包含来自其他所有路由器的 LSA。

一旦路由器收到所有 LSA 并建立其本地链路状态数据库，OSPF 就会使用 Dijkstra 的最短路径优先（SPF）算法创建一个 SPF 树。将根据 SPF 树，使用通向每个网络的最佳路径填充 IP 路由表。

OSPF 的默认管理距离为 110。OSPF 比 IS-IS 和 RIP 优先。表 7.1 所示为各种路由源的管理距离。

表 7.1　各种路由源的管理距离

路 由 源	管理距离	路 由 源	管理距离
已连接	0	OSPF	110
静态	1	IS-IS	115
EIGRP 总结路由	5	RIP	120
外部 BGP	20	外部 EIGRP	170
内部 EIGRP	90	内部 BGP	200
IGRP	100		

4. OSPF 身份认证

目的：确保路由器仅接收配置有相同的口令和身份验证信息的其他路由器所发来的路由信息。认证针对接口进行配置，如图 7.8 所示。

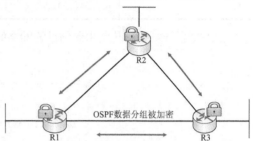

图 7.8　OSPF 数据分组加密

7.6.2　基本 OSPF 配置

1. 启用 OSPF 命令

```
router ospf process-id
```

process-id 是一个介于 1～65535 的数字，由网络管理员选定。process-id 仅在本地有效，这意味着路由器之间建立相邻关系时无需匹配该值。

2. network 命令

```
network network-address wildcard-mask area area-id
```

OSPF 中的 network 命令与其他 IGP 路由协议中的 network 命令具有相同的功能:路由器上任何符合 network 命令中的网络地址的接口都将启用，可发送和接收 OSPF 数据分组。

此网络（或子网）将被包括在 OSPF 路由更新中。

3. OSPF 路由 ID

通过以下顺序确定路由器 ID。

（1）使用通过 OSPF router-id 命令配置的 IP 地址：

```
Router(config)#router ospf process-id
Router(config-router)#router-id ip-address
```

（2）如果未配置 router-id，则路由器会选择其所有环回接口的最高 IP 地址。

（3）如果未配置回环接口，则路由器会选择其所有物理接口的最高活动 IP 地址。

用于验证路由器 ID 的一个命令为 show ip protocols。某些 IOS 版本并不像图中所示那样显示路由器 ID。在那些情况下，使用 show ip ospf 或 show ip ospf interface 命令检验路由器 ID。

修改路由器 ID 后必须通过重新加载路由器或使用下列命令来启用：

```
Router# clear ip ospf process
```

4. 验证 OSPF 相邻关系的命令

```
show ip ospf neighbor
```

7.6.3　OSPF 度量

Cisco IOS 使用从路由器到目的网络沿途的传出接口的累积带宽作为开销值。开销越低，该接口越可能被用于转发数据流量。开销计算公式：10^8 / 接口带宽。参考带宽：默认为 100Mbit/s。

可使用 OSPF 命令 auto-cost reference-bandwidth 修改。表 7.2 所示为各种接口类型的开销。

表 7.2　各种接口类型的开销

接口类型	开销	接口类型	开销
快速以太网及以上速度	$10^8/100,000,000$ bit/s = 1	128kbit/s	$10^8/128,000$ bit/s = 781
以太网	$10^8/10,000,000$ bit/s = 10	64kbit/s	$10^8/64,000$ bit/s = 1562
E1	$10^8/2,048,000$ bit/s = 48	56kbit/s	$10^8/56,000$ bit/s = 1785
T1	$10^8/1,544,000$ bit/s = 64		

COST 累计开销：从路由器到目的网络的累计开销值，如图 7.9 所示。

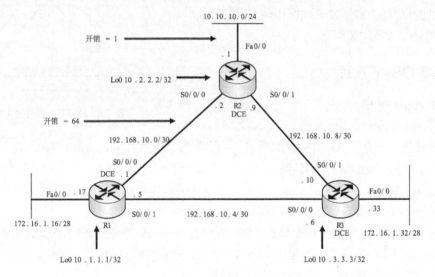

图 7.9　累计开销

在 R1 上使用命令：

```
R1#show ip route
```

可以看到累计开销为 65。

- 链路的实际速度很可能不同于默认带宽。带宽值必须反映链路的实际速度，路由表才具有准确的最佳路径信息。
- 可使用 show interface 命令查看接口所用的带宽值。
- 修改链路开销：

链路的两端应该配置为相同值。

Bandwidth 命令 = 修改拓扑中串行接口开销值

```
Example: Router(config-if)#bandwidthbandwidth-kbit/s
```

ip ospf cost 命令 –直接指定接口开销

```
Example:R1(config)#interface serial 0/0/0
    R1(config-if)#ip ospf cost 1562
```

- bandwidth 命令与 ip ospf cost 命令比较：

Ip ospf cost 命令直接将链路开销设置为特定值并免除了计算过程。

Bandwidth 命令使用开销计算的结果确定链路开销。

7.6.4 OSPF 与多路访问网络

如图 7.10 所示，多路访问网络对 OSPF 的 LSA 泛洪过程提出了两项挑战：创建多边相邻关系，其中每对路由器都存在一项相邻关系；LSA（链路状态通告）的大量泛洪。

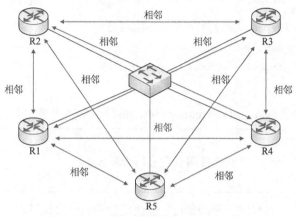

图 7.10　多路访问网络

1. LSA 的泛洪

链路状态路由器会在 OSPF 初始化及拓扑更改时泛洪其链路状态数据分组。

路访问网络中的每台路由器都需要向其他所有路由器泛洪 LSA，并为收到的所有 LSA 发出确认，网络通信将变得非常混乱。

多路访问网络中管理相邻关系数量和 LSA 泛洪的解决方案有两种：指定路由器（DR）/备用指定路由器（BDR）；其他所有路由器变为 DROther。

2. OSPF 默认路由重分布

OSPF 术语中，位于 OSPF 路由域和非 OSPF 网络间的路由器称为自治系统边界路由器（ASBR）。OSPF 需要使用 default-information originate 命令将 0.0.0.0/0 静态默认路由通告给区域内的其他路由器，如图 7.11 所示。

```
R1(config-router)#default-information originate
```

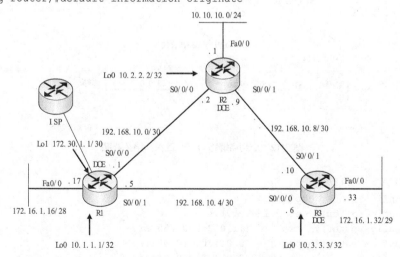

图 7.11　OSPF 默认路由重分布

OSPF 外部路由分为以下两类：第 1 类外部（E1）和第 2 类外部（E2）。

R1 上的配置：

```
R1（config）#interface loopback 1
R1（config-if）#ip add 172.30.1.1 255.255.255.252
R1（config-if）#exit
R1（config）#ip route 0.0.0.0 0.0.0.0 loopback 1
R1（config）#router ospf 1
R1（config-router）#default-information originate
```

3. 微调 OSPF

（1）可使用 OSPF 命令 auto-cost reference-bandwidth 修改参考带宽，以适应这些更快链路的要求。

 注意 需要使用此命令，必须同时用在所有路由器上。

（2）修改 OSPF 间隔，这样做的原因是可以快速地检测到网络故障。

手动修改 OSPF Hello 间隔和 Dead 间隔：

```
Router(config-if)#ip ospf hello-interval seconds
Router(config-if)#ip ospf dead-interval seconds
```

（3）OSPF 要求两台路由器匹配一致 Hello 间隔和 Dead 间隔才能形成相邻关系。

7.6.5　OSPF 配置

1. 点到点链路 OSPF 配置

点到点链路 OSPF 配置网络拓扑图如图 7.12 所示。

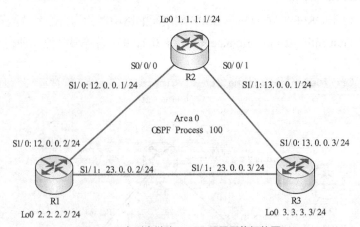

图 7.12　点到点链路 OSPF 配置网络拓扑图

（1）路由器 A 的配置命令

```
RouterA(config)#router ospf 100
RouterA(config-router)#router-id 1.1.1.1
RouterA(config-router)#network 1.1.1.0 0.0.0.255 area 0
RouterA(config-router)#network 12.0.0.1 0.0.0.0 area 0
RouterA(config-router)#network 13.0.0.1 0.0.0.0 area 0
```

（2）路由器 B 的配置命令

```
RouterB(config)#router ospf 100
RouterB(config-router)#router-id 2.2.2.2
RouterB(config-router)#network 2.2.2.0 0.0.0.255 area 0
RouterB(config-router)#network 12.0.0.2 0.0.0.0 area 0
RouterB(config-router)#network 23.0.0.2 0.0.0.0 area 0
```

（3）路由器 C 的配置命令

```
RouterC(config)#router ospf 100
RouterC(config-router)#router-id 3.3.3.3
RouterC(config-router)#network 3.3.3.0 0.0.0.255 area 0
RouterC(config-router)#network 13.0.0.3 0.0.0.0 area 0
RouterC(config-router)#network 23.0.0.3 0.0.0.0 area 0
```

2. 广播网络 OSPF 配置

网络拓扑如图 7.13 所示。

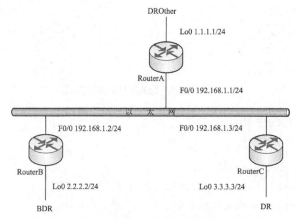

图 7.13　广播网络 OSPF 配置网络拓扑图

（1）路由器 A 的配置命令

```
RouterA(config)#router ospf 100
RouterA(config-router)#router-id 1.1.1.1
RouterA(config-router)#network 1.1.1.0 0.0.0.255 area 0
RouterA(config-router)#network 192.168.1.1 0.0.0.0 area 0
```

（2）路由器 B 的配置命令

```
RouterB(config)#router ospf 100
RouterB(config-router)#router-id 2.2.2.2
RouterB(config-router)#network 2.2.2.0 0.0.0.255 area 0
RouterB(config-router)#network 192.168.1.2 0.0.0.0 area 0
```

（3）路由器 C 的配置命令

```
RouterC(config)#router ospf 100
RouterC(config-router)#router-id 3.3.3.3
RouterC(config-router)#network 3.3.3.0 0.0.0.255 area 0
RouterC(config-router)#network 192.168.1.3 0.0.0.0 area 0
```

7.7　EIGRP 的配置

EIGRP 路由协议属于一种混合型的路由协议，它在路由的学习方法上具有链路状态路由协议的特点，而计算路径度量值的方法又具有距离矢量路由协议的特点，所以它具有更优化的路由算法和更快速的收敛速率。EIGRP 是基于 IGRP 专有路由选择协议，所以只有思科的路由器之间才可以使用，图 7.14 所示为网络拓扑结构。

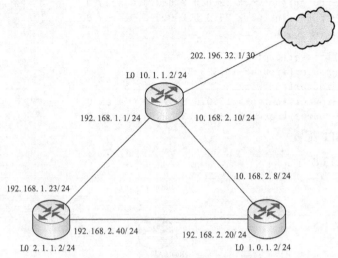

图 7.14　EIGRP 配置网络拓扑结构图

1. 在路由器上开启 EIGRP 协议

RouterA：

```
Router (config)#router eigrp 1
Router (config-router)#network 192.168.1.0 255.255.255.0
Router (config-router)#network 10.16.2.0 255.255.255.0
Router (config-router)#network 202.196.32.0 255.255.255.0
```

RouterB：

```
Router (config)#router eigrp 1
Router (config-router)#network 192.168.1.0 255.255.255.0
Router (config-router)#
%DUAL-5-NBRCHANGE: IP-EIGRP 1 : Neighbor 192.168.1.1 ( FastEthernet 0/0 ) is up : new
adjacency
```

RouterC：

```
Router (config)#router eigrp 1
Router (config-router)#network 192.168.2.0 255.255.255.0
Router (config-router)#
%DUAL-5-NBRCHANGE: IP-EIGRP 1 : Neighbor 192.168.2.40 ( FastEthernet 0/0 ) is up : new
adjacency
Router (config-router)#network 10.168.2.0 255.255.255.0
```

2. 路由器 A 上的路由信息

```
Router#show ip route
Codes: C - connecter, S - static, I - IGRP, R - RIP, M - moblie, B - BGP
       D - EIGRP, EX - EIGRP external, O - OSPF, IA - OSPF inter area
       N1 - OSPF NSSA external type 1, N2 - OSPF NSSA external type 2
       E1 - OSPF external type 1, E2 - OSPF external type 2, E - EGP
       i - IS-IS, L1 - IS-IS level-1, L2 - IS-IS level-2, ia - IS-IS inter area
```

```
          * - candidate default, U - per-user static route, o - ODR
          P - periodic downloaded static route
Gateway of last resort is not set
       10.0.0.0/8 is variably subnetted, 2 subnets, 2 masks
D      10.0.0.0/8 [90/33280] via 192.168.1.23,00:06:22, FastEthernet0/0
C      10.168.2.0/24 is directly connected, FastEthernet1/0
C      192.168.1.0/24 is directly connected, FastEthernet0/0
D      192.168.2.0/24 [90/30720] via 192.168.1.23, 00:07:54, FastEthernet0/0
```

3. 路由器 A 上可行距离 FD、通告距离 RD 及其可行性条件 FC

```
Router#show ip eigrp topology
IP-EIGRP Topolopy Table for AS 1

Codes: P - Passive, A - Active, U - Update, Q - Query, R - Reply, r - Reply status

P    192.168.1.0/24,  1 successors, FD is 28160
          via Connected, FastEthernet0/0
P    192.168.2.0/24,  1 successors, FD is 30720
          via 192.168.1.23 (30720/28160), FastEthernet0/0
P    10.0.0.0/8,  1 successors, FD is 33280
          via 192.168.1.23(33280/30720), FastEthernet0/0
```

4. 三个路由器都关闭自动汇总，在路由器 A 上进行手动汇总

```
Router(config)#interface se2/0

Router(config-if)#ip summary

Router(config-if)#ip summary-address eigrp 1 10.168.2.0 255.255.255.0 5

Router(config-if)#
 %DUAL-5-NBRCHANGE: IP-EIGRP 1 : Neighbor 192.168.1.23 ( FastEthernet 0/0 ) is up : new
adjacency

Router(config-if)#ip summary-address eigrp 1 192.168.0.0 255.255.255.0 5

Router(config-if)#
 %DUAL-5-NBRCHANGE: IP-EIGRP 1 : Neighbor 192.168.1.23 ( FastEthernet 0/0 ) is up : new
adjacency
```

7.8 MPLS 原理及配置

在 20 世纪 80 年代，随着 Internet 的迅速普及，人们开始探索如何提高分组转发速度的方法。这时出现了一种思路：用面向连接的方式取代 IP 的无连接分组交换方式，这样就可以利用更快捷的查找算法，而不必使用最长前缀匹配的方法来查找路由表。这种基本概念称为交换（Switching）。人们经常把这种交换概念与异步传递方式 ATM 联系起来。

MPLS 具有以下三个方面的特点。

- 支持面向连接的服务质量。
- 支持流量工程，平衡网络负载。
- 有效地支持虚拟专用网 VPN。

7.8.1 MPLS 网络原理

（1）LSR（Label Switch Router）： LSR 是 MPLS 网络的核心交换机或者路由器，它处于 MPLS 网络内部。LSR 提供标签交换和标签分发功能。

（2）LER（Label Edge Router）：在 MPLS 的网络边缘，报文有 LER 进入或离开 MPLS 网络。它提供标签的映射、标签的移除和标签的分发功能。

（3）LSP（Label Switch Path）：一个 FEC 的数据流，在不同的节点被赋予确定的标签，数据转发按照这些标签进行。数据所走的路径就是 LSP，如图 7.15 所示。

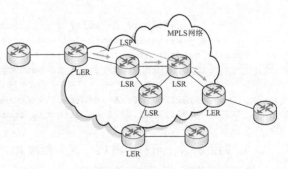

图 7.15　MPLS 网络原理

7.8.2　MPLS 工作过程

在传统的 IP 网络中，分组每到达一个路由器，都必须查找路由表，并按照"最长前缀匹配"原则找到下一跳的 IP 地址。当网络很大时，查找含有大量项目的路由表要花费很多时间。在出现突发性的通信量时，往往还会使缓冲溢出，这就会引起分组丢失、传输时延增大和服务质量下降。

MPLS 的一个重要特点就是不用长度可变的 IP 地址前缀来查找转发表中的匹配项，而是给每个 IP 数据报打上固定长度"标记"，然后对打上标记的 IP 数据报用硬件进行转发，这就使得 IP 数据报转发的过程省去了每到达一个路由器都要上升到第三层用软件查找路由表的过程，因而 IP 数据报转发的速率就大大地加快了。采用硬件技术对打上标记的 IP 数据报进行转发就称为标记交换。如图 7.16 所示，即 MPLS 的工作过程示意图。

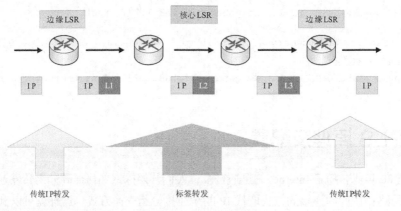

图 7.16　MPLS 工作过程

MPLS 的基本工作过程如下。

（1）MPLS 域中的各 LSR 使用专门的标记分配协议 LDP（Label Distribution Protocol）交换报文，并找出和特定标记相对应的路径，即标记交换路径 LSP（Label Switched Path）。如图中箭头所示路径。各 LSR 根据这些路径构造出转发表。这个过程和路由器构造自己的路由表相似。但应注意的是，MPLS 是面向连接的，因为在标记交换路径 LSP 上的第一个 LSR 就根据 IP 数据报的初始标记确定了整个的标记交换路径，就像一条虚连接一样。

（2）当一个 IP 数据报进入 MPLS 域时，MPLS 入口节点即边缘 LSR 就给它打上标记，并按照转发表把它转发给下一个 LSR。以后的所有 LSR 都按照标记进行转发。

（3）由于在全网内统一分配全局标记数值是非常困难的，因此一个标记仅仅在两个标记交换路由器 LSR 之间才有意义。分组每经过一个 LSR，LSR 就要做两件事：一是转发，二是更换新的标记，即把入标记更换为出标记，这就是标记对换（Label Swapping）。做这两件事所需的数据都已清楚地写在转发表中。

（4）当 IP 数据报离开 MPLS 域时，MPLS 出口节点就把 MPLS 的标记去除，把 IP 数据报交付给非 MPLS 的主机或路由器，以后就按照传统转发方式进行转发。

7.8.3　MPLS 的实际应用

1. 点到点的虚拟共享专线业务

点到点的虚拟共享专线，可以通过 Port 或者 Port+VLAN 的方式对业务数据封装标签，从而达到对带宽虚拟共享的目的。

图 7.17 中，两个站点间的 VC/TRUNK 通道构成一个 LSP，通过对不同 Port 数据封装上相应的标签（Tunnel+VC），达到数据共享带宽，并且相互隔离。

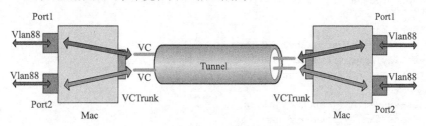

图 7.17　点到点虚拟共享专线

2. 虚拟共享局域网业务

虚拟共享局域网，可以通过不同 VB 的 LP 端口和 VCTRUNK 端口建立 LSP 带宽共享，从而达到对带宽虚拟共享的目的。

图 7.18 中，两个站点间的 VCTRUNK 通道构成一个 LSP，通过对不同 Port 数据封装上相应的标签（Tunnel+VC），达到数据共享带宽，并且相互隔离。

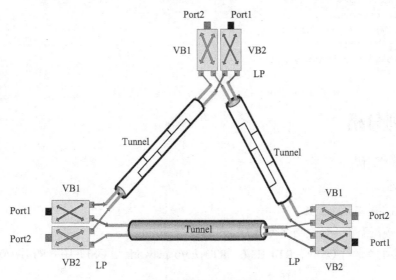

图 7.18　虚拟共享局域网

7.8.4　MPLS 的配置

1．MPLS 相关配置命令

```
ip cef                              //启用CEF
mpls label protocol ldp             //定义MPLS 分发协议
mpls ldp router-id loopback 0 force //定义MPLS 建立邻居接口
int 接口
mpls ip
```

2．VRF 相关配置命令

```
ip vrf forwarding name
rd : between pe and pe match (stay the same )
rouer-target : if there are multi routr-target than match multi router
pe-to-ce 之间的协议
ospf :no address-family
router ospf process vrf name
network ……
redistribute bgp
eigrp : pe-router first global AS then
address-family ipvr vrf name
redistribute bgp AS metric "value"
network -----
autonomous-system AS (match ce eigrp AS)
rip : address-family ipv4 vrf name
redistribute bgp as metric "value"
network ……
note: rip version same
```

3．BGP 相关配置命令

```
command in pe router
router bgp as
neighbor ip remote-as as
neighbor ip update-source loopback
address-family ipv4 vrf name
redistribut protocol
address-falmily vpnv4 unicast
neighbor ip activate
neighbor ip sent-community both
Exit
```

7.9　案例分析

MPLS 的配置实例。

1．实例需求

（1）各路由器基本信息配置。

（2）OSPF 规范配置，修改网络类型为点对点。

（3）所有路由器运行 OSPF，RT4 E3/0、RT5 E3/0 network 至 OSPF 中，RT1E3/0 重发布直连到 OSPF 中。

（4）所有路由器运行 MPLS，标签分发协议为 LDP。

（5）RT4 和 RT5 运行 IBGP，并将 E3/1 发布至 BGP 中。

2. 实例拓扑

从 PLS 实例配置网络拓扑如图 7.19 所示。

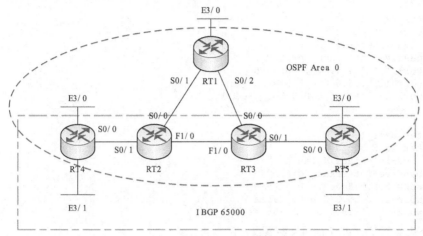

图 7.19　MPLS 实例配置网络拓扑图

3. 实验配置

（1）基本配置略，IGP 配置如下。

RT1：

```
router ospf 1
router-id 1.1.1.1
passive-interface default
no passive-interface Serial0/1
no passive-interface Serial0/2
redistribute connected metric 1000 subnets
network 1.1.1.1 0.0.0.0 area 0
network 10.0.12.0 0.0.0.3 area 0
network 10.0.13.0 0.0.0.3 area 0
```

RT2：

```
router ospf 1
router-id 2.2.2.2
passive-interface default
no passive-interface Serial0/0
no passive-interface Serial0/1
no passive-interface FastEthernet1/0
network 2.2.2.2 0.0.0.0 area 0
network 10.0.12.0 0.0.0.3 area 0
network 10.0.23.0 0.0.0.3 area 0
network 10.0.24.0 0.0.0.3 area 0
interface f1/0
ip ospf network point-to-point
```

RT3：

```
router ospf 1
router-id 3.3.3.3
passive-interface default
no passive-interface Serial0/0
no passive-interface Serial0/1
no passive-interface FastEthernet1/0
network 3.3.3.3 0.0.0.0 area 0
```

```
    network 10.0.13.0 0.0.0.3 area 0
    network 10.0.23.0 0.0.0.3 area 0
    network 10.0.35.0 0.0.0.3 area 0
    interface f1/0
    ip ospf network point-to-point
```

RT4：

```
    router ospf 1
    router-id 4.4.4.4
    passive-interface default
    no passive-interface Serial0/0
    network 4.4.4.4 0.0.0.0 area 0
    network 10.0.24.0 0.0.0.3 area 0
    network 172.16.4.0 0.0.0.255 area 0
```

RT5：

```
    router ospf 1
    router-id 5.5.5.5
    passive-interface default
    no passive-interface Serial0/0
    network 5.5.5.5 0.0.0.0 area 0
    network 10.0.35.0 0.0.0.3 area 0
    network 172.16.5.0 0.0.0.255 area 0
```

（2）在全局配置下，进行 MPLS 配置。

```
    ip cef                 //运行 MPLS 必须开启 CEF
    mpls ip                //开启 MPLS
mpls label protocol ldp     //选择 MPLS 标签分发协议为 LDP（默认是 TDP，CISCO 私有）
```

然后，再在所有 MPLS 网络中的接口开启 MPLS。

RT1、RT2、RT3、RT4、RT5 配置如下。

RT1：

```
    int s0/1
    mpls ip
    int s0/2
    mpls ip
```

RT2：

```
    int s0/0
    mpls ip
    int f1/0
    mpls ip
    int s0/1
    mpls ip
```

RT3 的 S0/0、F1/0、S0/1，RT4、RT5 的 S0/1 做以上配置。

（3）IBGP 的配置。

在 RT4、TR5 上进行 IBGP 配置，如下所示。

RT4：

```
    router bgp 65000
    no synchronization
    network 172.17.4.0 mask 255.255.255.0
    neighbor 5.5.5.5 remote-as 65000
    neighbor 5.5.5.5 update-source Loopback0
    neighbor 5.5.5.5 next-hop-self
    no auto-summary
```

RT5:
```
    router bgp 65000
    no synchronization
    network 172.17.5.0 mask 255.255.255.0
    neighbor 4.4.4.4 remote-as 65000
    neighbor 4.4.4.4 update-source Loopback0
    neighbor 4.4.4.4 next-hop-self
    no auto-summary
```

```
RT1#show ip cef detail      //查看 CEF 的详细信息
4.4.4.4/32, version 23, epoch 0, cached adjacency to Serial0/1
0 packets, 0 bytes
  tag information set
    local tag: 23              //本地标签 18 也就是进来的标签, 交换标签 (SWAP)
    fast tag rewrite with Se0/1, point2point, tags imposed: {22}   //压入标签 PUSH 22
  via 10.0.12.2, Serial0/1, 0 dependencies
    next hop 10.0.12.2, Serial0/1
    valid cached adjacency
    tag rewrite with Se0/1, point2point, tags imposed: {22}
```

```
RT1#show mpls ldp discovery                //查看 LDP 发现消息
 Local LDP Identifier:
    1.1.1.1:0                               //本地 LDP 标识为 1.1.1.1
    Discovery Sources:
    Interfaces:                             //LDP 发现消息的来源
        Serial0/1 (ldp): xmit/recv          //从 S0/1 接口发送或接收到 LDP 发现消息
            LDP Id: 2.2.2.2:0               //LDP ID 为 2.2.2.2
        Serial0/2 (ldp): xmit/recv          //从 S0/2 接口发送或接收到 LDP 发现消息
            LDP Id: 3.3.3.3:0               //LDP ID 为 3.3.3.3
```

```
RT1#show mpls ldp neighbor                  //查看 LDP 的邻居信息
  Peer LDP Ident: 3.3.3.3:0; Local LDP Ident 1.1.1.1:0    //对端 LDP ID3.3.3.3 和本地 LDP
ID 1.1.1.1
  TCP connection: 3.3.3.3.37601 - 1.1.1.1.646          //TCP 连接 IP+端口号
  State: Oper; Msgs sent/rcvd: 30/31; Downstream        //状态: 运行中
  Up time: 00:14:16
  LDP discovery sources:
  Serial0/2, Src IP addr: 10.0.13.2                     //LDP 发现消息的来源和 IP
  Addresses bound to peer LDP Ident:                    //对端 LDP 需要弹出 MPLS 标签的地址
 10.0.13.2      3.3.3.3       10.0.23.2      10.0.35.1
Peer LDP Ident: 2.2.2.2:0; Local LDP Ident 1.1.1.1:0
  TCP connection: 2.2.2.2.54420 - 1.1.1.1.646
  State: Oper; Msgs sent/rcvd: 20/20; Downstream
  Up time: 00:04:34
  LDP discovery sources:
  Serial0/1, Src IP addr: 10.0.12.2
  Addresses bound to peer LDP Ident:
 10.0.12.2      2.2.2.2       10.0.23.1      10.0.24.1
```

注意 MPLS 的标签分发是随机的 (从 16 往上递增, 0~15 为公认系统标签)。

下面分析 RT4 的 172.16.4.0 这条路由在 MPLS 网络的传播。

首先 RT4 上运行了 MPLS, 会为所有的 IGP 路由表分发标签 (BGP 路由不发标签), RT2 收到

RT4 分发的标签。

```
RT2#show mpls ldp bindings                              //显示标签信息库
    tib entry: 172.16.4.0/24, rev 18                    //路由条目
        local binding:  tag: 20                         //本地分发标签是 20（发给所有 LDP 邻居）
        remote binding: tsr: 4.4.4.4:0, tag: imp-null   //4.4.4.4 分发的特殊标签 3（用来作倒数
第二跳弹出）
        remote binding: tsr: 3.3.3.3:0, tag: 20         //3.3.3.3 分发的标签 20
        remote binding: tsr: 1.1.1.1:0, tag: 24         //1.1.1.1 分发的标签是 24
RT2#show mpls forwarding-table                          //查看 MPLS 的转发表
Local Outgoing     Prefix          Bytes tag   Outgoing      Next Hop
tag   tag or VC    or Tunnel Id    switched    interface
20    Pop tag      172.16.4.0/24   0           Se0/1         point2point
本地标签：20，出标签：3，网络前缀 0：表示是 IPV4 出接口，下一跳：（点对点）。
RT2#show ip route
O    172.16.4.0 [110/110] via 10.0.24.2, 00:09:31, Serial0/1
```

从上面可以看出，MPLS 路由器收到同条路由的多个标签，会进行优先，主要是根据 IGP 路由表中的下一跳进行选择，如上 MPLS 选择的下一跳是与 IGP 路由表是一样的。

```
RT3#show mpls ldp bindings
 tib entry: 172.16.4.0/24, rev 18
    local binding:  tag: 20                        //本地分发标签是 20（发给所有 LDP 邻居）
  remote binding: tsr: 5.5.5.5:0, tag: 23
  remote binding: tsr: 2.2.2.2:0, tag: 20          //从 RT2 上可以看出它为这条路由分发的标签是 20
  remote binding: tsr: 1.1.1.1:0, tag: 24
RT3#show mpls forwarding-table                     //查看 MPLS 的转发表
Local     Outgoing     Prefix          Bytes tag   Outgoing     Next Hop
tag       tag or VC    or Tunnel Id    switched    interface
20        20           172.16.4.0/24   0           Fa1/0        10.0.23.1
172.16.4.0 进标签是 20（本地标签），出标签是 20，下一跳地址为 10.0.23.1，下一跳为 F1/0
RT3#show ip route
O    172.16.4.0 [110/210] via 10.0.23.1, 00:11:23, FastEthernet1/0
```

可以看出，MPLS 选择优先选一跳是根据 IGP 路由表进行的，如果 IGP 路由表中没有此路由，将不会进入 MPLS 转发表中。

RT5：

```
RT5#show mpls ldp bindings
 tib entry: 172.16.4.0/24, rev 24
   local binding:  tag: 23
   remote binding: tsr: 3.3.3.3:0, tag: 20 //收到 RT3 发来的标签
RT5: show mpls forwarding-table
Local     Outgoing     Prefix          Bytes tag   Outgoing     Next Hop
tag       tag or VC    or Tunnel Id    switched    interface
23        20           172.16.4.0/24   0           Se0/0        point2point
RT5#show ip route
O    172.16.4.0 [110/310] via 10.0.35.1, 02:00:34, Serial0/0
```

与上面类似，这里不再叙述。

MPLS 是不会为 BGP 路由分发标签的，同时收到的路由如果在 IGP 中没有，也是不会进行 MPLS 的转发表的。

如 RT5 中有 2 条 BGP 路由，1 条是自己产生的，另 1 条是学习到的：

```
RT5(config-if)#do show ip bgp
   Network          Next Hop        Metric   LocPrf     Weight Path
*>i172.17.4.0/24    4.4.4.4           0       100         0 i
*>  172.17.5.0/24   0.0.0.0           0                   32768 i
```

在 RT4 上查看标签信息库。

```
RT3#show mpls ldp bindings
   tib entry: 172.17.5.0/24, rev 34
```

remote binding: tsr: 5.5.5.5:0, tag: imp-null //可以看到 RT5 为这条路由分发了一个标签 3（这里会分发标签是因为是直连路由，）在这里并没有看到为 172.17.4.0/24 分发标签，因为它是 BGP 路由，MPLS 不为 BGP 路由分发标签

```
RT3#show mpls forwarding-table
Local  Outgoing   Prefix          Bytes tag  Outgoing   Next Hop
tag    tag or VC  or Tunnel Id    switched   interface
16     Pop tag    1.1.1.1/32      0          Se0/0      point2point
17     Pop tag    2.2.2.2/32      0          Fa1/0      10.0.23.1
18     Pop tag    10.0.12.0/30    0          Fa1/0      10.0.23.1
       Pop tag    10.0.12.0/30    0          Se0/0      point2point
19     Pop tag    10.0.24.0/30    0          Fa1/0      10.0.23.1
20     22         4.4.4.4/32      30679      Fa1/0      10.0.23.1
21     Pop tag    5.5.5.5/32      5459       Se0/1      point2point
22     23         172.16.4.0/24   31211      Fa1/0      10.0.23.1
23     Pop tag    172.16.5.0/24   0          Se0/1      point2point
```

在 RT3 的 MPLS 转发中并没有看到 172.17.5.0/24 网段，因为在 RT3 中的路由表中没有，所以不会进入 MPLS 的转发表中。

下面来分析 RT5 的 172.16.5.1 与 172.16.4.1 的通信过程。

首先 RT5 查询 MPLS 的转发表，找到对应路由出标签号为 20（以下所涉及的转发表可以看上面），所以在数据分组的 IP 头部前面加入 4 个字节的 MPLS 标签，标签号为 20，EXP 位为 0，栈底位为 1，同时将 IP 中的 TTL 复制到 MPLS 标签中（这里始发为 255），再封装成 HDLC 的帧发送，RT3 从 S0/1 接口收到后，去掉二层帧头，查看 MPLS 标签入标签号为 20，查找 MPLS 转发表出标签号为 20，出接口为 F1/0，同时交换 MPLS 标签号为 20，EXP 位为 0，栈底位为 1，同时 TTL-1（转发 1 次 MPLS TTL-1 但是 IP 中的 TTL 是不变的，它只涉及二层），再封装成以太网帧发送，RT2 从 F1/0 接收到数据，拆二层封装，查 MPLS 入标签号为 20 再查找 MPLS 转发表，出标签为 Pop tag（特殊标签 3 倒数第二跳弹出）删除 MPLS 标签的同时，将 MPLS 标签中的 TTL 复制到 IP 报文的 TTL 中，然后查找 IP 全局路由表，TTL-1＝253 封装成以太网帧，再转发给下一跳，RT4 收到数据直接转发给相应接口，然后再向 RT5 发送回应数据分组，是以上过程的逆过程。

习题与思考

1. 下面配置静态路由命令，正确的是（   ）。

   A. R1（config）#ip router 210.112.23.0 255.255.255.0 20.20.0.5

   B. R1（config）#ip route 210.112.23.0 255.255.255.0 20.20.0.5

   C. R1（config）#ip route 210.112.23.0 0.0.0.255 20.20.0.5

   D. R1#ip route 210.112.23.0 255.255.255.0 20.20.0.5

2. 关于 OSPF 的特点，不正确的是（   ）。

    A. 规范完全开放   B. 路由收敛速度快

    C. 不支持 CIDR 和 VLSM   D. 带宽占用小

3. 下面声明 OSPF 子网的命令，正确的是（   ）。

    A. S1(config-router)#network 30.15.5.0 0.0.0.3 area0

    B. S1(config)#network 30.15.5.0 255.255.255.252 area0

    C. S1(config-router)#network 30.15.5.0 255.255.255.252 area0

    D. S1(config)#network 30.15.5.0 0.0.0.3 area0

4. 直连路由的管理距离是（   ），静态路由的管理距离是（   ），RIP 的管理距离是（   ），OSPF 的管理距离是（   ）。

    A. 1，2，120，110   B. 0，1，110，120   C. 1，2，110，120 D. 0，1，120，110

5. 写出路由器 R1、R2 和 R3 的配置，拓扑图如图 7.20 所示，完成下列配置要求。

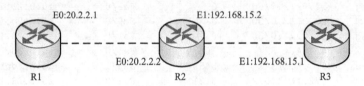

图 7.20　网络拓扑图

（1）配置 R1、R2 和 R3 接口地址并激活。

（2）配置 RIP 协议，实现 R1 与 R3 的通信。

（3）配置 IGRP 协议，自治系统号为 100，实现 R1 与 R3 的通信。

（4）配置 OSPF 协议，只有一个区域，实现 R1 与 R3 的通信。

（5）配置 EIGRP 协议，自治系统号为 200，实现 R1 与 R3 的通信。

（6）以 R1 到 R3 的 ping 操作为例，说明 ping 通过的路由过程。

6. 某公司有 1 个总部和 2 个分部，各部门都有自己的局域网。该公司申请了 4 个 C 类 IP 地址块 202.113.20.0/24～202.113.23.0/24。公司各部门通过帧中继网络进行互连，网络拓扑结构如图 7.21 所示。

问题 1：请根据图中所示完成 R0 路由器的配置。

R0(config)#interface s0/0   （进入串口配置模式）

R0(config-if)#ip address 202.113.23.1_____   （设置 IP 地址和掩码）

R0(config)#encapsulation _____   （设置串口工作模式）

问题 2：若主机 A 与 Switch1 的 e0/2 端口相连，请完成 Switch1 相应端口设置。

Switch1(config)#interface e0/2

Switch1(config-if)#_____   （设置端口为接入链路模式）

Switch1(config-if)#_____   （把 e0/2 分配给 VLAN100）

Switch1(config-if)#exit

若主机 A 与主机 D 通信，请填写主机 A 与 D 之间的数据转发顺序。

主机 A →_____→主机 D。

    A. Switch1→Switch0→R2(s0/0) →Switch0→Switch2

B. Switch1→Switch0→R2(e0/0) →Switch0→Switch2

C. Switch1→Switch0→R2(e0/0) →R2(s0/0) →R2(e0/0) →Switch0→Switch2

D. Switch1→Switch0→Switch2

问题 3：为了部门 A 中用户能够访问服务器 Sever1，请在 R0 上配置一条特定主机路由。

R0(config)#ip route 202.113.20.253 _____

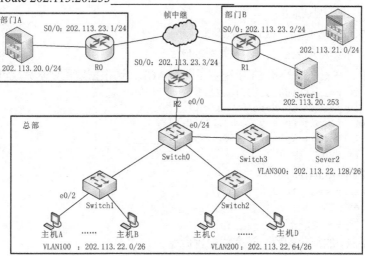

图 7.21 某公司网络拓扑图

网络实训

某单位采用双出口网络，其网络拓扑结构如图 7.22 所示。

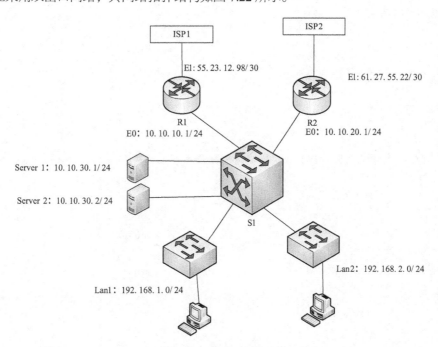

图 7.22 网络拓扑结构图

该单位根据实际需要，配置网络出口实现如下功能：

（1）单位网内用户访问 IP 地址 158.124.0.0/15 和 158.153.208.0/20 时，出口经 ISP2。

（2）单位网内用户访问其他 IP 地址时，出口经 ISP1。

（3）服务器通过 ISP2 线路为外部提供服务。

在该单位的三层交换机 S1 上，根据上述要求完成静态路由配置。

```
ip route_____（设置默认路由）
ip route 158.124.0.0_____（设置静态路由）
ip route 158.153.208.0_____（设置静态路由）
```

根据上述要求，在三层交换机 S1 上配置了两组 ACL，请根据题目要求完成以下配置。

```
access-list 10 permit iphost10.10.30.1       any
access-list 10 permit ip host_____any
access-list 12 permit ip any   158.124.0.0_____
access-list 12 permit ip any   158.153.208.0_____
access-list 12 deny  ip any any
```

完成以下策略路由的配置。

```
route-map test permit 10
_____ip address 10
_____ip next-hop
```

以下是路由器 R1 的部分配置。请完成配置命令。

```
R1（config）#interface fastethernet0/0
R1（config-if）#ip address_____ _____
R1（config-if）#ip nat inside
……
R1（config）#interface fastethernet0/1
R1（config-if）#ip address_____ _____
R1（config-if）#ip nat outside
……
```

08 第8章 网络工程的测试与验收

教学目的

- 掌握网络工程测试的内容和步骤
- 了解网络系统测试的主要内容
- 掌握综合布线系统测试的基本方法和技巧
- 了解网络工程验收的主要内容
- 掌握网络工程验收的一般步骤和基本方法

教学重点

- 网络测试与验收的内容
- 网络测试与信息安全等级保护级别
- 局域网测试与验收

8.1 网络工程测试与验收的内容

网络工程测试是依据相关的规定和规范，采用相应的技术手段，利用专用的网络测试工具，对网络设备及系统集成等部分的各项性能指标进行检测的过程，是网络系统验收工作的基础。

在一个阶段的施工完成以后，要采用专用测试设备进行严格的测试，并真实、详细、全面地写出分段测试报告及总体质量检测评价报告，及时反馈给工程决策组，作为工程的实施控制依据和工程完工后的原始备查资料。一般包括的内容如下。

- 网络工程测试。
- 网络测试与信息安全。
- 综合布线系统的测试。
- 网络系统工程验收。
- 局域网测试与验收。

8.2 网络工程测试

一般来说，网络工程测试可以分为以下 5 项内容。

- 网络系统测试。
- 计算机系统测试。
- 应用服务系统测试。

- 综合布线系统测试。
- 网络系统的集成测试。

1. 网络系统测试

网络系统测试主要包括网络设备测试和网络系统的功能测试，其目的是为了保证用户能够科学而公正地验收供应商提供的网络设备，以及系统集成商提供的整套系统，也是为了保证供应商和系统集成商能够准确无误地提供合同所要求的网络设备和网络系统。

（1）网络设备测试：网络设备测试主要包括交换机的测试、路由器的测试等。

（2）网络系统的功能测试：网络系统的功能测试主要是测试网络系统的整体性能，包括 VLAN 的性能测试，以及连通性测试。

2. 计算机系统测试

计算机系统测试包括计算机硬件设备测试与系统软件的测试。

（1）设备的系统保证

设备的系统保证不仅包括硬件制造的质量保证，还包括硬件结构设计和软件系统的设计保证。

（2）系统的性能

系统性能的基本标准是系统的响应时间，一般情况下，好的响应时间是在不到 1s 的时间内可以做出响应。

3. 应用服务系统测试

应用服务系统测试主要包括网络服务系统测试、安全系统测试、网管系统测试、防毒系统测试及数据库系统测试等。

（1）网络服务系统测试

网络服务系统测试主要是指各种网络服务器的整体性能测试，通常包括系统完整性测试和功能测试两部分。

（2）安全系统测试

安全系统测试是保证网络系统安全、网络服务系统安全及网络应用系统安全的重要手段，安全系统测试主要包括系统完整性测试、入侵检测功能测试及安全功能测试。

（3）网管系统测试

网管系统测试主要包括系统完整性测试和网络管理功能测试两项内容。

（4）防毒系统测试

防毒系统测试主要包括系统完整性测试和防毒功能测试。

（5）数据库系统测试

数据库系统测试主要通过数据库设计评审来实现。

4. 综合布线系统测试

从工程的角度来说，可以将综合布线系统的测试分为验证测试和认证测试两类。

验证测试一般是在施工的过程中由施工人员边施工边测试，以保证所完成的每一个连接的正确性。

认证测试是指对布线系统依照标准进行逐项检测，以确定布线是否能达到设计要求，其中又包括连接性能测试和电气性能测试。

5. 网络系统的集成测试

网络系统的集成测试是按照系统集成商提供的测试计划和方法进行的测试，目的是保证最终交付用户的计算机系统和网络系统是一个集成的计算机网络平台，用户可以在网络的任意一个节点，通过网络，透明地使用各种网络资源及相关的网络服务。

8.2.1　网络设备测试

IP 网络发展历史较短，在短短的十几年内从无到有，进而发展成覆盖全国的数个公众网络。在发展初期，IP 设备只是作为企业级设备，IP 网络基本不盈利，也无法保证安全与服务质量，所以 IP 网络设备测试并不在议程之内。随着 IP 网络蓬勃发展，IP 网络已成为重要的电信网络，有必要保证网络安全及一定程度的服务质量。所以 IP 网络设备及测试标准有了制定的必要性。在短短的几年内，我国制定了下列设备技术规范。表 8.1 列出了我国现有的主要网络设备测试标准。

表 8.1　网络设备测试标准与规范及测试验收内容

序　号	标 准 编 号	标 准 名 称
1	GB50312—2016	《综合布线工程验收规范》
2	GB/T50312—2016	《建筑与建筑群综合布线系统工程验收规范》
3	YD/T926.1—2009	《大楼综合布线总规范》
4	YD/T1013—2013	《综合布线系统电气性能通用测试方法》
5	YD/T1019—2013	《数字通信用实心聚烯烃绝缘水平对绞电缆》
6	GB50339—2016	《智能建筑工程质量验收规范》

《路由器测试规范——高端路由器》(YD/T 1156—2009)：主要规定了高端路由器的接口特性测试、协议测试、性能测试、网络管理功能测试等。《千兆位以太网交换机测试方法》(YD/T 1141—2007)：规定了千兆位以太网交换机的功能、测试、性能测试、协议测试和常规测试。《接入网设备测试方法——基于以太网技术的宽带接入网设备》(YD/T 1240—2002)：规定了对于基于以太网技术的宽带接入网设备的接口、功能、协议、性能和网管的测试方法，适用于基于以太网技术的宽带接入网设备。《IP 网络技术要求——网络性能测量方法》(YD/T 1381—2005)：规定了 IPv4 网络性能测量方法，并规定了具体性能参数的测量方法。《公用计算机互联网工程验收规范》(YD/T 5070—2005)：主要规定了基于 IPv4 的公用计算机互联网工程的单点测试、全网测试和竣工验收等方面的方法和标准。

8.2.2　测试方法

网络系统的测试方法主要有以下两种。

（1）主动测试：主动测试是在选定的测试点上，利用测试工具有目的地主动产生测试流量注入网络，并根据测试数据流的传送情况分析网络的性能。

（2）被动测试：被动测试是指在链路或设备（如路由器和交换机等）上对网络进行监测，而不需要产生流量的测试方法。

8.2.3　网络测试的安全性

根据防范安全攻击的安全需求、需要达到的安全目标、对应安全机制所需的安全服务等因素，参照 SSE-CMM（系统安全工程能力成熟模型）和 ISO17799（信息安全管理标准）等国际标准，综合考虑可实施性、可管理性、可扩展性、综合完备性、系统均衡性等方面，网络对测试方法的安全性要求包括以下内容。

1. 网络对测试方法的安全性要求

在采用主动测试方法时，需要将测试流量注入网络，所以不可避免会对网络造成影响。

对于被动测试技术，由于需要采集网络上的数据分组，因此会将用户数据暴露给无意识的接收者，对网络服务的客户造成潜在的安全问题。

2. 测试方法自身的安全性要求

在网络中，测试活动本身也可以看作是网络所提供的一种特殊的服务，因此要防止网络中的破坏行为对测试主机的攻击。

8.2.4　测试结果的统计

对网络系统测试结果的统计包括以下内容。

1. 统计方式

按时间方式，即把测试的结果按时间顺序进行统计（抽样），得到一个时间段上网络性能的分布和变化情况。

按空间方式，就是把测试的结果按测试点在网络中所处的空间位置进行统计（抽样），以得到网络性能在空间上的分布。

2. 统计方法

对测试结果的统计方法就是对测试结果进行统计的不同算法，以及对结果的表示方法。

由于网络性能的测试一般周期会很长，因此将会得到大量的数据，但单纯的罗列数据意义并不大，必须对结果进行统计计算，即在大量的数据中找到其相互间的关联，得到有意义的分析数据，以清楚地反映网络某一方面的性能。

8.2.5　网络测试工具

1. 综合布线测试工具

- Fluke DSP–100 测试仪。
- Fluke DSP–FTK 光缆测试仪。

2. 网络测试工具

- Fluke 67X 局域网测试仪。
- Fluke 68X 系列企业级局域网测试仪。
- EtherScope Series II 系列网络通。

8.3 网络测试与信息安全

8.3.1 网络测试前的准备

（1）综合布线工程施工完成，且严格按工程合同的要求及相关的国家或部颁标准整体验收合格。

（2）成立网络测试小组。小组的成员主要以使用单位为主，施工方参与（如有条件的话，可以聘请从事专业测试的第三方参加），明确各自的职责。

（3）制订测试方案。双方共同商讨，细化工程合同的测试条款，明确测试所采用的操作程序、操作指令及步骤，制订详细的测试方案。

（4）确认网络设备的连接及网络拓扑符合工程设计要求。

（5）准备测试过程中所需要使用的各种记录表格及其他文档材料。

（6）供电电源检查。直流供电电压为 48V，交流供电电压为 220V。

（7）设备通电前，应对下列内容进行检查：

- 设备应完好无损。
- 设备的各种熔丝、电气开关规格及各种选择开关状态。
- 机架和设备外壳应接地良好，地线上应无电压存在。逻辑地线不能与工作地线、保护地线混接。
- 供电电源回路上应无电压存在，测量其电源线对地应无短路现象。
- 设备在通电前应在电源输入端测量主电源电压，确认正常后，方可进行通电测试。
- 各种文字符号和标签应齐全正确，粘贴牢固。

8.3.2 硬件设备检测

1. 路由器设备检测

路由器设备检测主要包括以下内容。

- 检查路由器，包括设备型号、出厂编号及随机配套的线缆；检测路由器软、硬件配置，包括软件版本、内存大小、MAC 地址、接口板等信息。
- 检测路由器的系统配置，包括主机名、各端口 IP 地址、端口描述、加密口令、开启的服务类型等。
- 检测路由器的端口配置，包括端口类型、数量、端口状态。
- 路由器内的模块（路由处理引擎、交换矩阵、电源、风扇等）具有冗余配置时，测试其备份功能。
- 对上述的各种检测数据和状态信息做好详细记录。

2. 交换机设备检测

交换机设备检测主要包括以下内容。

- 检查交换机的设备型号、出厂编号及软、硬件配置。
- 检测交换机的系统配置，包括主机名、加密口令及 VLAN 的数量、VLAN 描述、VLAN 地址、生成树配置等。
- 检测交换机的端口，包括端口类型、数量、端口状态。
- 在交换机内的模块（交换矩阵、电源、风扇等）具有冗余配置时，测试其备份功能。
- 对上述的各种检测数据和状态信息做好详细记录。

3. 服务器设备检测

服务器设备检测主要包括以下内容。

* 检测服务器设备的主机配置，包括 CPU 类型及数量、总线配置、图形子系统配置、内存、内置存储设备（软盘驱动器、硬盘、CD 驱动器、磁带机）、网络接口、外存接口等。
* 检测服务器设备的外设配置，例如，显示器、键盘、海量存储设备（外置硬盘、磁带机等）、打印机等。
* 检测服务器设备的系统配置，包括主机名称，操作系统版本，所安装的操作系统补丁情况；检查服务器中所安装软件的目录位置、软件版本。
* 检查服务器的网络配置，如主机名、IP 地址、网络端口配置、路由配置等。
* 在服务器内的模块（电源、风扇等）具有冗余配置时，测试其备份功能。
* 对上述的各种检测数据和状态信息做好详细记录。

4. 网络安全设备检测

网络安全设备检测主要包括以下内容。

* 检测安全设备的硬件配置是否与工程要求一致。
* 检测安全设备的网络配置，如名称、IP 地址、端口配置等。
* 检测设置的安全策略是否符合用户的安全需求。
* 对上述的各种检测数据和状态信息做好详细记录。

8.3.3 子系统测试

1. 节点局域网测试

若节点局域网中存在几个网段或进行虚拟网（VLAN）划分，测试各网段或 VLAN 之间的隔离性，不同网段或 VLAN 之间应不能进行监听。检查生成树协议（STP）的配置情况。

2. 路由器基本功能测试

* 对路由器的测试可使用终端从路由器的控制端口接入或使用工作站远程登录。
* 检查路由器配置文件的保存。
* 检查路由器所开启的管理服务功能（DNS、SNMP 等）。
* 检查路由器所开启的服务质量保证措施。

3. 服务器基本功能测试

* 根据服务器所用的操作系统，测试其基本功能。例如，系统核心、文件系统、网络系统、输入/输出系统等。
* 检查服务器中启动的进程是否符合此服务器的服务功能要求。
* 测试服务器中应用软件的各种功能。
* 在服务器有高可用集群配置时，测试其主备切换功能。

4. 节点连通性测试

* 测试节点各网段中的服务器与路由器的连通性。
* 测试节点各网段间的服务器之间的连通性。
* 测试本节点与同网内其他节点、与国内其他网络、与国际互联网的连通性。

5. 节点路由测试

- 检查路由器的路由表，并与网络拓扑结构，尤其是本节点的结构比较。
- 测试路由器的路由收敛能力，先清除路由表，检查路由表信息的恢复。
- 路由信息的接收、传播与过滤测试：根据节点对路由信息的需求及节点中路由协议的设置，测试节点路由信息的接收、传播与过滤，检查路由内容是否正确。
- 路由的备份测试：当节点具有多于 1 个以上的出入口路由时，模拟某路由的故障，测试路由的备份情况。
- 路由选择规则测试：测试节点对于路由选择规则的实现情况，对于业务流向安排是否符合设计要求的流量疏通的负载分担实现情况，网络存在多个网间出入口时流量疏通对于出入口的选择情况等。

6. 节点安全测试

（1）路由器安全配置测试

- 检查路由器的口令是否加密。
- 测试路由器操作系统口令验证机制，屏蔽非法用户登录的功能。
- 测试路由器的访问控制列表功能。
- 对于接入路由器，测试路由器的反向路径转发（RFP）检查功能。
- 检查路由器的路由协议配置，是否启用了路由信息交换安全验证机制。
- 检查路由器上应该限制的一些不必要的服务是否关闭。

（2）服务器安全配置测试

- 测试服务器的重要系统文件基本安全性能，如用户口令应加密存放，口令文件、系统文件及主要服务配置文件的安全，其他各种文件的权限设置等。
- 测试服务器系统被限制的服务应被禁止。
- 测试服务器的默认用户设置及有关账号是否被禁止。
- 测试服务器中所安装的有关安全软件的功能。
- 测试服务上的其他安全配置内容。

8.3.4　网络工程信息安全等级划分

橘皮书是美国国家安全局（NSA）的国家计算机安全中心（NCSC）颁布的官方标准，其正式的名称为"受信任计算机系统评价标准"（Trusted Computer System Evaluation CRITERIA，TCSEC）。2015 年，橘皮书是权威性的计算机系统安全标准之一，它将一个计算机系统可接受的信任程度给予分级，依照安全性从高到低划分为 A，B，C，D 四个等级，这些安全等级不是线性的，而是指数级上升的。橘皮书标准（D1，C1，C2，B1，B2，B3 和 A1 级）中，D1 级是不具备最低安全限度的等级，C1 和 C2 级是具备最低安全限度的等级，B1 和 B2 级是具有中等安全保护能力的等级，B3 和 A1 级属于最高安全等级。

8.4　综合布线系统的测试

为保证布线系统测试数据准确可靠，对测试环境、测试温度、测试仪表都有严格的规定。

1. 测试环境

综合布线测试现场应无产生严重电火花的电焊、电钻和产生强磁干扰的设备作业，被测综合布线系统必须是无源网络，测试时应断开与之相连的有源、无源通信设备。

2. 测试温度

综合布线测试现场的温度在 20~30℃，湿度宜在 30%~80%，由于衰减指标的测试受测试环境温度影响较大，当测试环境温度超出上述范围时，需要按有关规定对测试标准和测试数据进行修正。

3. 测试仪表的精度要求

测试仪表的精度表示综合布线电气参数的实际值与仪表测量值的差异程度，测试仪的精度直接决定测量数值的准确性，用于综合布线现场测试仪表至少应满足实验室二级精度。

4. 测试程序

在开始测试之前，应该认真了解布线系统的特点与用途，及信息点的分布情况，确定测试标准，选定测试仪后按下述步骤进行。

（1）测试仪测试前自检，确认仪表是正常的。

（2）选择测试连接方式。

（3）选择设置线缆类型及测试标准。

（4）NVP 值核准（核准 NVP 使用缆长不短于 15m）。

（5）设置测试环境湿度。

（6）根据要求选择"自动测试"或"单项测试"。

（7）测试后存储数据并打印。

（8）发生问题后修复，然后进行复测。

8.4.1　综合布线系统测试种类

综合布线系统测试从工程的角度分为验证测试和认证测试两种。验证测试一般是在施工的过程中由施工人员边施工边测试，以保证所完成的每一个部件连接的正确性；认证测试是指对布线系统依照一定的标准进行逐项检测，以确定布线是否能达到设计要求。它们的区别是：验证测试只注重综合布线的连接性能，主要是现场施工时施工人员穿缆、连接相关硬件的安装工艺，常见的连接故障有电缆标签错、连接短路、连接开路、双绞线连接图错等。事实上，施工时人员不可避免地会发生连接出错，尤其是在没有测试工具的情况下。因此，施工人员应边施工边测试，即"随装随测"，每完成一个信息点就用测试工具测试该点的连接性，发现问题及时解决，既可以保证质量又可以提高施工速度。

认证测试仪既注重连接性能测试，又注重电气性能的测试，它不能提高综合布线的通道传输性能，只是确认安装的线缆及相关硬件连接、安装工艺术是否达到设计要求。此外，除了正确的连接外，还要满足有关的标准,如电气参数是否达到有关规定的标准,这需要用特定的测试仪器(如 FLUKE 的 620/DSP100 等) 按照一定的测试方法进行测试，并对测试结果按照一定的标准进行比较分析。

目前综合布线主要有两大标准：一是北美的 EIA/TIA568A（由美国制定）；二是国际标准，即 ISO/IEC11801。中国工程建设标准化协会于 1997 年颁布了《CEC89:97 建筑与建筑群综合布线系统施工和验收规范》和《CEC72:97 建筑与建筑群综合布线系统设计规范》两项行业规范，该规范是以

TIA/EIA-568A 的 TSB-67 的标准要求，全面包括了电缆布线的现场测试内容、方法及对测试仪器的要求，主要包括长度、接线图、衰减、近端串扰等内容。

8.4.2 综合布线系统链路测试

TSB-67 定义了两种标准的链路测试模型：基本链路（Basic Link）测试和通道（Channel）测试。如果传输介质是光纤，还需要进行光纤链路测试。基本链路是建筑物中的固定电缆部分，它不含插座至末端的连接电缆。基本链路测试用来测试综合布线中的固定部分，它不含用户端使用的线缆，测试时使用的是测试仪提供的专用软线电缆，它包括最长为 90m 的水平布线，两端可分别有一个连接点并各有一条测试用 2m 长连接线，被测试的是基本链路设施。通道是指从网络设备至网络设备的整个连接，即用户电缆被当成链路的一部分，必须与测试仪相连。通道测试用来测试端到端的链路整体性能，它是用户连接方式，又称用户链路，用以验证包括用户跳线在内的整体通道性能，它包括不超过 90m 长的水平线缆、1 个信息插座、1 个可选的转接点、配线架和用户跳线。通道总长度不得超过 100m。

1. 链路连接性能测试

该项测试关注的是线缆施工时连接的正确性，不关心布线通道的性能，通常采用基本连接测试模型。根据《建筑与建筑群综合布线系统工程验收规范》（GB/T 50312—2016）的要求，综合布线线缆进场后，应对相应线缆进行检验。具体缆线的检验要求如下。

（1）工程使用的对绞电缆和光缆型式、规格应符合设计的规定和合同要求。

（2）电缆所附标志、标签内容应齐全、清晰。

（3）电缆外护线套需完整无损，电缆应附有出厂质量检验合格证。如用户要求，应附有本批量电缆的技术指标。

（4）电缆的电气性能抽验应从本批量电缆中的任意三盘中各截出 100m 长度，加上工程中所选用的接插件进行抽样测试，并作测试记录。

测试中发现的主要问题包括链路开路或短路、线对反接、线对错对连接和线对串扰连接。其中造成链路开路或短路的原因，主要是由于施工时的工具或工具使用技巧，以及墙内穿线技术问题产生。线对反接通常是由于同一对线在两端针位接反。线对错对连接时指将一对线接到另一端的另一对线上。线对串扰是指在接连时没有按照一定标准而将原有的两个线对拆开又分别组成了新的两对线，从而会产生很高的近端串扰，对网络产生严重的影响。

2. 电气性能测试

电气性能测试是检查布线系统中链路的电气性能指标是否符合标准。对于双绞线布线，一般需要测试以下项目：连接图、线缆长度、近端串扰（NEXT）、特性阻抗、直流环路电阻、衰减、近端串扰与衰减差（ACR）、传播时延和其他如回波损耗、链路脉冲噪声电平等。

（1）连接图

测试的连接图显示出每条线缆的 8 芯线与接线端的连接端的实际连接状态是否正确。

（2）线缆长度

长度指链路的物理长度。测试长度应在测试连接图所要求的范围内，基本链路为 90m，通道链路为 100m。

（3）近端串扰（NEXT）

近端串扰是指在一条链路中，处于线缆一侧的某发送线对，对于同侧的其他相邻（接收）线对，通过电力感应所造成的信号耦合（以 dB 为单位）。近端串扰是决定链路传输能力的重要参数，近端串扰必须进行双向测试，它应大于 24dB，值越大越好。

（4）特性阻抗

特性阻抗指布线线缆链路在所规定的工作频率范围内呈现的电阻。无论哪一种双绞线，包括六类线，其每对芯线的特性阻抗在整个工作带宽范围内应保持恒定、均匀。布线线缆链路的特性阻抗与标称值之差小于等于 20Ω。

（5）直流环路电阻

布线线缆每个线对的直流环路电阻，无论哪种链路方式均应小于等于 30Ω。

（6）衰减

衰减是指信号在线路上传输时所损失的能量。衰减量的大小与线路的类型、链路方式、信号的频率有关。例如，超 5 类线在基于信道的链路方式下，信号频率为 100MHz 时，其最大允许衰减值为 24dB。

（7）近端串扰与衰减差（ACR）

ACR 是在受相邻信号线对串扰的线对上，其串扰损耗与本线传输信号衰减值的差。ACR 体现的是电缆的性能，也就是在接收端信号的富裕度，因此 ACR 值越大越好。

（8）传播时延

表示一根电缆上最快线对与最慢线对间传播延迟的差异。一般要求在 100m 链路内的最长时间差异为 50ns，但最好在 35ns 以内。

（9）回波损耗（RL）

由线路特性阻抗和链路接插件偏离标准值导致功率反射而引起回波损耗。RL 为输入信号幅度和由链路反射回来的信号幅度的差值。返回损耗对于使用全双工方式传输的应用非常重要，显然，RL 值越大越好。

（10）链路脉冲噪声电平

它是由设备间大功率设备的突然停启而造成的对布线系统的电脉冲干扰。

3. 光纤链路测试

对光纤或光纤系统，基本的测试内容为连续性和衰减/损耗、测量光纤输入/输出功率、分析光纤的衰减/损耗、确定光纤的连续性和发生光损耗的部位等。光缆开盘后应先检查光缆外表有无损伤，光缆端头封装是否良好。综合布线系统工程采用光缆时，应检查光缆合格证及检验测试数据，在必要时，可测试光纤衰减和光纤长度，测试要求如下。

（1）衰减测试：宜采用光纤测试仪进行测试。测试结果如超出标准或与出厂测试数值相差太大，应用光功率计测试，并加以比较，断定是测试误差还是光纤本身衰减过大。

（2）长度测试：要求对每根光纤进行测试，测试结果应一致，如果在同一盘光缆中，光缆长度差异较大，则应从另一端进行测试或做通光检查以判定是否有断纤现象存在。

光纤接插软线（光跳线）检验应符合下列规定。

• 光纤接插软线，两端的活动连接器（活接头）端面应装配有合适的保护盖帽。

• 每根光纤接插软线中光纤的类型应有明显的标记，选用应符合设计要求。

光纤的连续性测试是光纤基本的测试之一，通常把红色激光、发光二极管（LFD）或者其他可见光注入光纤，在末端监视光的输出，同时光通过光纤传输后功率会发生变化，由此可以测出光纤的传导性能，即光纤的衰减/损耗。光纤链路损耗一般为 1.5dB/km，连接器损耗为 0.75dB/个，一次连接衰减应小于 3dB。光纤测试可用光损耗测试仪现场测试安装的链路，检验损耗是否低于"规定的"损耗预算；用光时域反射计（OTDR）诊断未能通过损耗测试的链路，识别缺陷的成因和/或位置，查看散射回来的光，测量反射系数，确定故障位置；用光纤放大镜检验带连接器的光纤两端，连接打磨和清洁程度。在问题诊断中，通常第一步是使用放大镜进行清洁和目视检查。

8.4.3　施工后测试

硬件施工完毕后，对工程安装质量进行检测。缆线敷设和终接的检测应符合 GB/T 50312 中第5.1.1、6.0.2、6.0.3 条的规定，对以下项目进行检测。

- 缆线的弯曲半径。
- 预埋线槽和暗管的敷设。
- 电源线与综合布线系统缆线应分隔布放，缆线间的最小净距应符合设计要求。
- 建筑物内电、光缆暗管敷设及与其他管线之间的最小净距。
- 对绞电缆芯线终接。
- 光纤连接损耗值。

建筑群子系统采用架空、管道、直埋敷设，电、光缆的检测要求应按照本地网通信线路工程验收的相关规定执行。机柜、机架、配线架安装的检测，除应符合 GB/T 50312 第 4 节的规定外，还应符合以下要求。

- 卡入配线架连接模块内的单根线缆色标应和线缆的色标相一致，大对数电缆按标准色谱的组合规定进行排序。
- 端接于 RJ-45 口的配线架的线序及排列方式按有关国际标准规定的两种端接标准（T568A 或T568B）之一进行端接，但必须与信息插座模块的线序排列使用同一种标准。
- 信息插座安装在活动地板或地面上时，接线盒应严密防水、防尘。
- 缆线终接应符合 GB/T 50312 中第 6.0.1 条的规定。
- 各类跳线的终接应符合 GB/T 50312 中第 6.0.4 条的规定。

机柜、机架、配线架安装，除应符合 GB/T 50312 第 4.0.1 条的规定外，还应符合以下要求。

- 机柜不应直接安装在活动地板上，应按设备的底平面尺寸制作底座，底座直接与地面固定，机柜固定在底座上，底座高度应与活动地板高度相同，然后铺设活动地板，底座水平误差每平方米不应大于 2mm。
- 安装机架面板，架前应预留有 800mm 空间，机架背面离墙距离应大于 600mm。
- 背板式跳线架应经配套的金属背板及接线管理架安装在墙壁上，金属背板与墙壁应紧固。
- 壁挂式机柜底面距地面不宜小于 300mm。
- 桥架或线槽应直接进入机架或机柜内。
- 接线端子各种标志应齐全。
- 信息插座的安装要求应执行 GB/T 50312 第 4.0.3 条的规定。
- 光缆芯线终端的连接盒面板应有标志。

8.5　网络系统工程验收

网络系统工程验收过程如下。

（1）检查试运行期间的所有运行报告及各种测试数据。确定各项测试验收合格。

（2）验收测试。主要是抽样测试。

（3）出具《最终验收报告》。

（4）向用户移交所有技术文档。

随工验收是在工程施工的过程中，对综合布线系统的电气性能、隐蔽工程等进行跟踪测试，在竣工验收时，一般不再对隐蔽工程进行复查。

初步验收又称交工验收，是在网络工程施工全部完成后，由建设单位组织相关人员根据系统设计的要求，对综合布线系统、网络设备及全网进行全面测试，并验收各种技术文档。初步验收合格，才可以对网络系统进行试运行，并确定试运行的时间。

竣工验收是网络系统试运行后，根据试运行的情况，对网络系统进行综合测验的过程。

8.5.1　初步验收

1．初步验收工作程序

（1）在进行初步验收测试之前，必须完成随工验收，并有相关的收入记录。

（2）初验前由施工单位按照相关规定，整理好各种文件和技术文档，并向建设单位提出初步验收报告。建设单位接到报告后成立验收小组。

（3）验收小组首先审阅施工方移交的各种技术文档，详细了解网络系统的结构、功能、配置，以及工程的施工情况。然后根据相关标准、规范及系统设计的要求，制订网络系统测试验收方案。

（4）根据8.1节所述的网络测试方法，对网络系统进行全面测试，并写出初验报告。

2．技术文档

（1）网络设计与配置文档

- 工程概况。
- 网络规划与设计书。
- 网络实施（施工）方案。
- 网络系统拓扑结构图。
- 子网划分、VLAN 划分和 IP 地址分配方案。
- 交换机、路由器、服务器、防火墙等各种网络设备的配置。
- 交换机、路由器、服务器、防火墙等各种网络设备的登录用户名和口令。

（2）综合布线系统文档

- 综合布线系统规划与设计书。
- 综合布线系统图和平面图及各种施工图。
- 信息点编号与配置表。
- 电信间、设备间、进线间和网络中心机房各种配线架连接对照表。

- 网络设备分布表。包括编号、品牌名称、安装位置，以及承担的功能作用与范围。
- 综合布线测试报告。包括具有工程中各项技术指标和技术要求的测试记录，如缆线的主要电气性能、光缆的光学传输特性、信息点测试等各种测试数据。

（3）设备技术文档

- 各种设备、机柜、机架和主要部件明细表。包括编号、品牌名称、型号、规格、数量以及硬件配置。
- 设备使用说明书。
- 设备操作维护手册。
- 设备保修单。
- 厂商售后服务承诺书。

（4）施工过程各种签收表单

主要是工程建设方、施工方和监理方共同签收各种表单清单，具体设计参见签收表单编制样例。

（5）用户培训及使用手册

- 用户培训报告。
- 用户操作手册。

8.5.2　竣工验收

1. 试运行要求

试运行阶段应从工程初验合格后开始，试运行时间应不少于 3 个月。

试运行期间的统计数据是验收测试的主要依据。试运行的主要指标和性能应达到合同中的规定，方可进行工程最终验收。

如果主要指标不符合要求或对有关数据发生疑问，经过双方协商，应从次日开始重新试运行 3 个月，对有关数据重测，以资验证。

试运行期间，应接入一定容量的业务负荷联网运行。

2. 竣工验收要求

验收要求如下。

- 凡经过随工检查和阶段验收合格并已签字的，在竣工验收时一般不再进行检查。
- 试运行期间主要指标和各项功能、性能应达到规定要求，方可进行工程竣工验收，否则应追加试运转期，直到指标合格为止。
- 验收中发现质量不合格的项目，应由验收组查明原因，分清责任，提出处理意见。

3. 工程竣工验收的内容

- 确认各阶段测试检查结果。
- 验收组认为必要项目的复验。
- 设备的清点核实。
- 对工程进行评定和签收。

8.6　局域网测试与验收

8.6.1　系统连通性

所有联网的终端都应按使用要求全部连通。

1．测试步骤

将测试工具连接到选定的接入层设备的端口，即测试点。

用测试工具对网络的关键服务器和核心层的关键网络设备（如交换机和路由器），进行 10 次 ping 测试，每次间隔 1s，以测试网络连通性。测试路径要覆盖所有的子网和 VLAN。

移动测试工具到其他位置测试点，重复上个步骤，直到遍历所有测试抽样设备。系统连通性测试结构如图 8.1 所示。

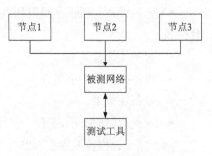

图 8.1　系统连通性测试结构示意图

2．抽样规则

以不低于设备总数 10％的比例进行抽样测试，抽样少于 10 台设备的，全部测试；每台抽样设备中至少选择一个端口，即测试点，测试点应能够覆盖不同的子网和 VLAN。合格判据如下。

- 单项合格判据：测试点到关键服务器的 ping 测试连通达到 100％时，则判定该测试点符合要求。
- 综合合格判据：所有测试点的连通性都达到 100％时，则判定局域网系统的连通性符合要求。

8.6.2　链路传输速率

链路传输速率是指设备间通过网络传输数字信息的速率。

1．测试步骤

（1）将用于发送和接收的测试工具分别连接到被测网络链路的源和目的交换机端口或末端集线器端口上。

（2）对于交换机，测试工具 1 在发送端口产生 100％满线速流量；对于集线器，测试工具 1 发送端口产生 50％线速流量（建议将帧长度设置为 1518 字节）。

（3）测试工具 2 在接收端对收到的流量进行统计，计算其端口利用率。链路传输速率测试结构如图 8.2 所示。

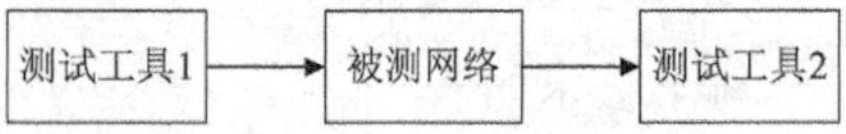

图 8.2　链路传输速率测试结构示意图

2．抽样规则

对核心层的骨干链路，应进行全部测试；对接入层到核心层的上联链路，以不低于 10％的比例进行抽样测试；抽样链路数不足 10 条时，按 10 条进行计算或者全部测试。

3．合格判据

发送端口和接收端口的利用率应符合规定。

8.6.3　吞吐率

测试必须在空载网络下分段进行，包括接入层到核心层链路及经过接入层和核心层的用户到用户链路。

1. 测试步骤

（1）将两台测试工具分别连接到被测网络链路的源和目的交换机端口上。

（2）先从测试工具向测试工具 2 发送数据分组。

（3）用测试工具 1 按照一定的帧速率，均匀地向被测网络发送一定数据的数据分组。

（4）若果所有的数据分组都被测试工具 2 正确收到，则增加发送的帧速率；否则减少发送的帧速率。

（5）重复步骤（3），直到测出被测网络/设备在分组丢失的情况下，能够处理的最大帧速率。

（6）分别按照不同的帧大小（包括：64、128、256、512、1024、1280、1518Byte）重复步骤（2）~（4）。

（7）从测试工具 2 向测试工具 1 发送数据分组，重复步骤（3）~（6）。吞吐率测试结构如图 8.3 所示。

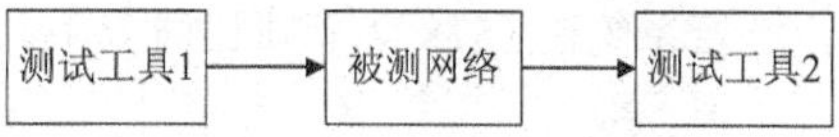

图 8.3　吞吐率测试结构示意图

2. 抽样规则

对核心层的骨干链路应进行全部测试。对接入层到核心层的上联链路，以不低于 10% 的比例进行抽样测试；抽样链路数不足 10 条时，按 10 条进行计算或者全部测试；对于端到端的链路（即经过接入层和核心层的用户到用户的网络路径），以不低于终端用户数量 5% 比例进行抽测，抽样链路数不足 10 条时，按 10 条进行计算或者全部测试。

3. 合格判据

从网络链路两个方向测得的最低吞吐率应满足以下的吞吐率要求，如表 8.2 所示。

表 8.2　系统的吞吐率要求

测试帧长 /Byte	10M 以太网		100M 以太网		1000M 以太网	
	帧速率/（帧/s）	吞吐率	帧速率/（帧/s）	吞吐率	帧速率/（帧/s）	吞吐率
64	≥14731	99%	≥104166	70%	≥1041667	70%
128	≥8361	99%	≥67567	80%	≥633446	75%
256	≥4483	99%	≥40760	90%	≥362318	80%
512	≥2326	99%	≥23261	99%	≥199718	85%
1024	≥1185	99%	≥11853	99%	≥107758	90%
1280	≥951	99%	≥9519	99%	≥91345	95%
1518	≥804	99%	≥8046	99%	≥80461	99%

8.6.4　传输时延

1. 测试步骤

（1）将测试工具（端口）分别连接到被测网络链路的源和目的交换机端口上。

（2）先从测试工具 1（发送端口）向测试工具 2（接收端口）均匀地发送数据分组。

（3）向被测网络发送一定数目的 1518 字节的数据帧，使网络达到所测得的最大吞吐率。

（4）由测试工具 1 向被测网络发送特定的测试帧，在数据帧的发送和接收时刻都打上相应的时间标记，测试工具 2 接收到测试帧后，将其返回给测试工具 1；测试工具通过发送端口发出带有时间标记的测试帧，在接收端口接收测试帧。

（5）测试工具1计算发送和接收的时间标记之差，便可得一次结果。

（6）重复步骤（3）~（4）20次，传输时延是20次测试结果的平均值。

2. 抽样规则

对核心层的骨干链路应进行全部测试；对接入层到核心层的上联链路，以不低于10%的比例进行抽样测试；抽样链路数不足10条时，按10条进行计算或者全部测试；对于端到端的链路（即经过接入层和骨干层的用户到用户的网络路径），以不低于终端用户数量5%的比例进行抽测，抽样链路数不足10条时，按10条进行计算或者全部测试。

3. 合格判据

若系统在1518字节帧长情况下，从两个方向测得的最大传输时延都不超过1ms，则判定为合格。

8.6.5 分组丢失率

1. 测试步骤

（1）将两台测试工具分别连接到被测网络的源和目的交换机端口上。

（2）测试工具1向被测网络加载70%的流量负荷，测试工具2接收负荷，测试数据帧丢失的比例。

（3）分别需按照不同的帧大小（包括：64、128、256、512、1024、1280、1518Byte）重复步骤。分组丢失率测试结构如图8.4所示。

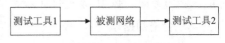

图8.4 分组丢失率测试结构示意图

2. 抽样规则

对核心层的骨干链路应进行全部测试；对接入层到核心层的上联链路，以不低于10%的比例进行抽样测试；抽样链路数不足10条时，按10条进行计算或者全部测试；对于端到端的链路（即经过接入层和骨干层的用户到用户的网络路径），以不低于终端用户数量5%比例进行抽测，抽样链路数不足10条时，按10条进行计算或者全部测试。

3. 合格判据

所有被测链路满足下表要求则判定为合格。判断要求如表8.3所示。

表8.3 分组丢失率要求

测试帧长 /Byte	10M 以太网		100M 以太网		1000M 以太网	
	流量负荷	分组丢失率	流量负荷	分组丢失率	流量负荷	分组丢失率
64	70%	≤0.1%	70%	≤0.1%	70%	≤0.1%
128	70%	≤0.1%	70%	≤0.1%	70%	≤0.1%
256	70%	≤0.1%	70%	≤0.1%	70%	≤0.1%
512	70%	≤0.1%	70%	≤0.1%	70%	≤0.1%
1024	70%	≤0.1%	70%	≤0.1%	70%	≤0.1%
1280	70%	≤0.1%	70%	≤0.1%	70%	≤0.1%
1518	70%	≤0.1%	70%	≤0.1%	70%	≤0.1%

8.7 案例分析

1. 案例 1：性能测试与压力测试

针对某公司办公自动化（OA）系统的负载压力测试，采用专业的负载压力测试工具来执行测试。系统采用 B/S 架构，服务器是一台 PC Server（4 路 2.7GHz 处理器，4GB 内存），安装的平台软件包括 Microsoft Internet Information Server5.0、ASP.NET、SQL Server 2000。使用 2 台笔记本电脑安装测试工具模拟客户端执行"登录"业务操作。

- 测试系统分别在 2M、4M 网络宽带下，能够支持用户登录的最大并发用户数。
- 测试服务器的吞吐量（即每秒可以处理的交易数），主要包括服务器 CPU 平均使用率达到 85%时系统能够支持的最大吞吐量和服务器 CPU 平均使用率达到 100%时系统能够支持的最大吞吐量。

（1）性能需求

指标"响应时间"合理范围为 0~5s。

① 设计出两种场景 2M 网络和 4M 网络环境下进行模拟测试。

② 其中选定登录业务进行测试，加压策略采取逐步加压的方式。

（2）测试结果（2M 网络）

2M 网络的测试结果如图 8.5 所示。

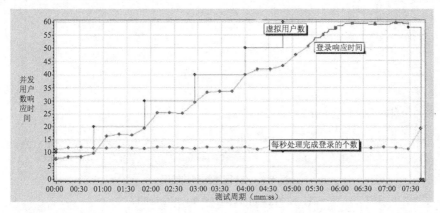

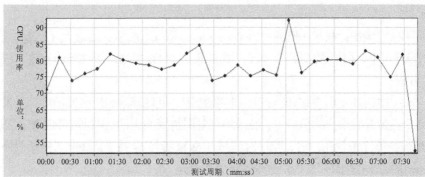

图 8.5　2M 网络的测试结果

注：图中登录响应时间的纵坐标单位是 0.1s

（3）问题

① 在满足系统性能指标需求（响应时间 0~5s）时，系统所能承受的最大并发数是多少？

② 2M 宽带环境下，CPU 使用是否合理？宽带是否是系统瓶颈？

（4）测试结果（4M 网络）

4M 网络的测试结果如图 8.6 所示。

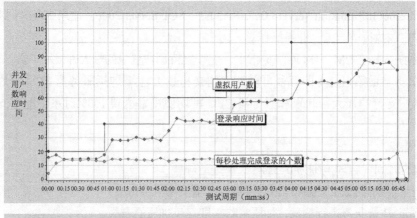

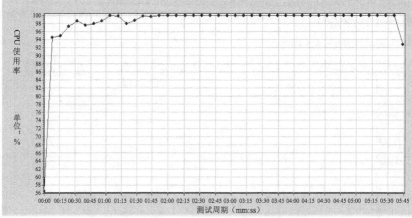

图 8.6　4M 网络的测试结果

注：图中登录响应时间的纵坐标单位是 0.1s

（5）问题

① 在满足系统性能指标需求（响应时间 0~5s）时，系统所能承受的最大并发数是多少？

② 4M 宽带环境下，CPU 使用是否合理？增加宽带是否是提高系统性能的有效方法？

（6）结果分析

① 通过 Case1 中的并发用户数和响应时间的监控图，发现登录响应时间随虚拟并发用户的增加而增加。在 50 个虚拟并发用户的负载下，登录响应时间达到 5s（注：图形中响应时间指标的比例为 10:1），当负载超过 50 个虚拟用户时，响应时间超过 5s 或者与 5s 持平。因此可推断当系统满足性能指标需求时，系统能够承受的并发用户登录的最大数量是 50。

② 在 Case1 中的服务器资源监控图中分析，可知服务器的 CPU 资源使用是合理的。

③ 将 Case1 和 Case2 结合起来比较，发现 4M 带宽下，系统每秒处理完成的登录个数固定在 13.5 个左右，登录响应时间随用户增加而增长。在 60 个虚拟用户的压力下，登录响应时间在 4.2s 左右。

在 80 个虚拟用户的压力下，登录响应时间在 5.8s 左右，所以在合理登录响应时间 5s 内预计同时登录用户数是 70 个左右。服务器 CPU 使用已成为新的瓶颈。这说明随着带宽的提高，系统的处理能力进一步提高，充分说明了 2M 网络会成为系统的瓶颈，但是增加网络带宽又会造成 CPU 资源利用紧张，造成新的瓶颈带来更严重的后果。

（7）优化建议

① 增加 CPU 的个数或提高 CPU 的主频。

② 将 Web 服务器与数据库服务器分开部署。

③ 调整软件的设计与开发。

④ 增加带宽或压缩传输数据。

2. 案例 2：性能测试/压力测试（集群环境）

模拟多用户登录"工作流系统"，针对代表性工作流 A/B/C 连续创建 20 个实例。在单机和集群测试环境分别进行负载压力性能测试。单机环境下测试用机与 1 台应用服务器连接在同一交换机上，压力直接加在 1 台应用服务器上。集群环境下测试用机与服务器连接在同 1 台交换机上，压力由负载均衡模块分摊到两台应用服务器上，数据服务器不作集群处理。

（1）测试需求要点

① 随着负载的增加，采用集群方案是否对此应用系统有效。

② 服务器资源是否使用合理。

（2）测试环境主要可以分为单机环境和集群

图 8.7 和图 8.8 分别为单机测试环境和集群测试环境。

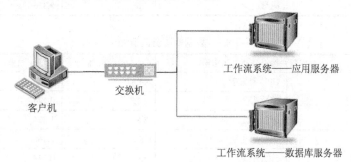

图 8.7　单机测试环境

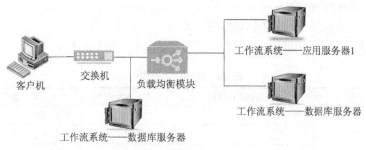

图 8.8　集群测试环境

（3）客户端性能测试结果

表 8.4 和表 8.5 分别为单机测试结果和集群测试结果。

表 8.4　单机测试结果

测 试 案 例	并发用户数	响 应 时 间		
		平均值/s	最小值/s	最大值/s
创建工作流 A	120	1.686	1.03	1.773
	240	3.479	3.034	3.756

表 8.5　集群测试结果

测 试 案 例	并发用户数	响 应 时 间		
		平均值/s	最小值/s	最大值/s
创建工作流 A	120	0.088	0.01	0.113
	240	1.117	1.01	1.153

结论：客户端性能提升情况为当 120 并发用户时 19 倍以上，240 并发用户时 3 倍以上。

（4）测试结果：单机环境的服务器端性能-A

表 8.6 和表 8.7 分别为应用服务器资源和数据库服务器资源性能情况。

表 8.6　应用服务器资源

测 试 案 例	并发用户数及资源占用指标		最大值/%	平均值/%	最小值/%
创建工作流实例 A	120	CPU 利用率	33.8	10.054	2.9
		分页速度	2.5	0.082	0
		磁盘流量	9.75	0.813	0
	240	CPU 利用率	38.1	15.713	0.875
		分页速度	0.25	0.015	0
		磁盘流量	2.6	0.336	0

表 8.7　数据库服务器资源

测 试 案 例	并发用户数及资源占用指标		最大值/%	平均值/%	最小值/%
创建工作流实例 A	120	CPU 利用率	44.875	5.085	0.5
		分页速度	4.75	0.274	0
		磁盘流量	8.8	1.824	0.6
	240	CPU 利用率	12.2	8.766	0.5
		分页速度	5.4	0.244	0
		磁盘流量	7.2	1.584	0.6

结论：CPU 占用率递增 50%。

（5）测试结果：单机环境的服务器端性能-B/C

表 8.8 和表 8.9 分别为应用服务器资源和数据库服务器资源性能情况。

表 8.8　应用服务器资源

测 试 案 例	并发用户数及资源占用指标		最大值/%	平均值/%	最小值/%
创建工作流实例 B 和工作流实例 C	120	CPU 利用率	33.8	10.054	2.9
		分页速度	2.5	0.082	0
		磁盘流量	9.75	0.813	0
	240	CPU 利用率	38.1	15.713	0.875
		分页速度	0.25	0.015	0
		磁盘流量	2.6	0.336	0

表 8.9　数据库服务器资源

测 试 案 例	并发用户数及资源占用指标		最大值/%	平均值/%	最小值/%
创建工作流实例 B 和工作流实例C	60	CPU 利用率	100	87.082	0.875
		分页速度	268.992	158.865	0
		磁盘流量	193.319	110.948	2.25
	120	CPU 利用率	99.3	88.419	1.15
		分页速度	751.358	189.785	1.8
		磁盘流量	217.775	146.304	2
	240	CPU 利用率	100	88.909	0.6
		分页速度	521.447	191.829	0
		磁盘流量	197.725	156.285	0.6

结论：CPU 占用率超 85%。

（6）测试结果：集群环境的服务器端性能-A

表 8.10 和表 8.11 分别为 2 台应用服务器资源使用情况和数据库服务器资源使用情况。

表 8.10　2 台应用服务器资源使用情况

测试案例	并发用户数及资源占用指标		应用服务器 1			应用服务器 2		
			最大值/%	平均值/%	最小值/%	最大值/%	平均值/%	最小值/%
创建工作流实例A	120	CPU 利用率	46	21.005	14	46.25	14.025	7.667
		分页速度	3.5	0.392	0	2.167	0.206	0
		磁盘流量	65.334	6.647	0	73.833	7.588	0
	120	CPU 利用率	52	27.163	1.583	37.333	17.856	0.75
		分页速度	5		0	4.667	1.045	0
		磁盘流量	70	7.849	0	86	8.674	0

表 8.11　数据库服务器资源使用情况

测 试 案 例	并发用户数及资源占用指标		最大值/%	平均值/%	最小值/%
创建工作流实例A	120	CPU 利用率	13	5.868	0.333
		分页速度	0	0	0
		磁盘流量	6.667	1.766	0.6
	240	CPU 利用率	34.5	7.664	0.25
		分页速度	10.667	0.508	0
		磁盘流量	5.6	1.596	0.75

结论：服务端资源占用情况绝对值变化不大，但 CPU 占用递增 20%左右较为稳定。

（7）问题

① 集群是否比单机环境效率高？

② 单机与集群环境下，应用服务器与数据服务器资源利用率如何？是否存在瓶颈？单机环境与集群环境相比，哪种资源占用率较高？哪种资源占用率递增较快？

③ 此系统是否可以采用集群的方案？

3. 案例 3：Web 项目安全性测试

Web 的安全性测试主要从以下方面考虑：

- SQL Injection（SQL 注入）；

- Cross-site scritping（XSS）：（跨站点脚本攻击）；
- Email Header Injection（邮件标头注入）；
- Directory Traversal（目录遍历）；
- exposed error messages（错误信息）。

（1）SQL 注入

① 对于未明显标识在 URL 中传递参数的，可以通过查看 HTML 源代码中的"FORM"标签辨别是否还有参数传递。在<FORM> 和</FORM>的标签中间的每一个参数传递都有可能被利用。

```
<form id="form_search" action="/search/" method="get">
<div>
<input type="text" name="q" id="search_q" value="" />
<input name="search" type="image" src="/media/images/site/search_btn.gif" />
<a href="/search/" class="fl">Gamefinder</a>
</div>
</form>
```

② 当找不到有输入行为的页面时，可以尝试找一些带有某些参数的特殊的 URL，如

```
HTTP: //DOMAIN/INDEX.ASP?ID=10
```

例如：在登录进行身份验证时，通常使用如下语句来进行验证：

```
sql=select * from user where username='username' and pwd='password'
```

如输入 http://duck/index.asp?username=admin' or 1='1&pwd=11，SQL 语句会变成：

```
sql=select * from user where username='admin' or 1='1' and password='11'
```

'与 admin 前面的'组成了一个查询条件，即 username='admin'，接下来的语句将按下一个查询条件来执行。接下来是 OR 查询条件，OR 是一个逻辑运算符，在判断多个条件的时候，只要一个成立，则等式就成立，后面的 AND 就不再进行判断了，也就是说绕过了密码验证，只用用户名就可以登录。

如输入 http://duck/index.asp?username=admin'--&pwd=11，SQL 语句会变成

```
sql=select * from user where name='admin' --' and pasword='11'
```

'与 admin 前面的'组成了一个查询条件，即 username= 'admin'，接下来的语句将按下一个查询条件来执行。接下来是"—"查询条件，"—"是忽略或注释，上述通过连接符注释掉后面的密码验证。

解决方案如下。

① 从应用程序的角度：

- 转义敏感字符及字符串（SQL 的敏感字符包括"exec" "xp_" "sp_" "declare" "Union" "cmd" "+" "//" ".." ";" "'" "--" "%" "0x" ">" "<" "=" "!" "-" "*" "/" "()" "|"和 "空格"）。

- 屏蔽出错信息：阻止攻击者知道攻击的结果。

- 在服务端正式处理之前提交数据的合法性（合法性检查主要包括三项：数据类型、数据长度、敏感字符的校验）进行检查等。最根本的解决手段，在确认客户端的输入合法之前，服务端拒绝进行关键性的处理操作。

② 从测试人员的角度，在程序开发前（即需求阶段），就应该有意识地将安全性检查应用到需求测试中。例如，对一个表单需求进行检查时，一般检验以下几项安全性问题。

- 需求中应说明表单中某一 FIELD 的类型、长度以及取值范围（主要作用就是禁止输入敏感字符）。

- 需求中应说明如果超出表单规定的类型、长度，以及取值范围的，应用程序应给出不包含任何代码或数据库信息的错误提示。

（2）跨站点脚本攻击

首先，找到带有参数传递的 URL，如登录页面、搜索页面、提交评论、发表留言页面等。其次，在页面参数中输入如下语句（如：Javascript,VB script,HTML,ActiveX,Flash）进行测试：\<script\>alert (document.cookie)\</script\>。最后，当用户浏览时便会弹出一个警告框，内容显示的是浏览者当前的 cookie 串，这就说明该网站存在 XSS 漏洞。试想如果注入的不是以上这个简单的测试代码，而是一段经常精心设计的恶意脚本，当用户浏览此帖时，cookie 信息就可能成功的被攻击者获取。此时浏览者的账号就很容易被攻击者掌控了。

解决方案如下。

① 从应用程序的角度：

- 对 Javascript、VB script、HTML、ActiveX、Flash 等语句或脚本进行转义。

- 在服务端正式处理之前提交数据的合法性（合法性检查主要包括三项：数据类型，数据长度，敏感字符的校验）进行检查等。最根本的解决手段，在确认客户端的输入合法之前，服务端拒绝进行关键性的处理操作。

② 从测试人员的角度：

- 在需求检查过程中对各输入项或输出项进行类型、长度以及取值范围进行验证，着重验证是否对 HTML 或脚本代码进行了转义。

- 执行测试过程中也应对上述项进行检查。

（3）邮件标头注入

如果表单用于发送 E-mail，表单中可能包括"subject"输入项（邮件标题），要验证 subject 中应能 escape 掉"\n"标识。因为"\n"是新行，如果在 subject 中输入"hello\ncc:spamvictim@example.com"，可能会形成以下 subject。

```
Subject: hello
cc: spamvictim@example.com
```

如果允许用户使用这样的 subject，那用户可能会利用这个缺陷通过平台给其他用户发送垃圾邮件。

（4）目录遍历

目录遍历测试方法如下。

- 目录遍历产生的原因是：程序中没有过滤用户输入的"../"和"./"之类的目录跳转符，导致恶意用户可以通过提交目录跳转来遍历服务器上的任意文件。

- 测试方法：在 URL 中输入一定数量的"../"和"./"，验证系统是否 escape 掉了这些目录跳转符。

解决方案如下。

- 限制 Web 应用在服务器上的运行。

- 进行严格的输入验证，控制用户输入非法路径。

（5）错误信息

目录遍历测试方法如下。

- 首先找到一些错误页面，如 404 或 500 页面。

- 验证在调试未开通过的情况下，是否给出了友好的错误提示信息，如"你访问的页面不存在"等，而并非暴露一些程序代码。

解决方案如下。

测试人员在进行需求检查时，应该对出错信息进行详查。例如，是否给出了出错信息，是否给出了正确的出错信息。

习题与思考

1. 综合布线系统由哪几部分组成？简述之。

2. 综合布线与传统布线相比具有哪些特点？

3. 根据实际情况，以一座实际大楼（学生宿舍、教学大楼、办公大楼）或模拟大楼工程为设计目标，请完成大楼的综合布线工程整体方案设计。

（1）确定系统的功能和设计目标。

（2）确定系统的设计原则和设计依据。

（3）确定整体的方案结构设计。

（4）进行产品选型。

网络实训

某市城域网：4 台 NE5000E 组成了城域网的核心层；汇聚层由 7 台 NE5000E 负责城市各大区的业务汇聚，如图 8.9 所示。

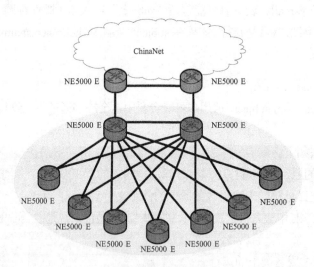

图 8.9　城域网拓扑图

请分析该城域网的规划与优化方案。

09

第9章 网络系统集成的内容和方法

教学目的
- 掌握网络系统集成的内容
- 掌握网络系统集成的方法

教学重点
- 网络系统集成的内容
- 网络系统集成的方法

9.1 网络系统集成

由各种相互联系、相互作用的部分通过特定的方式结合而成的有机整体叫作系统。计算机网络系统是指以计算机网络为中心和载体，把相关硬件平台和软件平台有机地整合到一起而形成的系统。集成（Integration）有集中、集合、一体化的含义，也就是以有机结合、协调工作、提高效率、创造效益为目的，将各个部分组合成为全新功能的、高效和统一的有机整体。系统集成（System Integration，SI）是指在系统工程科学方法的指导下，根据用户需求，优选各种技术和产品，提出系统性的应用方案，并按照方案对组成系统的各个部件或子系统进行综合集成，使之彼此协调工作，成为一个完整、可靠、经济和有效的系统，达到整体优化的目的。网络系统集成是信息系统集成的一部分，信息系统集成包含了网络系统集成与软件应用集成。信息系统集成以向用户提供满足需求、完整统一的信息系统为目标，涵括了从规划到施工，从硬件到软件，从构建到管理的各个方面。网络系统集成则属于信息系统集成的基础架构，重要性高且不易改动，所以一般认为网络系统集成是信息系统集成中关键的一环。网络系统集成的三个主要层面，如图 9.1 所示。

对网络系统集成的过程，是为实现某一应用目标而进行的基于计算机、网络、服务器、操作系统、数据库等的大中型应用信息系统的建设过程，是针对某种应用目标而提出的全面解决方案的实施过程，是各种产品设备进行有机组合的过程。系统集成就是将各种计算机硬件、软件、网络、通信及人机环境，根据应用要求，依据一定的规范进行优化组合，以充分发挥各种软、硬件资源的作用，实现最佳效果。

系统集成实现的关键在于解决系统之间的互联和互操作性问题，它是一个多厂商、多协议和面向各种应用的体系结构。这需要解决各类设备、子系统间的接口、协议、系统平台、应用软件等与子系统、建筑环境、施工配合、组织管理和人员配备相关的一切面向集成的问题。所以，网络系统集成的步骤如下。

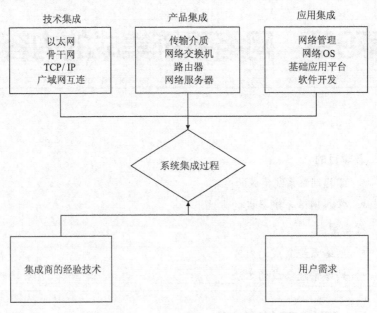

图 9.1　网络系统集成的三个层面

（1）需求分析。

（2）技术方案设计。

（3）网络设计。

（4）综合布线系统与网络工程施工。

（5）软件平台配置。

（6）网络系统测试与试运行。

（7）应用软件开发。

（8）用户培训。

（9）网络运行技术支持。

（10）工程验收。

9.2　系统集成的原则和特点

　　网络系统集成要以满足用户的需求为根本目标，不是选择最好的产品和设备，而是要选择最适合整个系统及用户需求的产品和技术，它更多地体现在系统的设计、部署和调试中。网络系统集成需遵循以下的原则。

　　（1）实用性：网络系统要能最大限度地满足用户实际工作的需要，以达到用户的要求。

　　（2）可靠性：可靠性是指当网络系统的某部分发生故障时，系统仍能以一定的服务水平提供服务的能力。

　　（3）可维护性：网络系统的维护在整个信息系统的生命周期中占有很大的比重。因此提高系统的可维护性是提高网络系统性能的重要手段。

　　（4）安全性：网络系统的设计及使用的设备应具有较高的安全性，能够对网络攻击、系统漏洞等进行防范、检测和处理，并具有事故恢复、安全保护和灾难防备等功能。

（5）主流性：网络系统的产品和技术都应是属于该产品或技术发展的主流，应具有可靠的技术支持、成熟的使用环境和良好的升级发展势头。

（6）前瞻性：网络系统除了要在一定的时期内保持良好的效能，还应当充分把握技术发展的趋势以及能够在应用方面进行拓展和更新，以适应用户的新需求。

网络系统集成的特点如下。

（7）网络系统集成要以满足用户的需求为根本出发点。

（8）网络系统集成是要选择最适合用户的需求和投资规模的产品和技术。

（9）网络系统集成体现更多的是设计、调试与开发，其本质是一种技术行为。

（10）网络系统集成包含技术、管理和商务等方面，是一项综合性的系统工程。技术是系统集成工作的核心，管理和商务活动是系统集成项目成功实施的可靠保障。

（11）性能价格比的高低是评价一个网络系统集成项目设计是否合理和实施成功的重要参考因素。

9.3　网络系统集成的内容

1. 需求分析

全面、系统地了解用户的需求是网络系统集成成功的关键。应该采用科学的方法从事用户需求的调查和分析，这种需求分析不仅应该包括用户管理者和系统维护者的意见，而且应该包括最终用户的意见，从而保证需求的准确性。用户需求的分析过程可以使用迭代的方式，通过反复征询，不断完善，逐步完成，具体包括以下内容。

* 环境分析。环境分析是对用户的基础信息环境进行了解和掌握，如信息化的程度，计算机和网络设备的数量、配置和分布，技术人员掌握专业知识和工程经验的状况，领导层对信息化的认识等。

* 业务分析。业务分析包括实现或改进的网络功能，需要的网络应用，如电子邮件服务、Web服务、Internet 连接、数据共享等。

* 管理分析。对网络系统进行管理是整个信息系统稳定、高效运行不可或缺的一部分，网络系统是否按照设计目标提供服务主要依靠有效的网络管理。

用户需求是正式进行系统设计之前首要的工作。主要包括一般状况调查、性能和功能需求调查、应用和安全需求调查、成本/效益评估、书写需求分析报告等方面。

（1）一般状况调查

在设计具体的网络系统之前，先要了解用户当前和未来 5 年内的网络发展规模，还要分析用户当前的设备、人员、资金投入、站点分布、地理分布、业务特点、数据流量和流向，以及现有软件和通信线路使用情况等。从这些信息中可以得出新的网络系统所应具备的基本配置需求。

（2）性能和功能需求调查

性能和功能需求调查主要是向用户了解对新的网络系统所希望实现的功能、接入速率、所需存储容量（包括服务器和工作站两方面）、响应时间、扩展要求、安全需求，以及行业特定应用需求等。这些都非常关键，要仔细询问并做好记录。

（3）应用和安全需求调查

应用和安全需求这两个方面，在整个用户调查中也是非常重要的。应用需求调查决定了所设计的网络系统是否满足用户的应用需求。而在网络安全威胁日益严重，安全隐患日益增多的今天，安全需求方面的调查，就显得更为重要了。一个安全没有保障的网络系统，即使性能再好、功能再完善、应用系统再强大都没有任何意义。

（4）成本/效益评估

根据用户的需求和现状分析，对新设计的网络系统所需要投入的人力、财力和物力，以及可能产生的经济和社会效益等进行综合评估。这些工作是集成商向用户提出系统设计报价和让用户接受设计方案的最有效参考依据。

（5）书写需求分析报告

详细了解用户需求、现状分析和成本/效益评估后，要以报告的形式向用户和项目经理人提交，以此作为下一步正式进行系统设计的基础和前提。

2. 技术方案设计

技术方案的设计包括以下内容。

（1）确定网络的规模。确定网络的规模包括哪些部门需要接入网络，哪些资源需要上网，有多少网络用户，终端设备的数量等。

（2）网络拓扑结构选择。网络拓扑结构是指用传输媒体互连各种设备的物理布局，是网络中各节点间相互连接的方式。目前，大多数网络使用的拓扑结构有三种：星型拓扑结构、环型拓扑结构和总线型拓扑结构。拓扑结构的选择往往与通信介质的选择和介质访问控制方法的确定有关，并决定着网络设备的选择。

（3）网络协议选择。网络协议是网络中各设备、终端交换数据所必须遵守的一些事先约定好的规则。一个网络协议主要由以下三个要素组成：语法、语义、同步。TCP/IP 协议是目前用得较多的网络集成协议，它由传输控制协议 TCP 和网际协议 IP 组成，是 Internet 所使用的各种协议中最主要的两种协议。

（4）网络设备选型。网络设备包括路由器、交换机、负载均衡器等。在网络拓扑结构和网络协议确定之后，即可选择网络设备。

（5）IP 地址规划。分配 IP 地址就是明确网络中每台设备或终端所使用的地址。在进行 IP 地址规划时，应遵循以下的原则：规范管理、可持续发展、静态分配与动态分配相结合、公网地址与私网地址相结合。

（6）网络安全设计。常用的网络安全产品有防火墙、IDS、IPS、身份认证系统等。关键的网络安全设计包括：网络拓扑安全、系统安全加固、灾难恢复、紧急应对等。

（7）确定布线方案和布线产品。网络布线是整个网络系统的基础，作为一次性的投入，为避免重复建设，在经济允许的条件下，应采用结构化的布线，并为以后网络的扩容留有足够的空间。

如果整个网络设计和建设工程没有严格的进程安排，各分项目之间彼此孤立，失去了系统性和严密性，这样设计出来的系统不可能是一个好的系统。

3. 网络设计

在全面、详细地了解了用户需求，并进行用户现状分析和成本/效益评估之后，在用户和项目经理人认可的前提下，就可以正式进行网络系统设计。

（1）首先需给一个初步网络设计方案，该方案主要包括以下几个方面。

• 确定网络的规模和应用范围。根据终端用户的地理位置分布，确定网络规模和覆盖的范围，并通过用户的特定行业应用和关键应用，如 MIS 系统、ERP 系统、数据库系统、广域网连接、企业网站系统、邮件服务器系统和 VPN 连接等定义网络应用的边界。

- 统一建网模式。根据用户网络规模和终端用户地理位置分布，确定网络的总体架构，如集中式还是分布式，是采用 C/S 模式还是对等模式等。

- 确定初步方案。将网络系统的初步设计方案用文档记录下来，并向项目经理人和用户提交，审核通过后可进行下一步运作。

（2）完成初步设计方案后，需要进一步对概要设计方案进行细化，网络系统的详细设计内容如下。

- 网络协议系统结构的确定。根据应用需求，确定用户端系统应该采用的网络拓扑结构类型。可供选择的网络拓扑结构有总线型、星型、树型和混合型 4 种。如果设计广域网系统，则还需要确定采用哪种中继系统，确定整个网络应该采用的协议体系结构。

- 节点规模设计。确定网络的主要节点设备的档次和应该具有的功能，这主要是根据用户网络规模、网络应用需求和相应设备所在的网络位置而定。局域网中的核心层设备最高级，汇聚层的设备性能次之，边缘层的性能要求最低。广域网中，用户主要考虑的是接入方式，因为中继传输网和核心交换网通常都是由 NSP 提供的，所以无须用户关心。

- 确定网络操作系统。一个网络系统中，安装在服务器中的操作系统，决定了整个网络系统的主要应用和管理模式，也决定了终端用户所能采用的操作系统和应用软件系统。网络操作系统主要有 Microsoft 公司的 Windows Server 系列系统，是目前应用面最广、最容易掌握的操作系统，在中小企业中，绝大多数是采用 Windows Server 系统。另外还有一些不同版本的 Linux 系统，如 RedHat、UNIX 系统品牌也比较多，主要应用的是 Sun 公司的 Solaris、IBM 公司的 AIX5L 等。

- 选定传输介质。根据网络分布、接入速率需求和投资成本分析，为用户端系统选定适合的传输介质，为中继系统选定传输资源。在局域网中，通常是以廉价的五类双绞线为传输介质，而在广域网中则主要是电话铜线、光纤、同轴电缆作为传输介质，具体要视所选的接入方式而定。

- 网络设备的选型和配置。根据网络系统和计算机系统的方案，选择性能价格比相对高的网络设备，并以适当的连接方式加以有效的组合。

- 结构化布线设计。根据用户的终端节点分布和网络规模设计，绘制整个网络系统的结构化布线（通常所说的"综合布线"）图，标注关键节点的位置和传输速率、传输介质、接口等特殊要求。结构化布线图要符合结构化布线国际和国内标准，如 EIA/TIA568A/B、ISO/IEC11801 等。

- 确定详细方案。最后，确定网络总体及各部分的详细设计方案，并形成正式文档，提交项目经理人和用户审核，以便及时发现问题，及时纠正。

（3）上述 2 个步骤是设计网络架构，接下来要做的是进行具体的用户和应用系统设计。其中包括具体的用户计算机系统设计和数据库系统、MIS 管理系统选择等。具体包括以下几个方面。

- 应用系统设计。分模块地设计出满足用户应用需求的各种应用系统的框架和对网络系统的要求，特别是一些行业特定应用和关键应用。

- 计算机系统设计。根据用户业务特点、应用需求和数据流量，对整个系统的服务器、工作站、终端，以及打印机等外设进行配置和设计。

- 系统软件的选择。为计算机系统选择适当的数据库系统、MIS 管理系统及开发平台。

- 确定系统集成详细方案。将整个系统涉及的各个部分加以集成，并最终形成系统集成的正式文档。

4. 综合布线系统设计和工程施工

综合布线系统的设计内容包括工作区、配线子系统、干线子系统、建筑群子系统、设备间、进线间和管理 7 个部分。综合布线系统设计应与建筑设计同步进行，以便建筑设计能综合考虑综合布线系统的进线间、设备间、电信间和弱电竖井的位置。综合布线系统工程的设计步骤如下。

（1）调查布线环境和用户需求。

（2）工作区设计。工作区的设计主要是插座数量、选型及安装方式的确定。每个工作区信息点数量可根据用户需求、建筑物的功能和网络构成来确定。

（3）配线子系统设计。配线子系统的设计包括电信间设计和配线子系统线缆设计。电信间的设计包括电信间位置及数量的确定、配线设备及计算机网络设备的选择；配线子系统线缆设计的主要内容是水平线缆类型、路由、规格、数量及敷设方式的确定。

（4）干线子系统设计。干线子系统设计内容包括介质、布线路由、线缆规格及用量的确定。

（5）设备间设计。设备间的设计内容是确定设备间的位置和设备间设备选型。设备间位置应根据设备的数量、规模、网络构成等因素综合考虑确定；设备间设备选型包括配线架、理线架、机柜、设备电缆及跳线等设备的确定。

（6）建筑群子系统设计。

（7）管理设计。

（8）电气保护与接地设计。

（9）绘制施工图，编写设计说明和主要设备材料表。

（10）编写设计方案。

综合布线工程施工必须遵循相应的标准或规范，包括《建筑与建筑群综合布线工程设计规范》《建筑与建筑群综合布线工程施工及验收规范》《智能建筑设计标准》《电信布线系统标准》等。综合布线施工过程由三个方面完成：管道安装、拉线安装和配件端接。在实施工程安排作业时将根据需要由相应的人员组成。

- 管道安装：工艺质量满足国家电信部门有关的施工规范和 EIA/TIA569 标准。布线桥架的焊接，线槽的过渡连接满足国家电工标准中对强电安装的工艺和安全要求。

- 拉线安装：开放式布线系统对拉线施工的技能要求较其他布线高得多，这主要是由传输介质的特点决定的。在开放式布线系统中，采用的传输介质一般有两种类型，一类为双绞线，另一类为光纤。它们的材料构成和传输特征虽然不同，但在拉线时都要求轻拉轻放，不规范的施工操作有可能导致传输性能的降低，甚至线缆损伤。

- 配件端接的工艺水平将直接影响布线系统的性能。公司对其严格把关，所有的端接操作都将由专业工程师完成。

在施工中经常可以看到下列情况。

- 双绞线外包覆皮起皱或撕裂，这是由于拉力过大和线槽的转角，过渡连接不符合要求造成的。

- 双绞线外包覆皮光滑，看不出问题，但用仪表测量时发现传输性能达不到要求，这是由于拉线时拉力过大，使双绞线的长度拉长，绞合拉直造成的。这种情况用于语音和 10Mbit/s 以下的数据传输时，影响也许不太大，但用于高速数据传输时则会产生严重的问题。

- 光纤没有光信号通过，这是由于拉线时操作不当，线缆严重弯折使纤芯断裂造成的。这种情况常见于光纤布线的弯折之处。

5. **软件平台配置**

软件平台部署是系统集成的一个重要环节，也是软件生产的后期活动，通过配置、安装和激活等活动来保障软件产品的后续运行。简单地说，就是在特定平台上按照用户需求批量安装软件以满足需求的过程。

（1）软件平台部署的目的

① 保障软件系统的正常运行和功能实现。

② 简化部署的操作过程，提高执行效率。

③ 同时还必须满足软件用户在功能和非功能属性方面的个性化需求。

④ 最重要的是要支持软件运行，满足用户需求，使得软件系统能够被直接使用。

（2）软件平台部署要解决的主要问题

① 提高软件部署技术的通用性和灵活性：对应于如何提高软件部署技术的适用范围和扩展、定制能力，促使部署技术能够适用于更为广泛的软件类型和应用场景。

② 加强软件部署技术的可靠性和正确性：对应于如何降低软件部署过程中发生错误的概率，实现软件系统的正确配置，从而保障系统后续的运行；如何加强软件部署技术的优化能力，以满足用户的非功能需求。

③ 提高软件部署技术的过程化和自动化程度：对应于如何提高软件部署技术的自动化程度，通过减少人工活动的参与以有效提高操作执行效率和降低部署成本，同时降低由于人为因素而引入错误的风险。

（3）软件平台的部署模式

① 面向单机软件的部署模式：主要包括安装、配置和卸载。鉴于软件本身结构单一，部署操作的执行功能主要通过脚本编程的方式来实现，以脚本语言编写的操作序列来支持诸如软件的安装、注册，该部署模式主要适用于运行在操作系统之上的、单机类型的软件，该模式下的部署方法对于软件信息和运行环境的表达能力十分有限。

② 基于中间件平台的部署模式：作为应用系统运行环境的中间件平台和组件容器，为软件系统提供了包括部署在内的软件生命周期多个阶段的支持，大大增强了平台对于软件部署的支持能力。但是中间件平台仍难以提供应用系统在部署配置过程中进行规划和决策的功能，典型代表包括各类中间件平台，如基于 JavaEE 的应用服务器 WebSphere。

③ 基于代理的部署模式：基于代理的软件部署模式通过对一类或多类（当前主要是基于组件的分布式应用系统）软件系统共性特征进行抽象，独立于应用系统和运行环境，典型代表有 SmartFrog、OW2 JASMINe，以及商业软件 IBM Tivoli 和 HP OpenView。

（4）软件平台的具体工作

① 打包（Package）：将软件程序进行打包操作，植入客户端（所有平台都会有操作说明和错误提示）。

② 安装（Install）：更改计算机运行环境，进入安装平台，并搭建程序运行环境。

③ 更新（Update）：更新控件，补充插件，打造安全安装环境。

④ 激活（Activate）：进行用户个性化配置，方便使用。

6. **系统测试和试运行**

系统设计和实施完成后不能马上投入正式的运行，要先做一些必要的性能测试和小范围的试运行。性能测试一般是通过专门的测试工具进行，主要测试网络接入性能、响应时间，以及关键应用系统的并发用户支持和稳定性等方面。试运行主要是对网络系统的基本性能进行评估，特别是对一些关键应用系统的基本性能进行评估。试运行的时间一般不得少于一个星期。小范围试运行成功后，即可全面试运行，全面试运行时间不得少于一个月。

在试运行过程中出现的问题应及时加以改进，直到用户满意为止。当然这也要结合用户的投资和实际应用需求等因素综合考虑。

7. 应用软件开发

应用软件开发一般分为五个阶段，但是有的时候在软件开发过程中并不是必须按照这个过程进行。

（1）问题的定义及规划：此阶段是软件开发与需求方共同讨论，主要确定软件的开发目标及其可行性。

（2）需求分析：在确定软件开发可行性的情况下，对软件需要实现的各个功能进行详细需求分析。需求分析阶段是一个很重要的阶段，这一阶段做得好，将为整个软件项目的开发打下良好的基础。"唯一不变的是变化本身"，同样软件需求也是在软件开发过程中不断变化和深入的。因此，必须定制需求变更计划来应付这种变化，以保护整个项目的正常进行。

（3）软件设计：此阶段中要根据需求分析的结果，对整个软件系统进行设计，如系统框架设计、数据库设计等。软件设计一般分为总体设计和详细设计。软件设计将为软件程序编写打下良好的基础。

（4）程序编码：此阶段是将软件设计的结果转化为计算机可运行的程序代码。在程序编码中必定要制定统一、符合标准的编写规范，以保证程序的可读性、易维护性。提高程序的运行效率。

（5）件测试：在软件设计完成之后要进行严密的测试，一发现软件在整个软件设计过程中存在的问题并加以纠正。整个测试阶段分为单元测试、组装测试、系统测试三个阶段进行。测试方法主要有白盒测试和黑盒测试。

8. 用户培训

为了使本项目所涉及现场维护人员能够全面地了解系统设备及系统的各项功能，增强维护和使用设备及系统的技能，除了向用户提供整个设备的技术说明、操作说明及文档之外，还将负责组织对现场设备管理维护人员进行全面的质量管理培训。培训的目的主要是使管理和使用设备的人员不仅对设备有足够的认识，而且能完全胜任所承担的维护工作，确保设备安全可靠的运行。培训内容主要包括设备结构、工作原理、控制等理论培训及设备操作规程、现场操作、设备的维护保养工作、设备安装调试、设备运行参数调整、设备故障排除、事故应急措施等内容。

现场设备维护管理人员是指对项目中的设备进行管理和维护的人员。这部分人员经过培训，主要能达到以下目标。

- 了解设备结构、运行工作原理、设备控制工艺等内容。
- 掌握设备操作规程、设备维护保养方法、特殊设备运行参数调整等。
- 掌握设备一般性故障的诊断和排除故障的应对措施。

为了使培训达到最佳效果，使用户获得尽可能多的知识和经验，可以采用多种途径对用户进行培训。

- 现场授课：由专业的售后服务人员，在现场对用户进行培训。通常以设备的操作说明书作为资料支持，现场设备操作为辅助。

- 现场指导：在项目执行过程中，工程师在实际操作中，会详细讲解操作步骤，指导客户操作，并解答客户的有关问题。

9. 网络运行技术支持

（1）网络系统的常规实时技术支持

- 接到要求时向客户提供如何使用网管软件的咨询。
- 对主要设备提供 $7×24×365$ 的全年实时技术支持。
- 对应用系统的运行、维护提供 $7×24×365$ 的全年实时技术支持。
- 对设备提供 3 年 $7×24$ 小时硬件保修（自系统终验合格之日起）。
- 提供 3 年之内软件版本的升级，并将最新的版本升级信息及时告知用户。

（2）网络系统故障应急策略

- 接到要求时向用户提供的咨询。
- $7×24$ 小时的实施故障响应，具体响应时间通常为 2 小时响应。故障修复时间根据用户设备所在地确定。

（3）用户设备所在地确定

在接到报修通知后，工程师在 12 小时内赶到现场，查找原因，提出解决方案，并工作直至故障修好完全恢复正常服务为止，修复时间应不超过 48 小时。如果不能及时解决问题，将提供备用设备。

（4）售后服务的范围和方式

- 有了严谨的售后服务体系、严格的售后服务制度、积极的售后服务响应模式，同时在各个售后服务响应中心职责明确的前提下，如何将售后服务工作落到实处，就必须有以下具体的售后服务措施作保障，并将措施具体实施。
- $7×24$ 小时热线响应服务模式，用户可以通过不同方式向用户服务响应中心提出服务申报。例如：通过电话、传真、信函、E-mail、来访。用户服务中心由专人值守，在下班后转接至用户中心值班人员的手机。

10. 工程验收

对网络工程验收是施工方向用户方移交的正式手续，也是用户对工程的认可。尽管许多单位把验收与鉴定结合在一起进行，但验收与鉴定还是有区别的，主要表现如下。

- 验收是用户对网络工程施工工作的认可，检查工程施工是否符合设计要求和有关施工规范。用户要确认，工程是否达到了原来的设计目标？质量是否符合要求？有没有不符合原设计的有关施工规范之处？
- 鉴定是对工程施工的水平程度做评价。鉴定评价来自专家组成的鉴定小组，用户只能向鉴定小组客观地反映使用情况，鉴定小组组织人员对新系统进行全面的考察。鉴定组写出鉴定书提交上级主管部门备案。

验收是分三部分进行的。第一部分是物理验收，主要是检查乙方在实施时是否符合工程规范，包括设备安装是否规范、线缆布放是否规范、所有设备是否接地等；第二部分是性能验收，主要通过测试手段来测试乙方实施的网络在性能方面是否达到设计要求，例如带宽、分组丢失率、协议状态切换等；第三部分是文档验收，检查乙方是否按协议或合同规定的要求，交付所需要的文档，主要包括设计文档、实施文档、各种图纸表格、配置文件等。

在整个项目完工后，由工程施工方乙方向甲方提交验收测试申请，甲乙双方项目协调成立验收小组，协商制定验收测试程序；按此验收测试程序逐项测试，假如在验收测试中有某项测试未通过，则由工程实施方处理并解决此问题，然后再对此项进行测试，直至通过为止。比如在验收测试中，发现某台设备连接线缆布放不规范，则限令工程实施方乙方整改，整改完成后再进行验收，直至合格通过为止。在所有验收项目全部验收通过后，甲乙双方签订验收通过证书，开始进行项目实施中涉及的文档移交工作，乙方将在项目中涉及的所有文档移交给甲方，涉及甲方商业秘密的内容，还需签订保密协议。所有文档资料移交完毕之后，双方签订最终验收证书，至此整个项目完成。经甲乙双方验收小组确定，针对网络工程改造项目的验收分三部分。

- 工程质量检查：此部分按照《网络工程质量检查标准》进行逐项检查打分，低于 80 分，验收通不过，并做限期整改。
- 网络性能测试：此部分主要测试分支机构访问总部的速度、内网的访问控制、网管平台等。
- 工程文档交接：如前两部分验收通过，可以进行文档交接，主要是交接前期的工程文档、配置文件、操作手册、设备安装所剩附件等。

9.4　几个典型的网络系统集成架构

9.4.1　共享平台逻辑架构

图 9.2 所示为本次项目的共享资源平台逻辑架构图，图中主要包括以下几个方面内容。

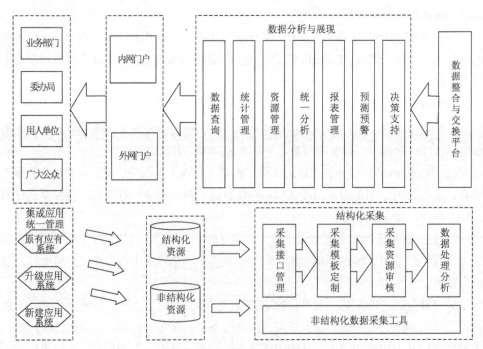

图 9.2　共享资源平台逻辑架构图

1. 应用系统建设

本次项目的一项重点就是实现原有应用系统的全面升级及新的应用系统的开发，从而建立行业全面的应用系统架构群。整体应用系统通过 SOA 面向服务管理架构模式实现应用组件的有效整合，完成应用系统的统一化管理与维护。

2. 应用资源采集

整体应用系统资源统一分为两类，具体包括结构化资源和非机构化资源。本次项目就要实现对这两类资源的有效采集和管理。对于非结构化资源，将通过相应的资源采集工具完成数据的统一管理与维护。对于结构化资源，将通过全面的接口管理体系进行相应资源采集模板的搭建，采集后的数据经过有效的资源审核和分析处理后，进入数据交换平台进行有效管理。

3. 数据分析与展现

采集完成的数据将通过有效的资源分析管理机制实现资源的有效管理与展现，具体包括对资源的查询、分析、统计、汇总、报表、预测、决策等功能模块的搭建。

4. 数据的应用

最终数据将通过内外网门户对外进行发布，相关人员包括单位内部各个部门人员、区各委办局、用人单位，以及广大公众，不同用户通过不同的权限登录不同门户进行相关资源的查询，从而有效提升了整体应用服务质量。

综上，对本次项目整体逻辑架构进行了有效的构建，下面将从技术角度对相关架构进行描述。

9.4.2　一般性技术架构设计案例

图 9.3 所示对本次项目整体技术架构进行设计，从图中可以看出，本次项目整体建设内容包含相关体系架构的搭建、应用功能完善和开发、应用资源全面共享与管理等方面。

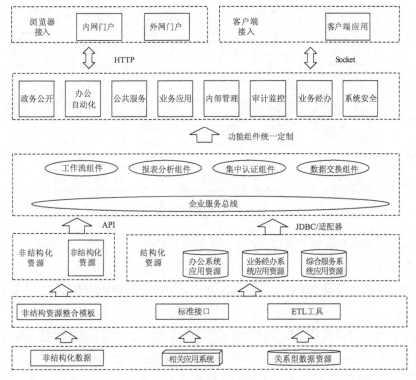

图 9.3　一般性技术架构图

9.4.3 整体架构设计案例

前面两节对共享平台整体逻辑架构及项目搭建整体技术架构进行了分别的设计说明，通过上述设计，对整体项目的架构图进行归纳，如图 9.4 所示。

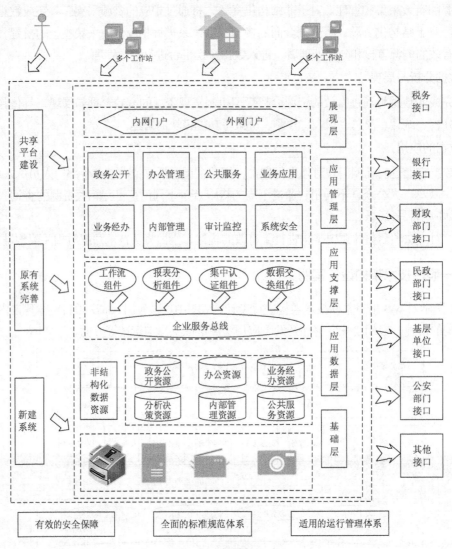

图 9.4　整体项目架构图

综上，对整体应用系统架构图进行了设计，下面分别进行说明。

1. 应用层级说明

整体应用系统架构设计分为五个基础层级，通过有效的层级结构的划分可以全面展现整体应用系统的设计思路。

（1）基础层：基础层建设是项目搭建的基础保障，具体内容包括网络系统的建设、机房建设、多媒体设备建设、存储设备建设，以及安全设备建设等，通过全面的基础设施的搭建，为整体应用系统的全面建设奠定良好的基础。

（2）应用数据层：应用数据层是整体项目的数据资源的保障，本次项目建设要求实现全面的资源共享平台的搭建，所以应用数据层的有效设计规划对于本次项目的建设有着非常重要的作用。

从整体结构上划分，将本次项目建设数据资源分为基础的结构型资源和非结构型资源，对于非结构型资源将通过基础内容管理平台进行有效的管理维护，从而供用户有效查询浏览；对于结构型数据进行有效的分类，具体包括政务公开资源库、办公资源库、业务经办资源库、分析决策资源库、内部管理资源库，以及公共服务资源库。通过对资源库的有效分类，建立完善的元数据管理规范，从而更加合理有效地实现资源的共享机制。

（3）应用支撑层：应用支撑层是整体应用系统建设的基础保障，根据招标文件相关需求，进行面向服务体系架构的设计，通过统一的企业级总线服务实现引用组件包括工作流、表单、统一管理、资源共享等应用组件进行有效的整合和管理，各个应用系统的建设可以基于基础支撑组件的应用，快速搭建相关功能模块。

由此可见，应用支撑层的建设是整体架构设计的核心部分，其关系到项目的顺利搭建以及今后信息化的发展。

（4）应用管理层：应用管理层有效承接了原有应用系统分类标准，将实际应用系统分成了 8 个应用体系，在实际应用系统的建设中，将在全面传承原有应用分类标准规范的基础上，实现有效的多维的应用资源分类方法，不仅如此，整体应用系统也可以通过多维的管理模式进行相关操作管理，如按照业务将应用系统进行划分，包括劳动管理和保险管理等。

应用管理层是实际应用系统的建设层，通过应用支撑层相关整合机制的建立，将实现应用管理层相关应用系统的有效整合，通过统一化的管理体系，全面提升应用系统管理效率，提升服务质量。

（5）展现层：整体应用功能将通过门户方式进行展现，架构分别设计了内网门户和外网门户，不同的应用人员通过登录可以实现相关系统的应用和资源的浏览查询操作。

2. 标准体系规范说明

大型的应用工程项目的建设必须遵照严格的标准体系建设规范，根据项目实际需求，通过三个规范体系对项目进行合理的保障，具体包括了安全标准管理系统、标准规范体系以及运行管理体系。

通过相关标准的制定、安全架构的保障，以及管理规范的建设可以保障整体应用系统的设计、搭建、运维等全流程性工作。

3. 应用用户设计

通过分析，可以将整体应用系统面向人群分为四类，包括广大公众、区内委办局、局内相关部门及用人单位，不同对象通过访问不同门户可以进行全面的服务保障。

4. 系统建设总结

对本次项目整体应用系统建设需求同样也进行了归纳，项目整体分为三个主体建设，即：共享信息平台的搭建、原有应用系统的改造及新的应用系统的搭建。

共享信息平台的建设旨在全面整合相关应用系统资源，实现有效的浏览、查询检索机制，整体数据通过规范化的元数据管理机制，实现有效的梳理存储，为今后资源的整合奠定基础。不仅如此，在实际项目建设中还将引入商业智能应用模块，实现对共享资源的智能化分析，从而为决策预警等提供有力依据。

原有业务系统改造则是实现原有应用系统相关流程等的优化配置，并通过有效的数据梳理改造为信息资源的共享奠定良好的基础。本次项目中需要改造系统包括政务公开系统、办公自动化系统、公众服务系统及综合管理系统。

新的业务系统的建设则是要全面提升现阶段整体办公效率，继续加强信息化建设，通过更加全面合理的应用系统的建设，提升整体服务水平。本次项目需要建设系统包括业务经办系统、社会保险系统、土地储备系统、企业监督系统、劳动监察系统、劳动关系与仲裁系统、就业和失业管理系统以及综合管理系统。

5. 应用接口管理

本次项目建设还涉及整体应用系统与外部相关系统接口的管理，实际应用接口包括与税务接口、与财政部门接口、与民政部门接口、与基层单位接口、与公安部门接口，以及与其他部门的接口。

通过有效的接口管理机制，实现资源的互联互通，从而更加有效地提升无纸化办公机制，全面加强整体工作效率，表 9.1 和表 9.2 所示为在项目建设中的整个过程和条件。

表 9.1 到场报验

	描　述	备　注
申请类型	设备、材料到场报验	《工程设备/配件报审表》
适用条件	合同约定的设备、材料已运抵现场，贮存环境满足设备、材料要求，具备现场开箱检查的环境和条件	设备、材料可根据工程进度计划分批次运抵现场报验
申报内容	《设备配置及配件清单》《自检结果》	Office 电子文档审核、纸质文档评审
通过条件	设备、材料及随机文件、附件与合同清单相符，所有核查的内容均合格	
评审形式	现场评审	《设备开箱检验报告》
要求	正式流转报批《工程设备/配件报审表》	《工程设备/配件报审表》

表 9.2 安装调试报验

	描　述	备　注
申请类型	设备、系统软件安装调试报验	《报验申请表》
适用条件	设备加电自检合格并已经安装完毕	
申报内容	《设备安装调试记录》及相关附件《集成/系统测试方案》	Office 电子文档审核、纸质文档评审
通过条件	满足合同、设计/实施方案、标准规范的要求	
评审形式	现场测试	《设备安装调试记录》
要求	将相关各方签认的《设备安装调试记录》及相关附件正式流转报批	《报验申请表》

9.5　应用软件设计与开发

早期，人们为了方便开展科学研究，设计出了 Internet 用于连接美国的少数几个顶尖研究机构，之后于 1994 年进入 Web 1.0 时代，人们开始应用 HTTP 协议进行超文本和超媒体数据的传输，其主要特征是大量使用静态的 HTML 网页发布信息，并开始使用浏览器获取信息，这个时候主要是单向的信息传递。经过进一步发展，于 2004 年进入 Web 2.0 时代，更加注重交互性，不再是单纯的静态网页可读可写，出现各种微博、相册，用户参与性更强。随着时代的发展，Web 3.0 已经成为必然趋势：智能化及个性化搜索引擎；数据的自由整合与有效聚合；适合多种终端平台，实现信息服务的普适性。

Web 应用软件是一种可以通过浏览器进行 Web 访问的应用程序。一个 Web 应用程序是由完成特定任务的各种 Web 组件（Web Components）构成的，并通过 Web 将服务展示给外界。在实际应用中，Web 应用程序是由多个 Servlet、JSP 页面、HTML 文件，以及图像文件等组成。所有这些组件相互协调为用户提供一组完整的服务。

Web 应用程序的开发大致分为 5 个步骤。首先分析需求，其次根据需求进行设计，然后选择一个框架进行开发，最后就是打磨发布和完成后续工作。Web 应用框架有助于减少共通性质的开发工作的负荷，可提升代码的复用性。每个框架各有各的优势，都能帮助实现优秀 Web 应用的开发，Web 开发过程中需要选择合适的框架，下面是几个框架的简介。

- Spring Framework 是一个开源的 Java/Java EE 全功能栈（full-stack）的应用程序框架，以 Apache 许可证形式发布，也有.NET 平台上的移植版本。该框架基于 *Expert One-on-One Java EE Design and Development* 一书中的代码，最初由 Rod Johnson 和 Juergen Hoeller 等开发。Spring Framework 提供了一个简易的开发方式，这种开发方式将避免那些可能致使底层代码变得繁杂混乱的大量的属性文件和帮助类。

- Django 是 Python 编程语言驱动的一个开源模型–视图–控制器（MVC）风格的 Web 应用程序框架。开发者使用 Django 在几分钟之内就可以创建高品质、易维护、数据库驱动的应用程序。Django 框架的核心组件有：用于创建模型的对象关系映射、为最终用户设计的完美管理界面的 URL 设计、设计者友好的模板语言缓存系统。

- Yii 是一个高性能的 PHP5 的 Web 应用程序开发框架。通过一个简单的命令行工具 Yiic 可以快速创建一个 Web 应用程序的代码框架，开发者可以在生成的代码框架基础上添加业务逻辑，以快速完成应用程序的开发。

9.6　系统测试

9.6.1　系统测试的含义与特性

1. 测试的定义

为了发现错误而执行程序的过程。

2. 特征

- 测试的挑剔性：设法暴露程序中的错误和缺陷。
- 测试的系统性：目的、标准、步骤、进度、责任、测试用例标准、工具、机时、有关规程等。
- 完全测试的不可能性：完全测试是不可能的。

9.6.2　测试方法的分类

1. 黑箱测试

不考虑程序的内部逻辑结构。

2. 白箱测试

需要了解程序的内部结构和处理过程。

3. 白盒测试

白盒法又称结构化方法（结构测试）或逻辑覆盖法，其基本思想是把程序看作是路径的集合。这样，对程序的测试便转化为对程序中某些路径的测试，要设法让被测程序的"各处"均被执行到，使潜伏在程序每个角落的错误均有机会暴露出来。因此，白盒法实际上是一种选择通过指定路径的输入数据的分析方法。

采用白盒法可以用测试覆盖率作为测试彻底度的定量衡量标准。

4. 黑盒测试

黑盒法又称为功能测试，是根据软件需求说明书上罗列的各项功能、性能指标，来构造测试用例的输入数据，实际执行被测软件，分析执行过程的行为与执行结果，以便检查出被测软件的错误。在黑盒法测试中，测试者可以完全不关心程序的内部结构。可见，白盒法是一种逻辑驱动方法，而黑盒法是一种功能驱动方法。黑盒法是最常用的测试方法。

9.6.3　测试的基本原则

测试的基本原则如下。

- 精确描述预期输出。
- 程序员应避免测试自己的程序。
- 程序设计机构不应测试自己的程序。
- 彻底检查每个测试结果。
- 对非法的和非预期的输入，也要编写测试情况。
- 程序副作用的测试。
- 不要扔掉测试情况。
- 不要设想程序中不会查出错误。

9.6.4　系统测试过程

1. 单元测试

保证每个模块作为一个单元能正确运行。单元测试主要采用白盒测试技术，用控制流覆盖和数据流覆盖等测试方法设计测试用例；主要测试内容包括单元功能测试、单元性能测试和异常处理测试等。

- 单元测试流程（见图 9.5）

图 9.5　单元测试流程图

- 单元测试用例

编程组组长组织、指导开发人员根据《系统设计说明书》，编写所负责代码设计模块的《单元测试用例》，设计单元测试脚本。

2. 子系统测试

把经过单元测试的模块放在一起形成一个子系统来测试。

3. 系统测试

把经过测试的子系统装配成一个完整的系统来测试。

4. 验收测试

把软件系统作为单一的实体进行测试。

5. 平行运行

新旧两个系统同时运行，比较两个系统处理结果。

（1）单元测试（也称模块测试或分调）是对程序的每一个模块进行独立测试。根据详细设计的说明，应测试重要的控制路径，力求在模块范围内发现错误。由于单元测试的目的是找出与模块的内部逻辑有关的错误。因此，单元测试一般以白盒法为主，而且可以多个模块平行进行。在单元测试中，一般同时还对模块接口、局部数据接口进行测试。

一个模块一般不是一个孤立的程序，因此，必须为单元测试设计驱动模块和（或）桩模块。在大多数应用情况中，驱动模块只不过是一个"主程序"，它接受测试的数据，把数据传给被测单元，并打印出有关的结果。

当设计的某个模块具有高的内聚度时（例如，一个模块一个功能），单元测试是比较简单的，这时可适当减少测试用例。

（2）设计测试用例

测试用例设计的基本目的，是确定一组最有可能发现某个错误或某类错误的测试数据。在实际工作中，采用白盒法和黑盒法相结合的技术，是较为合理的方法。

一般提倡这样的测试方法：先按需求说明书构造测试数据，即进行黑盒法（功能）测试，借助于动态测试工具报告测试覆盖情况，然后再用白盒（结构）测试方法补充测试数据，使测试覆盖率提高到指定的标准。

通常经过"全面的"功能测试之后，可望达到 30%～50%，此时由熟悉程序结构的人员补充少量的测试用例，便可很快提高，使之达到 80%～85%。

9.6.5　系统测试内容

1. 单元测试

多采用白箱测试技术，单元测试任务包括如下内容。

（1）模块接口测试

- 输入的实参与形参是否个数相同、属性匹配、量纲一致。
- 调用其他模块时实参个数是否与被调模块形参个数相同属匹配、量纲一致。
- 调用预定义函数时所用参数个数、属性和次序是否正确。
- 是否存在与当前入口点无关的参数引用。
- 是否修改了只读型参数。
- 对全局变量的定义各模块是否一致。
- 是否把某些约束作为参数传递。

（2）模块局部数据结构测试

- 不合适或不相容的类型说明。
- 变量无初值。
- 变量初始化或默认值有错。
- 不正确的变量名（拼错或不正确地截断）。
- 出现上溢、下溢和地址异常。

（3）模块中所有独立执行通路测试

- 不同数据类型的对象之间进行比较。
- 错误地使用逻辑运算符或优先级。
- 期望理论上相等而实际上不相等的两个量相等。
- 比较运算或变量出错。
- 循环终止条件出错。
- 迭代发散时不能退出。
- 错误地修改了循环变量。

（4）模块的各条错误处理通路测试

- 输出的出错信息难以理解。
- 记录的错误与实际遇到的错误不相符。
- 在程序自定义的出错处理段运行之前，系统已介入。
- 异常处理不当。
- 错误陈述中未能提供足够的定位出错信息。

（5）模块边界条件测试

针对边界值及其左、右设计测试用例，发现可能出现的新的错误。

2. 综合测试

（1）集成测试

目的是揭示构件互操作性的错误，采用"一步到位"的方法进行。

（2）系统测试

把经过测试的子系统装配成一个完整的系统来测试。

（3）效率测试

使用为功能或业务周期测试制定的测试过程，通过修改数据文件来增加事务数量，或通过修改脚本来增加每项事务的迭代数量。

（4）负载测试

使用为功能或业务周期测试制定的测试，通过修改数据文件来增加事务数量，或通过修改测试来增加每项事务发生的次数。

（5）强度测试

目的是找出因资源不足或资源争用而导致的错误，通常使用为效率测试或负载测试制定的测试。

3. 集成测试

（1）集成测试目的

集成测试，也叫组装测试或联合测试。集成测试是在单元测试的基础上，根据《系统概要设计》及《系统集成与开发详细设计》，对系统的各单元进行组装。把分离的系统单元组装为完整的可执行的计算机软件。集成测试的目的是检查软件单元部件是否能够集成为一个整体，完成一定的功能，并找出单元测试中没有发现的错误，包括数据定义有没有重合与冲突，接口会不会产生错误，组合以后的模块功能会不会互相影响，组合的系统是不是达到预期的效果等。

（2）集成测试采用的方法和内容

集成测试采用白盒测试和黑盒测试相结合的测试技术和渐增式的测试策略，用数据流等测试方法设计测试用例。主要测试内容包括单元之间的接口测试、全局数据结构测试等。

（3）集成测试流程

集成测试包括集成测试设计、集成测试准备、集成测试实施和测试记录、集成测试问题跟踪和结束测试等阶段。

- 集成测试设计由测试组组长根据项目计划和开发计划编制《集成测试计划》，设计《测试用例》。测试计划和测试用例应当通过项目经理的审查。

- 集成测试准备需要系统测试组组长建立独立的测试环境。测试环境包括测试硬件环境、网络、数据库、应用服务器，以及测试对象（程序）的安装和初始化工作。

- 集成测试实施和测试记录是由系统测试组组长组织人员按照测试计划和测试用例要求进行测试，并且记录测试过程和测试结果。

- 集成测试问题跟踪是在测试过程中发现的问题，由系统测试组组长根据测试记录提交测试问题报告，并由系统设计人员和开发人员解决每一个问题的过程。

- 测试结束指测试问题报告中的问题解决后，进行回归测试。当测试问题降低到一定程度并通过测试通过准则时，系统测试组组长提交测试总结报告结束测试。

4. 验收测试

检查软件能否按合同要求进行工作，即是否满足用户的需求要求。

（1）需求测试：确认软件是否符合合同要求，要通过一系列黑箱测试。

（2）配置复审：保证软件配置齐全、分类有序，包括软件维护所必需的细节。

9.6.6　系统测试方法

1. 自顶向下测试方法

具体方法步骤如下。

（1）以主控模块作为驱动模块，引入的桩模块用实际模块替代。

（2）依据所选的集成测试策略（深度优先或广度优先），每次只替代一个桩模块。

（3）每集成一个模块立即测试一遍。

（4）只有每组测试完成后，才着手替换下一个桩模块。

（5）为避免引入新错误，须不断地进行回归测试。

2. 自底向上测试方法

具体测试方法步骤如下。

（1）把底层模块组织成实现某个子功能的模块群。

（2）开发一个测试驱动模块，控制测试数据的输入和测试结果的输出。

（3）对每个模块群进行测试。

（4）删除测试使用的驱动模块，用较高层模块把模块群组织成为完成更大功能的模块群。

9.6.7 系统测试工具

基于图形用户界面（GUI）的自动化测试工具在软件测试自动化领域中发挥着巨大的作用。它的基本原理是：在测试者运行应用程序的同时，将其所有动作，包括键盘操作、鼠标点击等捕获下来，生成一个脚本文件，这个脚本以后可以被"回放（playback）"，也就是按照上一次的所有动作重复执行一遍，实现自动运行和测试。

在实际测试过程中，通常脚本按同一动作连续执行的意义并不大，而是要根据测试需求进行一些必要的修改，如选择不同的测试数据、脚本中插入检查点（check point）进行跟踪调试等。

9.7 案例分析

1. 案例1：小型网络系统集成方案

小型网络一般指节点数在254个以内，可直接采用单段C类IP地址的企业。总的来说，这类局域网相对较为简单，网络设备的选择余地大，在有线局域网中，中小型企业网络中通常使用快速以太网和双绞线千兆位以太网技术。在无线局域网中，则通常使用IEEE 802.11g标准下的WLAN无线AP+WLAN无线网卡的方式连接。

在广域网连接方面，小型办公室网络通常是各种宽带直接（如光纤以太网连接、ADSL、Cable Modem）共享连接方式，如代理服务器共享方式、网关服务器共享方式，以及宽带路由器共享方式，基本上不使用边界路由器。而像有100个节点以上的小型局域网则需要更多的广域网连接应用，所以通常需要采用支持其他广域网连接（如ISDN、X.25、FR和ATM等）的专门边界路由器，应用和配制更加复杂。

（1）小型网络方案特点与要求

- 网络结构非常简单。
- 普通技术支持。
- 软件类设备较多。
- 需要充分考虑网络扩展。
- 投资成本要尽可能低。

（2）3COM小型有线局域网络解决方案

华为3COM是由我国的网络设备商华为公司和美国3COM公司共同组成的公司，以共同提高竞争实力，是国内最大的网络设备提供商之一。在本方案中，将主要采用华为产品构建网络。图9.6所示为3COM小型有线局域网络拓扑图。

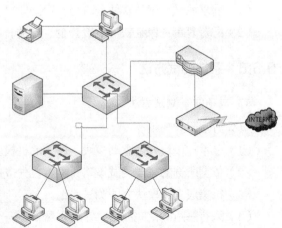

图9.6　3COM小型有线局域网络拓扑图

（3）产品选择

Quidway S3900和QuidwayS2100-SI两系列交换机在华为公司的总体分类中都属于接入层层次，

但对于 50 个节点以内的网络规模，它们同样可以组成完整的网络层次，Quidway S2100-SI 系列交换机位于接入层。具体来讲，假设网络节点在 50 个左右，那么在本方案中采用分层交换结构。首先选用 S3928TP-SI 型号交换机作为核心交换机，接入层交换机可用两台 S2124-SI 型号的交换机，总端口数为 76 个，可以有足够的冗余。核心交换机与两台接入交换机之间可通过普通的 10/100Mbit/s 端口级联，S3928TP-SI 交换机的一个 10/100/1000Mbit/s 端口可用于服务器连接，另一个用来冗余。

（4）本方案主要特点

华为 3COM 的 Quidway S3900 和 QuidwayS2100-SI 两系列交换机都支持二层的 VLAN 技术和端口会聚技术，如果是快速以太网端口，则可以实现最多 8 个端口的汇聚，如果是 GE 千兆位以太网端口，则最多只能支持 4 个端口的汇聚。除此之外，两系列都属于网管型交换机，支持端口镜像（即端口映射）技术，还可以多对一镜像。

本方案虽未采用高技术含量的交换机型号，但技术也比较丰富，可以满足企业相当长一段时间的发展需求。另外，这一方案的投资成本也比较低廉，非常适合规模较小的公司。

2．案例 2：小型无线局域网络解决方案

小型网络除了用有线以太网部署外，还可以用纯 WLAN 无线网络进行部署。当前无线网络在校园网的建设中得到了广泛的应用，许多学校的校园网部分采用无线网络方式。无线网络在校园网的建设中有着许多有线网络所无法比拟的优势。第一是对于一些不方便布线的场所，采用无线方式可有效解决布线方面的困难，如礼堂、操场和阅览室等。第二是大大节省了网络投资成本，布线是一项复杂的工程，其成本往往占总投资的 30% 左右。当然这不仅是网络的成本，更重要的是人工布线成本。第三是大大方便了用户位置的灵活移动。当用户位置改变时，不用重新布线。

（1）方案简介

对于多媒体教学系统，现在许多学校也采用无线方式，同样具有以上三个方面的优势。在本案例中为某一多媒体教室设计无线网络。在一个教室中通常有 40~60 个座位，教室面积在 80m² 左右。尽管在这样一个面积中，基于 IEEE802.11b/a/g 标准，任意一个 AP 都能有效覆盖，但是此种情况不适用于单 AP，因为在此种应用中，无线用户相对集中，况且各用户所进行的是需要高带宽的多媒体教学、听课。针对这种应用实际情况，建议选择高速率的 IEEE802.11a 或 IEEE802.11b 标准方案，并且在 1 个教室中安排放置 3 个 AP，各 AP 分区域覆盖，其拓扑结构如图 9.7 所示。

（2）分析

在这样一种应用方案中，发布多媒体教学内容的计算机可以在机房中，也可以在其他任何网络位置，并且以有线方式与交换机连接。交换机的端口数根据实际需要选择，但连接各 AP 的端口带宽最好都采用 10/100Mbit/s 以上的。在多媒体教室中，教师讲解所用的计算机也最好通过有线方式直接与有线网络交换机的高带宽端口连接，以确定连接的稳定性和高带宽。多媒体教室中的用户划分为 3 个区域，各用 1 个 AP 覆盖，各自与有线网络的交换机连接。在配置时要注意这 3 个 AP 的所有信道不用重叠，例如，可以采用 1、6、11 这 3 个信道。如果采用双绞线连接，注意单段双绞线的最长长度要在 100m 以内，如果超过这个距离，则应采用多个交换机或集线器级联扩展。因为多媒体教学需要较高的带宽，并且要求稳定性较高，所以在此方案中选用 802.11g+标准无线网络方案，因为它们都可以提供 108Mbit/s 的超高连接速率。50 个用户平均分为 3 个 AP 区域，则每个 AP 区域用户在 17 个左右，按总带宽 108Mbit/s 的带宽计算，平均每个用户也有 6Mbit/s 多的连接速率，即使按理论值的一半计算，也有 3Mbit/s 左右的带宽，足以满足多媒体教学使用。

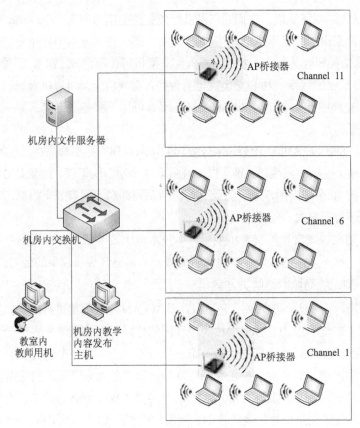

图 9.7 无线网络拓扑图

（3）方案产品

目前，能全面提供 IEEE 802.11g+解决方案的厂商比较少，主要是一线厂商，如 3COM、Intel、D-LINK 等。在此采用 D-LINK 的 IEEE 802.11g+方案。

在本方案中，主要采用 D-LINK AirPlusXtremeGTM 系列中的 DWL-7100AP 无线访问点与 DWL-G520 PCI 接口无线网卡。

（4）方案主要特点

该方案中的产品均可实线高达 108Mbit/s 的传输性能，相当于标准的 IEEE 802.11g 方案的两倍。同时，比较注重网络的安全性，提供了比标准的 IEEE 802.11g 标准更高的安全要求。

习题与思考

1. M 是负责某行业一个大型信息系统集成项目的高级项目经理，因人手比较紧张，M 从正在从事编程工作的高手中选择了小张作为负责软件子项目的项目经理，小张同时兼任模块的编程工作，这种安排导致了软件子项目失控。

问题 1：请用 150 字以内的文字，分析导致软件子项目失控的可能原因。

问题 2：请用 200 字以内的文字，说明你认为 M 应该怎么做才能让小张作为子项目的项目经理，并避免软件子项目失控。

问题 3：请用 400 字以内的文字，概述典型的系统集成项目团队的角色构成。叙述在组建项目团队、建设项目团队和管理项目团队方面所需的活动，结合实例说明。

2. 详细描述网络工程的系统集成模型。为何将该模型称为网络设计的系统集成模型？该模型具有哪些优点？为何要在实际工作中大量使用该模型？

3. 网络系统集成的步骤包括什么？内容是什么？

4. 网络系统的典型架构有哪些？

网络实训

完成某公司网络系统集成方案设计。

公司需要构建一个综合的企业网，公司有 4 个部门（行政部、技术研发部、销售部和驻外分公司）。

公司共 3 栋楼，即 1 号、2 号、3 号，每栋楼直线相距为 100 米。

1 号楼：二层，为行政办公楼，10 台计算机，分散分布，每层 5 台。

2 号楼：三层，为技术研发部、销售部，20 台计算机。其中 10 台集中在三楼的研发部的设计室中，专设一个机房，其他 10 台分散分布在一楼和二楼，每层 5 台。

3 号楼：二层，为生产车间，每层一个车间，每个车间 3 台计算机，共 6 台。

从内网安全考虑，使用 VLAN 技术将各部门划分到不同的 VLAN 中；为了提高公司的业务能力和增强企业知名度，将公司的 Web 网站以及 FTP、Mail 服务发布到互联网上；与分公司可采用分组交换（帧中继）网互联；并从 ISP 那里申请了一段公网 IP，16 个有效 IPv4 地址：218.26.174.112~218.26.174.127，掩码 255.255.255.240。其中 218.26.174.112 和 218.26.174.127 为网络地址和广播地址，不可用。

请进行网络系统集成方案。

10 第10章 网络故障的检测与排除

教学目的

- 熟练掌握应用 ping，ipconfig，arp，tracert，route 命令诊断和排除网络故障的方法
- 掌握使用 nbtstat，netstat，pathping 命令查看网络统计和路径信息的方法
- 掌握根据网络故障现象使用相应命令检测并解除故障的操作
- 掌握故障管理方法和常用网络管理工具软件的使用

教学重点

- 故障检测与排除
- 故障管理方法

10.1 网络故障检测与排除的内容

网络环境越复杂，发生故障的可能性就越大，引发故障的原因也就越难确定。网络故障往往具有特定的故障现象，这些现象可能比较笼统，也可能比较特殊。利用特定的故障排除工具及技巧在具体的网络环境下观察故障现象，细致分析，最终必然可以查找出一个或多个引发故障的原因。一旦能够确定引发故障的根源，那么故障都可以通过一系列的步骤得到有效的处理。因此完整的故障解决机制包括如下内容。

- 网络故障管理方法。
- 建立故障管理系统。
- 连通性故障检测与排除。
- 网络整体状态统计。
- 本机路由表检查及更改。
- 路由故障检测与排除。
- 使用 Sniffer Pro 诊断网络。

10.2 网络故障管理方法

网络故障就是网络不能提供服务，局部的或全局的网络功能不能实现。用户感知的只是应用层的服务不能实现，但应用层的服务要依赖其下面几层的正确配置和连接；不仅仅是依靠服务器，同样也需要客户端的正确配置。故障（失效）管理（Fault Management）是网络管理中最基本的功能之一。用户都希望有一个可靠的计算机网络，当网络中某个组成失效时，网络管理系统必须迅速找到故障，及时排除。

分析网络故障原因是网络故障管理的核心内容。对故障的处理包括故障检测、故障定位、故障隔离、重新配置、修复或替换失效的部分，使系统恢复正常状态。

1. 故障管理功能

（1）故障警告功能：由管理对象主动向管理主机报告出现的异常情况，称为故障警告，其必须包含足够多的信息，详细说明出现异常的地点、原因、特征，以及可能采取的应对措施等。

（2）事件报告管理功能：事件报告管理功能的目的是对管理对象发出的通知进行先期的过滤处理，并加以控制，以决定通知是否应该改善给其他有关管理系统，是否需要改善给后备系统，以及控制改善的频率等。有两个管理对象，一个是区分器，主要作用是对管理对象发出的通知进行测试和过滤；另一个是事件转发区分器，主要用于确定转发的目标。

（3）运行日志控制功能：管理对象发出的通知和事件报告应该存储在运行日志中，供以后分析使用。定义了两个管理对象类：运行日志和日志记录。管理对象发出的通知通过本地处理形成日志记录，日志记录存储在本地运行日志文件中。

（4）测试管理功能：管理主机有一个叫作测试指挥员的应用进程，而代理有一个叫作测试执行者的应用进程。指挥员可以向执行者发出命令，要求进行某种测试，执行者根据指挥员的命令完成测试。测试结果可以立刻返回给指挥员，也可以作为事件报告存储在运行日志中，待以后分析用。

（5）确认和诊断测试的分类：确认和诊断测试可分为连接测试、可连接测试、数据完整测试、端连接测试、协议完整性测试；资源界限测试、资源自测，以及测试基础设施的测试，用故障标签对故障的整个生命周期进行跟踪。所谓故障标签就是一个监视网络问题的前端进程，它对每一个可能形成故障的网络问题，甚至偶然事件都赋予唯一的编号，自始至终对其进行监视，并且在必要时调用有关系统管理功能以解决问题。

2. 故障管理的方法与步骤

（1）发现问题：与用户在其网络技术水平上交谈，通过交谈要了解网络故障征兆，网络软件系统的版本和是否及时升级（打补丁），网络硬件是否存在问题等。

（2）划定界限：了解自从网络系统最后一次正常到现在，都做了哪些变动；故障发生时，还在运行何种服务及软件，故障是否可以重现。

（3）追踪可能的途径：如果平时建立了故障库，则检查故障库和支持厂商的技术服务中心库，使用有效的方法排除故障。

（4）执行一种方法：同时要做这种方法无效的最坏打算，是否要备份关键系统或应用文件。

（5）检验成功：如果所采用的方法是成功的，那么这种故障能否重新出现；如果是，帮助用户了解该如何处理。

（6）做好收尾工作：一旦确定该故障与用户关系密切时，将其反映在经验中。

10.3　连通性故障检测与排除

1. ping 命令的应用

在网络管理中，ping 命令有助于验证网络层的连通性。管理员在进行故障排除时，可以使用 ping 命令向目标计算机名或 IP 地址发送 ICMP 回显请求，目标计算机会返回回显应答，如果目标计算机不能返回回显应答，说明在源计算机和目标计算机之间网络通路上存在问题，需进一步检查解决。

ping 是 Windows 操作系统中集成的一个 TCP/IP 协议探测工具，它只能在有 TCP/IP 协议的网络中使用。

ping 命令的格式：ping [参数 1][参数 2][……] 目的地址

如果不知道 ping 命令有哪些参数的话，只要在命令提示符中键入 ping 命令，就能得到详细的 ping 参数，如图 10.1 所示。

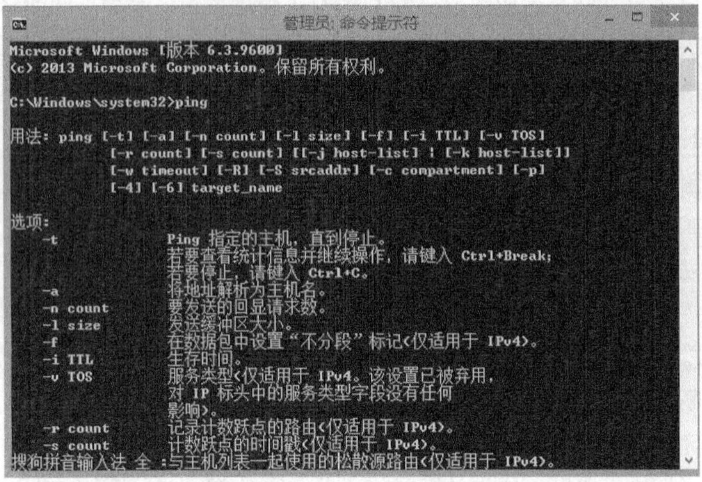

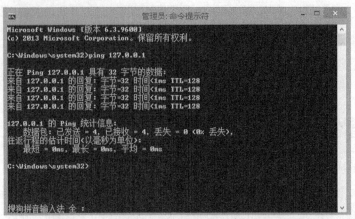

图 10.1　ping 参数

通常用 ping 命令测试时，首先测试本机 TCP/IP 配置是否正确，然后再测试本机与默认网关的连通性，最后测试本机与远程计算机的连通性。下面是故障检测和故障排除的基本步骤（设定本地网段为 192.168.1.0/24，默认网关为 192.168.1.254）。

（1）用 ping 命令测试环回地址

验证在本地计算机上的 TCP/IP 配置是否正确，如果测试结果不通，应检查本台计算机的 TCP/IP 协议是否安装，Windows 系列操作系统默认情况下是已经安装，一般情况下，测试环回地址都能通过，如果不能测试成功，则需重新安装 TCP/IP 协议，然后再进行测试。测试命令如下。

C:\>ping 127.0.0.1（127.0.0.1 为环回地址），测试结果如图 10.2 所示。

图 10.2　ping 参数用 ping 命令测试环回地址的测试结果

（2）用 ping 命令测试本地计算机的 IP 地址

用 ping 命令测试本地计算机的 IP 地址，可以测试出本地计算机的网卡驱动是否正确，IP 地址设置是否正确，本地连接是否被关闭。如果能正常 ping 通，说明本地计算机网络设置没有问题，如果不能正常 ping 通，则要检查本地计算机的网卡驱动是否正确，IP 地址设置是否正确，本地连接是否被关闭，以上几点一一排查，直到能正常 ping 通本地计算机的 IP 地址。下面是具体的例子，该例子中假设本地计算机的 IP 地址是 113.251.174.73。

C:\>ping 113.251.174.73（取决于用户的 IP 地址），测试结果如图 10.3 所示。

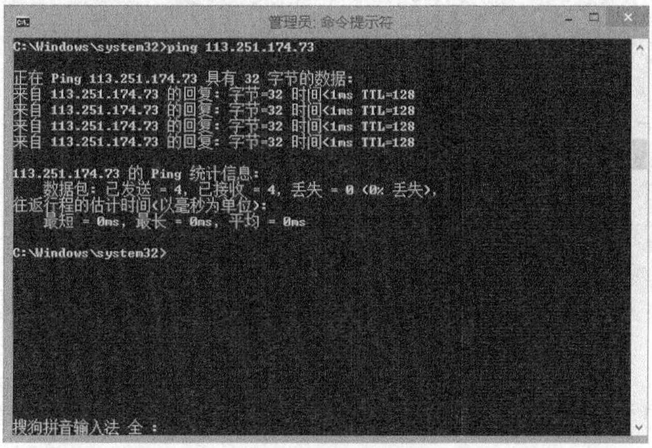

图 10.3　用 ping 命令测试本地计算机的 IP 地址的测试结果

（3）用 ping 测试默认网关

用 ping 测试默认网关的 IP 地址，可以验证默认网关是否运行，以及默认网关能否与本地网络上的计算机通信。如果能正常 ping 通，说明默认网关正常运行，本地网络的物理连接正常。如果不能正常 ping 通，则要检查默认网关是否正常运行，本地网络的物理连接是否正常，需要分别检查，直到能正常 ping 通默认网关。用 ping 测试默认网关的 IP 地址在 ping 命令后面直接跟默认网关的 IP 地址就可以了，下面的例子中假设默认网关的 IP 地址是 172.18.144.1，具体命令如下。

C:\>ping 172.18.144.1，测试结果如图 10.4 所示。

图 10.4　用 ping 测试默认网关的测试结果

（4）用 ping 命令测试远程计算机的 IP 地址

用 ping 命令测试远程计算机的 IP 地址可以验证本地网络中的计算机能否通过路由器与远程计算机正常通信。如果能正常 ping 通，说明默认网关（路由器）正常路由。假设远程计算机的 IP 地址是 119.75.217.109（百度首页 IP），可以用图 10.5 所示的命令实现。

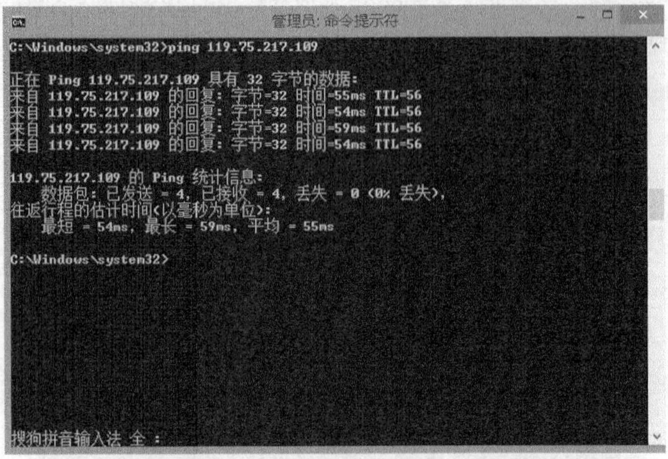

图 10.5　用 ping 测试远程计算机的 IP 地址的测试结果

通过以上 4 个步骤的检测和修复，本地局域网内部和路由器的存在的问题就可以解决了，本地局域网内部计算机就可以正常与其他网络中的计算机通信了。

2．ping 命令在网络诊断中的应用

ping 命令除了以上的应用外，还有很多其他应用，下面是在网络诊断过程中经常用到的几个典型应用。

（1）用 ping 命令测试计算机名与 IP 地址解析

用 ping 命令测试计算机名与 IP 地址解析可以测试网络中的 DNS 服务器工作是否正常。如果工作正常，应能正确解析，如果工作不正常则不能正常解析，需要网络管理员对 DNS 服务器进行维护。用 ping 命令测试计算机名与 IP 地址解析直接用 ping 命令，后面跟上计算机名称即可，假设 192.168.128.205 主机的名称是 20030217-2032，按照下面的命令格式测试。

C:\>ping 20030217-2032，测试结果如图 10.6 所示。

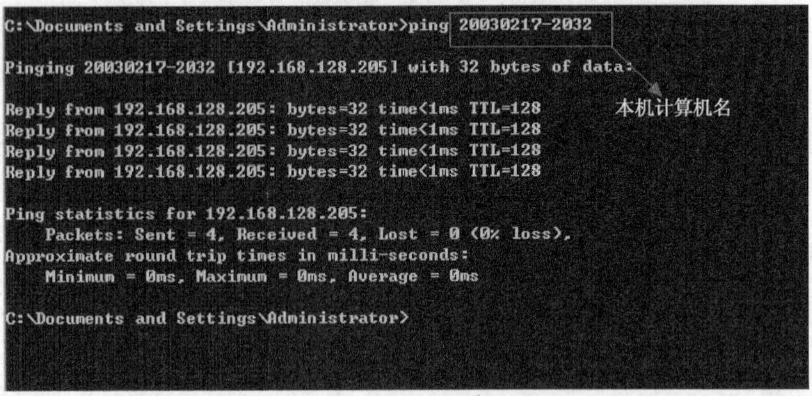

图 10.6　用 ping 命令测试计算机名与 IP 地址解析的测试结果

（2）用 ping 命令测试网络对数据分组的处理能力

在默认情况下，Windows 都只发送 4 个数据分组，通过 ping 命令可以自己定义发送的个数，对衡量网络速度很有帮助，例如，想测试发送 50 个数据分组的返回的平均时间为多少，最快时间为多少，最慢时间为多少，可以用 ping 命令的 "-n" 参数实现，另外还可以指定发送数据分组的大小，用 ping 命令的 "-l" 参数实现，两个参数可以联合使用测试网络对数据分组的处理能力，假如要发送 50 个回响请求消息来验证目的地 192.168.128.204，且每个消息的 "数据" 字段长度为 1000 字节，可以用如下命令：

C:\>ping -n 10 -l 192.168.128.204，测试结果如图 10.7 所示。

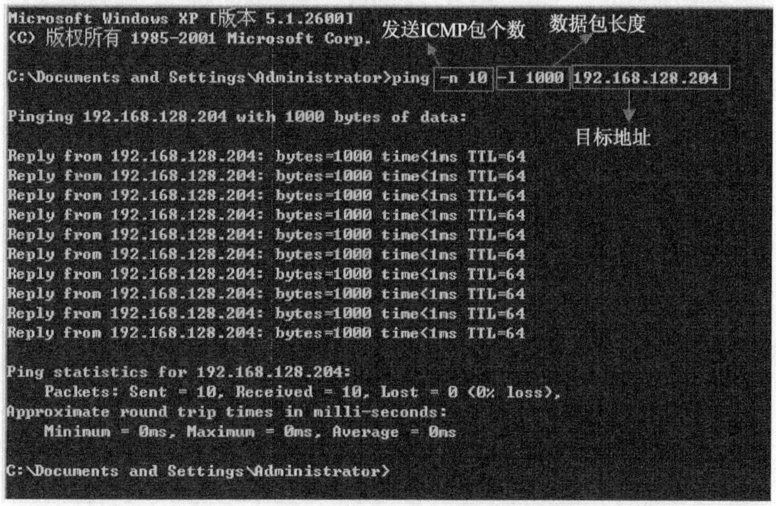

图 10.7 用 ping 命令测试网络对数据分组的处理能力的测试结果 1

另外，还可以用 ping 命令的 "-t" 参数，该命令将一直执行下去，只有用户按下 Ctrl+C 组合键中断才能停止，根据命令执行的结果可以查看网络对数据分组处理能力（如分组丢失率、响应时间等），测试结果如图 10.8 所示。

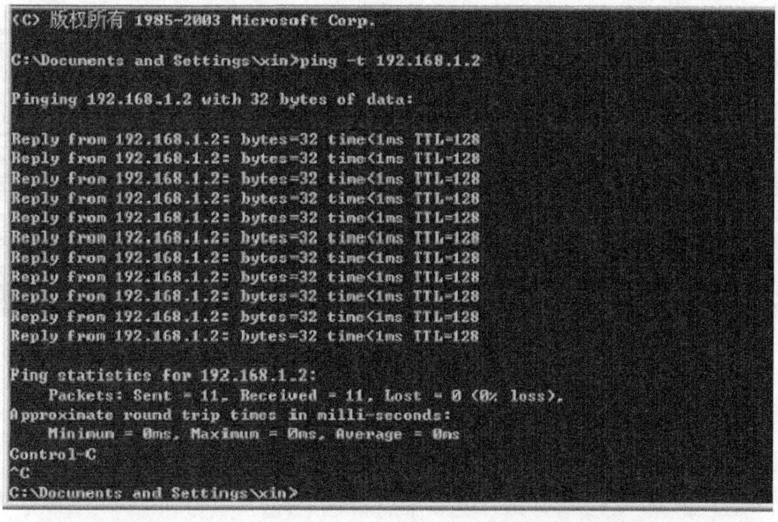

图 10.8 用 ping 命令测试网络对数据分组的处理能力的测试结果 2

（3）用 ping 命令探测 IP 数据分组经过的路径

为了清楚网络结构，了解数据分组经过的路径，帮助排除网络故障，可以通过 ping 命令的 "-r" 参数探测 IP 数据分组经过的路径，此参数可以设定探测经过路由的个数，不过最多只能 9 个，也就是说只能跟踪到路径上 9 个路由器。下面例子是验证目的计算机 192.168.100.100 并记录路径上 4 个路由器的命令。

例如：C:\>ping -r 4 192.168.100.100 测试结果如图 10.9 所示。

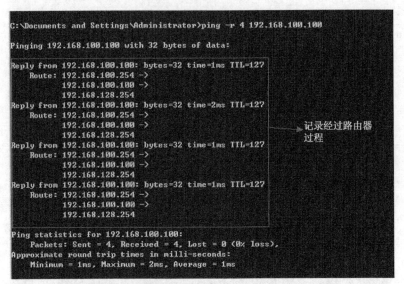

图 10.9　用 ping 命令探测 IP 数据分组经过的路径的测试结果

（4）用 ping 命令判断目的计算机操作系统类型

有时为了清楚目的计算机操作系统类型，便于远程维护，可以通过 ping 命令返回的 TTL 值大小，粗略判断目的计算机的操作系统是 Windows 系列还是 UNIX/Linux 系列。一般情况下 Windows 系列的操作系统返回的 TTL 值在 100～130，而 UNIX/Linux 系列的操作系统返回的 TTL 值为 240～255，当然 TTL 的值在对方的主机里是可以修改的，测试结果如图 10.10 所示。

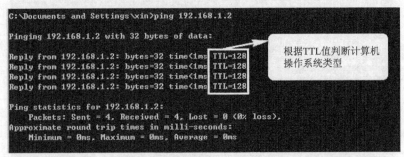

图 10.10　用 ping 命令判断目的计算机操作系统类型的测试结果

3. ipconfig 命令的应用

对网络进行故障排除时，通常要检查出现问题的计算机上的 TCP/IP 配置。管理员可以使用 ipconfig 命令获得计算机的配置信息，这些信息包括 IP 地址、子网掩码和默认网关，以及网络接口（网卡）的 MAC 地址等，可以根据这些信息判断网络连接出现了何种问题。另外，还可以直接通过 ipconfig 命令解决网络故障问题。下面是用 ipconfig 命令解决网络问题的典型例子。

（1）用 ipconfig 命令查看计算机上的 TCP/IP 配置信息

使用带/all 选项的 ipconfig 命令可以查看所有网络接口（网卡）的详细配置报告，可以根据该命令的输出结果，进一步调查 TCP/IP 网络问题。例如，如果计算机配置的 IP 地址与现有的 IP 地址重复，则子网掩码显示为 0.0.0.0 等问题。

下面是在运行 Windows XP Professional 的计算机上使用 ipconfig /all 的命令输出该计算机的 TCP/IP 配置信息的例子，结果如图 10.11 所示。

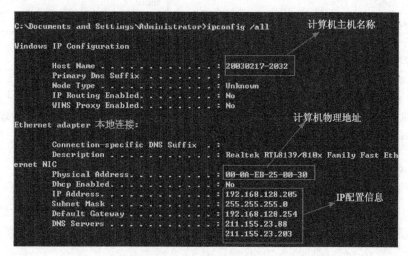

图 10.11　计算机的 TCP/IP 配置信息

（2）用 ipconfig 命令刷新 TCP/IP 配置信息

• 使用 ipconfig 命令释放配置信息

如果计算机是通过 DHCP 服务器动态获取 IP 地址及其他网络设置时，ipconfig 命令的"/release"参数能取消正在使用的 IP 并删除所有网络设置，如图 10.12 所示。

```
C:\Documents and Settings\Administrator>ipconfig /release

Windows IP Configuration

Ethernet adapter 本地连接:
```

图 10.12　使用 ipconfig 命令释放配置信息

• 使用 ipconfig 命令刷新配置

在对网络进行故障排除时，管理员如果发现问题是出在计算机上的 TCP/IP 配置方面，而用户的计算机是从网络中 DHCP 服务器获得的配置的，这时需要使用 ipconfig 命令的"/renew"参数更新现有配置或者获得新配置来解决问题，如图 10.13 所示。

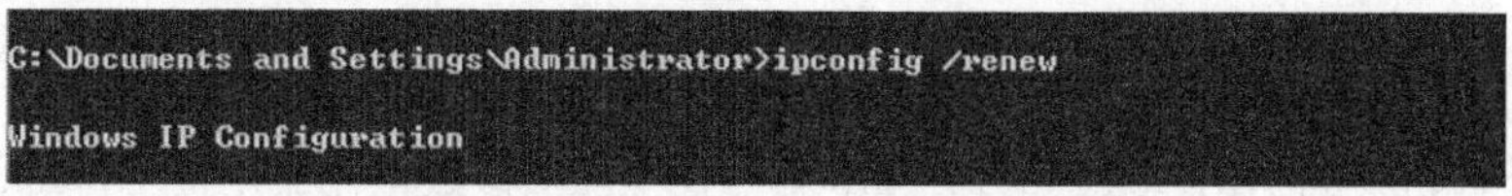

```
C:\Documents and Settings\Administrator>ipconfig /renew

Windows IP Configuration
```

图 10.13　使用 ipconfig 命令刷新配置

（3）用 ipconfig 命令修复 TCP/IP 的配置信息

TCP/IP 配置参数出错，导致用户不能正常使用网络，修复 TCP/IP 配置参数是排除这一网络故障常用的一种方法，可以用 ipconfig 命令的修复命令修复当前计算机的 TCP/IP 配置参数。表 10.1 中列出了 ipconfig 修复命令的功能说明与其对应的命令行。

表 10.1　修复命令功能说明与其对应的命令行

修复命令功能说明	对应的命令行
显示和修改 ARP 使用的"IP 到 MAC"地址转换表	arp -d *
清除和预加载 NBT 远程缓存名称列表	nbtstat -R
刷新 DNS 解析缓存	ipconfig /flushdns
刷新经此计算机注册的 NetBIOS 名称	nbtstat -RR
初始化注册此计算机的所有网卡的 DNS 资源记录	ipconfig /registerdns

注意　ipconfig 命令的"/repair"参数使用广播更新，计算机将接受来自网络上任何 DHCP 服务器的任何租约。相比之下，ipconfig 命令的"/renew"参数将仅更新客户端已经从中获得一份租约的最后一个 DHCP 服务器的现有租约。

（4）用 ipconfig 命令刷新 DNS 缓存，解决域名解析故障

用户在使用网络的过程中有时会发现个别网站不能正常访问，这可能是 DNS 客户端解析程序缓存内容不正确，可以用 ipconfig 命令的"/flushdns"参数刷新和重置 DNS 客户端解析程序缓存内容，该命令可以从缓存中丢弃缓存项和其他动态添加项（该命令不删除从本地 hosts 文档中预加载的项目），运行结果如图 10.14 所示。

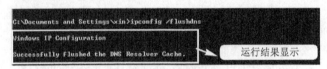

图 10.14　用 ipconfig 命令刷新 DNS 缓存，解决域名解析故障

（5）用 ipconfig 命令启用 DNS 名称动态注册解决域名解析故障

在网络使用过程中，有时出现 DNS 名称（域名）注册错误，用户不能正常通过 DNS 名称（域名）方式访问某些计算机。这个问题可以通过手工的方式将计算机的 DNS 名称（域名）和 IP 地址向 DNS 服务器注册来解决。ipconfig 命令的"/registerdns"参数提供了该功能，该命令还可以刷新所有的 DHCP 地址租约，并注册由客户端配置和使用的所有相关 DNS 名称。

4. 使用 arp 命令解决网络故障

有时由于网络中计算机的 IP 地址和 MAC 地址解析出错，造成用户不能相互访问，这时可以用 arp 命令查看解决，arp 命令可以显示和修改"地址解析协议（arp）"缓存中的项目。arp 缓存中包含一个或多个表，它们用于存储 IP 地址及其经过解析的 MAC 地址。计算机上安装的每一个网卡都有自己单独的表。arp 命令对于查看 arp 缓存和解决地址解析问题非常有用。下面是典型的 arp 命令应用案例。

（1）使用 arp 命令查看本地计算机上的 ARP 表项

查看本地计算机上的 ARP 表项可以用 arp 命令的"-a"参数，在命令提示符下，键入"arp-a"即可。例如，如果最近使用过 ping 命令测试并验证从这台计算机到 IP 地址为 192.168.1.3 的主机的连

通性，则 ARP 缓存显示如图 10.15 所示。

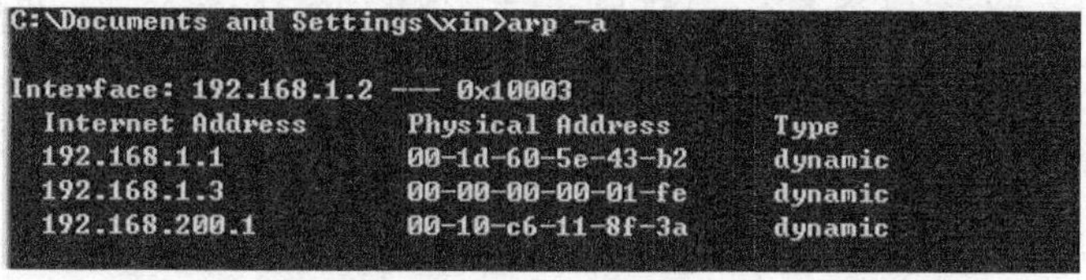

```
C:\Documents and Settings\xin>arp -a

Interface: 192.168.1.2 --- 0x10003
  Internet Address      Physical Address      Type
  192.168.1.1           00-1d-60-5e-43-b2     dynamic
  192.168.1.3           00-00-00-00-01-fe     dynamic
  192.168.200.1         00-10-c6-11-8f-3a     dynamic
```

图 10.15 使用 arp 命令查看本地计算机上的 ARP 表项

在此例中，缓存项说明 IP 地址为 192.168.1.3 的远程主机 MAC 地址为 00-00-00-00-01-fe。

（2）使用 arp 命令在本地计算机中添加静态 ARP 缓存条目

ARP 协议采用广播的方式实现 IP 地址和 MAC 地址的解析，广播会占用网络大量的带宽。为了减少 ARP 协议的广播，可以采用静态 ARP 缓存项目，用手工的方式添加 ARP 缓存条目。添加静态 ARP 缓存条目可以用 arp 命令的 "-s" 参数，命令格式为 "arp-s ip_address mac_address"，其中 "ip_address" 指本地（在同一子网上）某计算机的 IP 地址。"mac_address" 指本地某计算机上安装并使用网卡的 MAC 地址。

下面用具体例子说明该命令的使用。例如，为 IP 地址是 10.0.0.200，MAC 地址是 00-10-54-CA-E1-40 的本地计算机添加静态 ARP 缓存条目的命令是：

```
C:\>arp -s 10.0.0.200 00-10-54-CA-E1-40
```

这里需要说明的是，静态 ARP 缓存条目一旦添加，就一直有效，直到重新启动计算机。要想让静态 ARP 缓存项保持不变，可以用 arp 命令将其添加到系统启动时运行的批处理文件中。

10.4 网络整体状态统计

Netstat 命令用于显示和 IP、TCP、UDP 和 ICMP 协议相关的统计数据，用于检验本机各端口的网络连接情况。假如用户计算机有时候接收到的数据分组会导致出错、数据删除或故障，TCP/IP 能够容许这些类型的错误，并能够自动重发数据分组。但假如累计的出错情况数目占所接收的数据分组相当大的比例，或它的数目正迅速增加，那么就应该使用 netstat 命令进行诊断，查一查网络出了什么问题。

Netstat 命令可以显示活动的 TCP 连接、计算机侦听的端口、以太网统计信息、IP 路由表、IPv4 统计信息（对于 IP、ICMP、TCP 和 UDP 协议），以及 IPv6 统计信息（对于 IPv6、ICMPv6、通过 IPv6 的 TCP 以及通过 IPv6 的 UDP 协议）。

常用的 Netstat 命令如下。

* nbtstat -n 命令显示本地计算机的 NetBIOS 名称表。

* nbtstat -c 命令显示 NetBIOS 名字高速缓存的内容。NetBIOS 名字高速缓存用于存放和本计算机最近进行通信的其他计算机的 NetBIOS 名字和 IP 地址对。

* nbtstat -R 命令清除名称缓存，然后从 Lmhosts 文件重新加载。

* nbtstat -RR 命令释放在 WINS 服务器上注册的 NetBIOS 名称，然后更新它们的注册。

* nbtstat -a name 命令显示名字为 "name" 计算机的 MAC 地址和名字列表，所显示的内容就像对方计算机自己运行 nbtstat -n 一样。例如，显示计算机名为 "CORP07" 的远程计算机的 NetBIOS

名称表的命令为"nbtstat -a CORP07"。

- nbtstat -a IP 该命令可以查询本计算机所提供的网络共享资源名称，也可查询计算机的网卡地址。

1. 使用 netstat 命令显示以太网统计信息

使用 netstat 命令，可以显示以太网统计信息，如发送和接收的字节数、数据分组数、错误数据分组和广播的数量等。得知网络工作的状况和网络整体流量，对于解决网络阻塞，制订不同业务数据流的优化策略很重要。下面是用 netstat 命令的"-e"参数显示以太网统计信息的具体的例子，如图 10.16 所示。

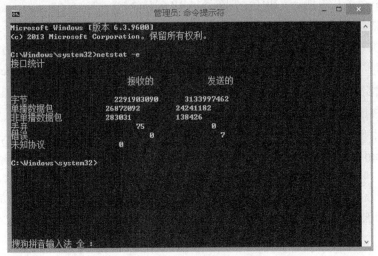

图 10.16　使用 netstat 命令显示以太网统计信息

若接收出错和发送出错接近零或全为零，网络的接口没有问题。但当这两个字段有 100 个以上的出错分组时就可以认为是高出错率了。高的发送出错表示本地网络饱和或在计算机与网络之间有不良的物理连接；高的接收出错表示整体网络饱和、本地计算机过载或物理连接有问题，可以用 ping 命令的"-t"参数统计误码率，进一步确定故障的程度。netstat -e 和 ping 命令结合使用能解决一大部分网络故障。

2. 使用 netstat 命令显示活动的 TCP 连接

显示活动的 TCP 连接可以根据网络 TCP 连接状况，判断一些连接是否为非法连接，如查看是否存在木马。

（1）用 netstat 命令以数字形式显示地址和端口号

可以运用 netstat 命令的"-n"和"-o"参数，其中"-n"参数是以数字形式显示地址和端口号，"-o"参数显示每个连接的进程 ID（PID），具体例子如图 10.17 所示。

上面例子中显示本地计算机和远程计算机的连接状况，例如，"TCP 113.251.219.97:51920 1.192.193.34:80 ESTABLISHED 8560"一行表示 IP 地址为 113.251.219.97 的本地计算机通过 TCP 的 51920 端口与 IP 地址为 1.192.193.34，端口号为 80 的远程计算机的连接，状态为"ESTABLISHED"（创建连接），当前进程为 8560。

图 10.17　用 netstat 命令以数字形式显示地址和端口号

（2）用 netstat 命令显示所有活动的连接及侦听端口

用 netstat 命令显示所有活动的 TCP、UDP 连接，以及计算机侦听的 TCP 和 UDP 端口。

可以用 netstat 命令的 "-a" 参数显示所有的有效连接信息列表，包括已建立的连接（ESTABLISHED），也包括监听连接请求（LISTENING）的那些连接，断开连接（CLOSE_WAIT）或者处于联机等待状态的（TIME_WAIT）等。了解这些信息很重要，一方面可以了解网络连接状况，另一方面可以发现木马，及时对木马进行查杀，特别是对于一些不明的 IP 地址连接和状态是 "TIME_WAIT" 的连接更要特别关注，具体例子见图 10.18。

图 10.18　用 netstat 命令显示所有活动的 TCP、UDP 连接以及计算机侦听的 TCP 和 UDP 端口

上例中显示了连接的状况，现以 "TCP　0.0.0.0:135　qzc_pc:0　LISTENING" 一行进行解释，"0.0.0.0:135" 表示本地计算机 "0.0.0.0" 端口号为 135，正在监听远程计算机 "qzc_pc" 的 0 端口。

（3）使用 netstat 命令显示协议统计信息

可以利用 netstat 命令的 "-s" 参数显示 TCP、UDP、ICMP 和 IP 协议的统计信息。如果计算机应用程序（如 Web 浏览器）运行速度比较慢，或者不能显示 Web 页之类的数据，那么就可以用该命令查看一下所显示的信息，仔细查看统计数据的各行，找到出错的关键字，进而确定问题所在，然后就可以根据具体的错误解决问题了。

下面是具体的命令显示和显示内容的解释。

```
C:\>netstat -s
  IPv4 Statistics（IP统计结果）
    Packets Received = 369492（接收分组数）
    Received Header Errors = 0（接收头错误数）
    Received Address Errors = 2（接收地址错误数）
    Datagrams Forwarded = 0（数据报递送数）
    Unknown Protocols Received = 0（未知协议接收数）
    Received Packets Discarded = 4203（接收后丢弃的分组数）
    Received Packets Delivered = 365287（接收后转交的分组数）
    Output Requests = 369066（请求数）
    Routing Discards = 0（路由丢弃数 ）
    Discarded Output Packets = 2172（分组丢失数）
    Output Packet No Route = 0（不路由的请求分组）
    Reassembly Required = 0（重组的请求数）
    Reassembly Successful = 0（重组成功数）
    Reassembly Failures = 0（重组失败数）
    Datagrams Successfully Fragmented = 0（分片成功的数据报数）
    Datagrams Failing Fragmentation = 0（分片失败的数据报数）
    Fragments Created = 0（分片建立数）

  ICMPv4 Statistics       Received Sent（ICMP统计结果，包括Received和Sent两种状态）
    Messages              285       784（消息数）
    Errors                0         0（错误数）
    Destination Unreachable 53      548（无法到达主机数目）
    Time Exceeded         0         0（超时数目）
    Parameter Problems    0         0（参数错误）
    Source Quenches       0         0（源夭折数）
    Redirects             0         0（重定向数）
    Echos                 25        211（回应数）
    Echo Replies          207       25（回复回应数）
    Timestamps            0         0（时间戳数）
    Timestamp Replies     0         0（时间戳回复数）
    Address Masks         0         0（地址掩码数）
    Address Mask Replies  0         0（地址掩码回复数）

  TCP Statistics for IPv4（TCP统计结果）
    Active Opens = 5217（主动打开数）
    Passive Opens = 80（被动打开数）
    Failed Connection Attempts = 2944（连接失败尝试数）
    Reset Connections = 529（复位连接数）
    Current Connections = 9（当前连接数目）
```

```
Segments Received = 350143 (当前已接收的报文数)
Segments Sent = 347561 (当前已发送的报文数)
Segments Retransmitted = 6108 (被重传的报文数目)

UDP Statistics for IPv4 (UDP 统计结果)
Datagrams Received = 14309 (接收的数据分组)
No Ports = 1360 (无端口数)
Receive Errors = 0 (接收错误数)
Datagrams Sent = 14524 (数据分组发送数)
```

该命令显示了 IPv4、ICMPv4、TCP、UDP 的统计信息，其中 ICMPv4 的统计信息，包含了发送和接收两部分内容。用户可以根据具体的统计信息进一步分析网络运行情况，解决可能存在的问题。

（4）使用 netstat 命令显示某一特定协议的连接状态信息

在检查网络协议的过程中，有时只想对某一种特定的协议进行检查，这时可以用 netstat 命令的"-p"参数，参数后面直接跟上具体的协议就可以显示具体协议的连接状态信息了，下面是显示 TCP 协议连接状态信息的例子，如图 10.19 所示。

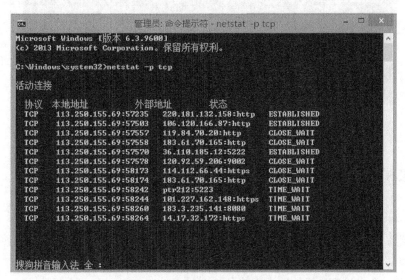

图 10.19　使用 netstat 命令显示某一特定协议的连接状态信息

该例子显示了 TCP 协议的活动连接状态信息，可以帮助用户查找具体的问题。

（5）使用 netstat 命令显示路由表

当用户网络中计算机不能与其他网络中计算机进行通信时，可以通过查看路由表来判断网络中的路由有没有问题，查看路由表可以运用 netstat 命令的"-r"参数实现，如图 10.20 所示。

以下是使用 netstat 命令的"-r"参数显示的结果，用户可以从命令显示的路由信息判断是否有到达目的网络的路由，如果没有，则需要进一步检查网络接口和路由协议运行情况，判断问题原因进而解决问题。

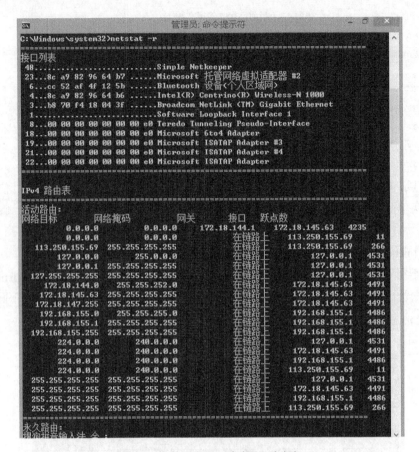

图 10.20　使用 netstat 命令显示路由表

10.5　本机路由表检查及更改

route 命令主要用来管理本机路由表，可以查看、添加、修改或删除路由表条目。可以用该命令对路由表进行维护，解决网络路由问题，是网络维护、网络故障解除常用的命令。该命令在 Windows 2000 以上操作系统都可使用。下面讲解其具体的应用。

1. 使用 route 命令检查本机的路由表信息

检查本机的路由表信息可以用 route 命令的 print 子命令实现，该命令可以显示本机路由表的完整信息，用户可以通过观察路由表的信息判断网络路由故障。例如，网关的设置是否正确，通过观察、判断，进一步解决本机路由问题。下面是显示本机的路由表的具体命令，具体如图 10.21 所示。

上面命令中，本机地址是 113.250.155.69，采用的是默认路由。

2. 使用 route 命令添加路由

有时网络路由出现故障，需要手工维护路由表，添加默认路由，可以用 route 命令的 add 子命令实现。

下面是几个具体的例子的相关命令。

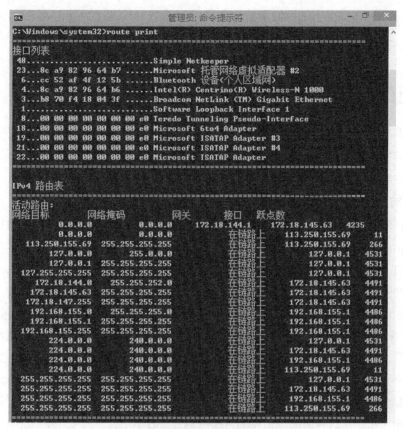

图 10.21　显示本机的路由表的具体命令

- 添加默认网关地址为 192.168.12.1 的默认路由：

```
route add 0.0.0.0 mask 0.0.0.0 192.168.12.1
```

- 添加目标为 10.41.0.0，子网掩码为 255.255.0.0，下一个跃点地址为 10.27.0.1 的路由：

```
route add 10.41.0.0 mask 255.255.0.0 10.27.0.1
```

- 添加目标为 10.41.0.0，子网掩码为 255.255.0.0，下一个跃点地址为 10.27.0.1，跃点数为 7 的
路由：

```
route add 10.41.0.0 mask 255.255.0.0 10.27.0.1 metric 7
```

3. 使用 route 命令删除路由

当路由表中有错误的路由时，可能会导致用户不能上网，为了解决这个问题，用户可以将错误
的路由删除。下面是两个具体的删除路由的例子的相关命令。

- 删除目标为 10.41.0.0，子网掩码为 255.255.0.0 的路由：

```
route delete 10.41.0.0 mask 255.255.0.0
```

- 删除 IP 路由表中以 10.开始的所有路由：

```
route delete 10.*
```

4. 使用 route 命令修改路由

修改路由也是对错误路由处理的一个办法，修改路由可以用 route 命令的 change 子命令实现，下
面是将目标为 10.41.0.0，子网掩码为 255.255.0.0 的路由的下一个跃点地址由 10.27.0.1 更改为
10.27.0.25 的具体例子，使用的 route 命令为：

```
route change 10.41.0.0 mask 255.255.0.0 10.27.0.25
```

route 命令是一个常用的查看和维护路由的命令，应根据网络故障的具体情况灵活采用其子命令进行维护。

10.6 路由故障检测与排除

Tracert（即跟踪路由）是路由跟踪实用程序，用于确定 IP 分组访问目标所经过的路径，是解决网络路径错误非常有用的工具，通常用该命令跟踪路由，确定网络中某一个路由器节点是否出现故障，然后进一步解决该路由器节点故障。

1. tracert 的工作原理

在 Internet 网络中，每一个路由器在接到一个 IP 分组后，均会将该 IP 分组的 TTL 值减 1（TTL 值是 IP 分组头中的一个字段，共一个字节，该字段名称是 "Time To Live"，即经常称的 TTL），当 IP 分组上的 TTL 减为 0 时，路由器将 "ICMP Time Exceeded" 的消息发回源计算机，这时源计算机就获得了路由器的 IP 地址。

tracert 命令首先发送 IP 分组 TTL 值为 1 的回显数据分组，并在随后的每次发送过程中将 TTL 递增 1，直到目标响应或 TTL 达到最大值，中间路由器返回 "ICMP 超时" 消息与目标返回 "ICMP 回显应答" 消息，Tracert 命令将据此按顺序打印出返回 "ICMP Time Exceeded" 消息的路由器接口列表，从而确定到达目的的路径。默认情况下路由器节点最大值是 30（可使用 tracert 命令的 "-h" 参数指定）。但是某些路由器不会为 TTL 值为 0 的 IP 分组返回 "已超时" 消息，而且这些路由器对于 tracert 命令不可见，在这种情况下，将为该路由器节点显示一行星号（*）。

2. tracert 命令的应用实例

在下例中，IP 分组必须通过路由器（113.250.152.1）才能追踪下去。主机的默认网关是 113.250.152.1。而请求超时的原因则可能是相关节点做了安全设置，禁止 ICMP 协议，如图 10.22 所示。

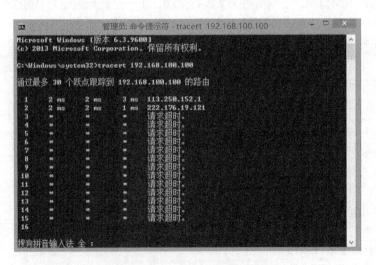

图 10.22　tracert 命令的应用实例

3. 用 tracert 命令进行路由故障检测

可以使用 tracert 命令追踪 IP 分组在网络上的停止位置，从而确定 IP 分组从源计算机到目的计算机路径上哪一路由器节点出现故障。如果默认网关返回信息 "Destination net unreachable"（目的网络不可达），说明到达目的计算机没有有效路径，这可能是路由器配置的问题，或者是目的网络不存在，需要进一步检查路由器的配置。具体操作读者可自行演示。

4. 使用 pathping 命令测试路由器

pathping 命令是一个路由跟踪工具，该命令是将 ping 命令和 tracert 命令的功能结合起来并有所增强的网络诊断工具，它可以反映出数据分组从源主机到目标主机所经过的路径、网络时延以及分组丢失率。因此用户可据此确定可能导致网络问题的路由器或链路（两个相邻路由器节点之间的数据传输路径），解决网络问题。默认设置情况下，完成一次 pathping 操作会花几分钟时间。

使用 pathping 命令时根据实际情况可以跟多个参数选项，下面简单介绍 pathping 命令常用的参数选项及含义。

- pathping -n：不显示每一台路由器的主机名。
- pathping -h value：设置跟踪到目的地的最大路由器节点数量，默认值是 30 个节点。
- pathping -w value：设置等待应答的最多时间（按 ms 计算）。
- pathping -p：设置在发出新的 ping 命令之前等待的时间（以 ms 计算），默认值是 250ms。
- pathping -q value：设置 ICMP 回显请求信息发送的数量，默认是 100。

下面是 pathping 命令追踪计算机为 "www.163.com" 的典型应用，该命令中用了 "-n" 和 "-p" 参数，具体如图 10.23 所示。

图 10.23　使用 pathping 命令追踪计算机

上面例子中共 5 栏，其含义分别如下：

- 越点（Hop）：跳，即网络中路由器节点。
- RTT：往返时间。
- 指向此处的源已丢失/已发送 = Pct：从源到此的分组丢失率，是各跳的分组丢失率总和。
- 此节点/链接已丢失/已发送 = Pct：此节点和链路的分组丢失率，其中，链路分组丢失率（在最右边的栏中标记为 "|" 一行）表明路径转发时的分组丢失情况，从而说明链路拥挤情况，分组丢失率越高说明链路越拥挤；节点分组丢失率（在最右边的栏中标记为 IP 地址一行）表明该路由器的

CPU 负荷情况，分组丢失率越高说明路由器的 CPU 负荷越重。

- 地址（Address）：标记为"|"和 IP 地址。

从上面命令运行结果可以看出，当运行 pathping 命令时，pathping 将首先显示路径信息，此路径与 tracert 命令所显示的路径相同。接着，将显示约 30s（该时间随着路由器节点数的变化而变化）的繁忙消息。在此期间，命令会从先前列出的所有路由器及其链接之间收集信息，在此期间结束时将显示测试结果。本例中显示的结果统计如下。

第 0 跳：即本机。

第 1 跳：即到 113.250.152.1，所有分组丢失率为 0%，即没有分组丢失。

第 2 跳：即到 222.176.19.117，所有分组丢失率为 0%，即没有分组丢失。

第 3 跳：即到 222.176.20.6，本链路分组丢失率为 0%，本节点分组丢失率为 100%，总分组丢失率为 0% + 100% = 100%。

第 4 跳：即到下一跳，无数据分组。

10.7 使用 Sniffer Pro 诊断网络

1．Sniffer 嗅探技术

Sniffer 即嗅探器的英文写法，嗅探器是最常见，也是最重要的技术之一。用过 Windows 平台上的 Sniffer 工具（如 Sniffer Pro 软件）的用户可能都知道，在共享式的局域网中，采用 Sniffer 工具可以对网络中的所有流量一览无余。Sniffer 工具实际上就是一个网络上的抓分组工具，同时还可以对抓到的分组进行分析。由于在共享式的网络中，信息分组是会广播到网络中所有主机的网络接口，只不过在没有使用 Sniffer 工具之前，主机的网络设备会判断该信息分组是否应该接收，这样它就会抛弃不应该接收的信息分组。Sniffer 工具可以使主机的网卡接收所有到达的信息分组，这样就达到了网络监听的效果。

2．Sniffer 工作原理

计算机的嗅探器比起电话窃听器有它独特的优势。由于以太网采用的是"共享信道"，也就是说，网络不必中断通信、配置特别的线路再安装嗅探器。用户可以在任何连接着的网络上，直接窃听到用户同一子网范围内的计算机网络数据。通常，称这种窃听方式为"基于混杂模式的嗅探"（Promiscuous Mode）。

以太网的数据传输是基于"共享"原理的，同一子网范围内的计算机共同接收到相同的数据分组，这意味着计算机直接的通信都是透明可见的。正是因为这样的原因，以太网卡都构造了硬件的"过滤器"，这个过滤器将忽略掉一切和自己无关的网络信息。事实上是忽略掉了与自身 MAC 地址不符合的信息。嗅探程序正是利用了这个特点，Sniffer 主动关闭了这个嗅探器，也就是前面提到的设置网卡"混杂模式"。因此，嗅探程序就能够接收到整个以太网段内的网络数据。

3．Sniffer Pro 使用说明

（1）Sniffer Pro 计算机的连接

要使 Sniffer 能够正常捕获到网络中的数据，安装 Sniffer 的连接位置非常重要，必须将它安装在网络中合适的位置，才能捕获到内、外部网络之间数据的传输。如果随意安装在网络中的任何

一个地址段，Sniffer 就不能正确抓取数据，而且有可能丢失重要的通信内容。一般来说，Sniffer 应该安装在内部网络与外部网络通信的中间位置，如代理服务器上，也可以安装在笔记本电脑上。当哪个网段出现问题时，直接带着该笔记本电脑连接到交换机或者路由器上，就可以检测到网络故障，非常方便。

（2）监控 Internet 连接共享

如果网络中使用代理服务器，局域网借助代理服务器实现 Internet 连接共享，并且交换机为傻瓜交换机时，可以直接将 Sniffer Pro 安装在代理服务器上，这样，Sniffer Pro 就可以非常方便地捕获局域网和 Internet 之间传输的数据。

如果核心交换机为智能交换机，那么最好的方式是采用端口映射的方式，将局域网出口（连接代理服务器或者路由器的端口）映射为另外一个端口，并将 Sniffer Pro 计算机连接至该映射端口。例如，在交换机上，与外部网络连接的端口设为 A，连接笔记本电脑的端口设置为 B，将笔记本电脑的网卡与 B 端口连接，然后将 A 和 B 做端口映射，使得 A 端口传输的数据可以从 B 端口监测到，这样，Sniffer 就可以监测整个局域网中的数据了。

（3）设置监控网卡

如果计算机上安装了多个网卡，在首次运行 Sniffer Pro 时，需要选择要监控的网卡，应该选择代理网卡或者连接交换机端口的网卡。当下次运行时，Sniffer Pro 就会自动选择同样的代理。

（4）启动 Sniffer pro

在安装 Sniffer pro 之前需要安装 Win_cap（监听分组），然后选择网络适配器如图 10.24 所示，如果没有出现则单击"新建"按钮，如图 10.25 所示。

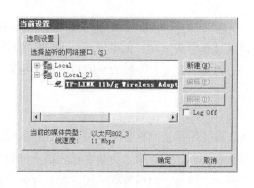

图 10.24　选择网络适配器

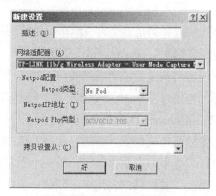

图 10.25　添加网络适配器

- 描述（Description）：为该网卡设置一个名称，可以是关于该网卡的描述。
- 网络适配器（Network）：该下拉列表中列出了本地计算机上的所有网卡，可以选择要使用的网卡。
- netpod 类型（Netpod Configuration）：在这里可以设置高速以太网 Pod，为了使以太网可以以全双工模式工作，在"Netpod"下拉列表中选择"Full Duplex Pod（全双工 Pod）"选项，在"Netpod IP"框中输入 Sniffer Pro 系统的网络适配器的 IP 地址再加 1。例如，Sniffer Pro IP 地址为 192.168.1.1，Netpod IP 地址就必须设置为 192.168.1.2。全双工 Pod 要求有静态 IP 地址，所以应该禁用 DHCP。
- 拷贝设置从（Copy settings）：在该下拉列表中显示了本地计算机中以前定义过的网卡设置，

可以选择一种配置，将其复制到该新添加的网卡中。

设置完成以后单击"OK"按钮，添加到"Settings"对话框中，然后就可以选择监控该网卡了。

（5）认识 Sniffer Pro 界面

仪表盘显示如图 10.26 所示。

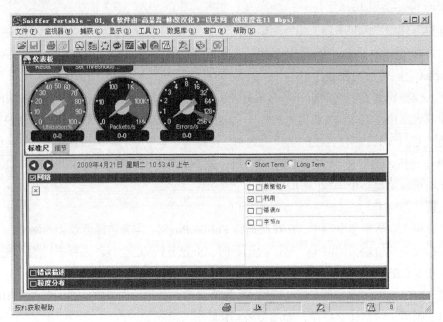

图 10.26　仪表盘界面显示

首先能看到的是三个类似汽车仪表的图像，从左到右依次为"Utilization%网络使用率""Packets/s 数据分组传输率""Error/s 错误数据情况"。其中红色区域是警戒区域，如果发现有指针到了红色区域就该引起重视了，说明网络线路不好或者网络使用压力负荷太大。一般浏览网页时使用率不高，传输情况也是每秒 9~30 个数据分组，错误数基本没有。

① Utilization%（利用率百分比）。

用传输量与端口能处理的最大带宽值的比值表示线路使用带宽的百分比。表盘的红色区域表示警戒值，表盘下方有两个数字，第一个数字代表当前利用率百分比，第二个数字代表最大的利用率百分比数值。监控网络利用率是网络分析中很重要的部分。但是，网络数据流通常都是突发型的，一个几秒内爆发的数据流和能在长时间保持活性数据流的重要性是不同的。表示网络利用率的理想方法要因网络不同而改变，而且很大程度上要取决于网络的拓扑结构。在以太网端口，利用率到 40%，效率可能已经很高了，但是在全双工可转换端口，80%的利用率才是高效的。

② Packets/s（每秒传输的数据分组）。

显示当前数据分组的传输速度。同样，红色区域表示警戒值，下方的数字显示当前的数据分组传输速度及其峰值。根据数据分组速率可以得出网络上流量类型的一些重要信息。例如，如果网络利用率很高，而数据分组传输速度相对较低，则说明网络上的帧比较大；而如果网络利用率很高，数据分组传输速率也很高，说明帧比较小。通过查看规模分布的统计结果，可以更详细地了解帧的大小。

③ Errors/s（每秒产生的错误）。

该表盘可显示当前出错率和最大出错率。不过，并非所有的错误都产生故障。例如，以太网中经常会发生冲突，并不一定会对网络造成影响，但过多的冲突就会带来问题。

如果要重新设定仪表盘的值，可以单击仪表盘窗口上方的 Reset（重置）按钮。

4. Sniffer Pro 的使用

对单个主机进行分析，如图 10.27 所示。

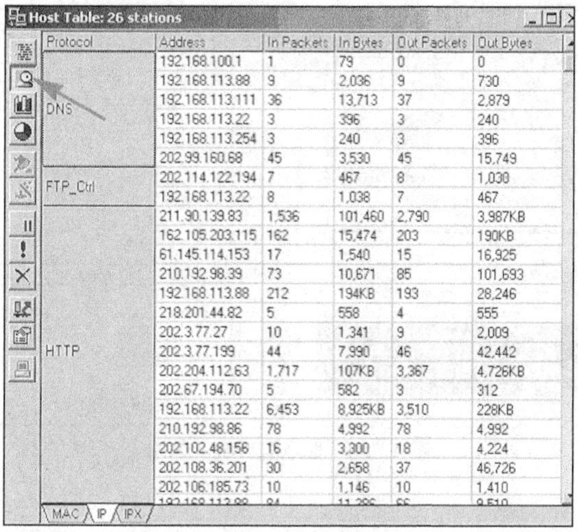
Host Table: 26 stations

Protocol	Address	In Packets	In Bytes	Out Packets	Out Bytes
DNS	192.168.100.1	1	79	0	0
	192.168.113.88	9	2,036	9	730
	192.168.113.111	36	13,713	37	2,879
	192.168.113.22	3	396	3	240
	192.168.113.254	3	240	3	396
	202.99.160.68	45	3,530	45	15,749
FTP_Ctrl	202.114.122.194	7	467	8	1,030
	192.168.113.22	8	1,038	7	467
HTTP	211.90.139.83	1,536	101,460	2,790	3,987KB
	162.105.203.115	162	15,474	203	190KB
	61.145.114.153	17	1,540	15	16,925
	210.192.98.39	73	10,671	85	101,693
	192.168.113.88	212	194KB	193	28,246
	218.201.44.82	5	558	4	555
	202.3.77.27	10	1,341	9	2,009
	202.3.77.199	44	7,990	46	42,442
	202.204.112.63	1,717	107KB	3,367	4,726KB
	202.67.194.70	5	582	3	312
	192.168.113.22	6,453	8,925KB	3,510	228KB
	210.192.98.86	78	4,992	78	4,992
	202.102.48.156	16	3,300	18	4,224
	202.108.36.201	30	2,658	37	46,726
	202.106.185.73	10	1,146	10	1,410

MAC IP IPX

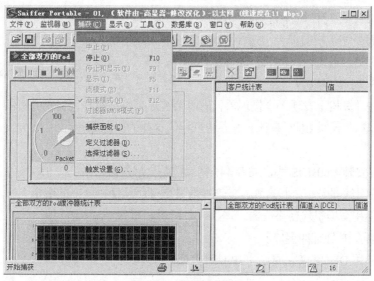

图 10.27　主机显示表

通过这个表可以对网络内的单个工作站进行数据捕获，排序可以按照 MAC 地址、IP 地址和 IPX 协议。实际上在大部分的情况下一旦网络出现异常，可以在第一时间直观地通过 HostTable 功能找到问题的根源，在这个表中显示了每台计算机的上行速率和下行速率，用来分析各主机的通信量。

在捕获过程中可以通过查看下面面板查看捕获报文的数量和缓冲区的利用率，如图 10.28 所示。

图 10.28　查看捕获面板

捕获面板能够显示捕获报文的大小，以及显示缓冲器的使用率，如图 10.29 所示。

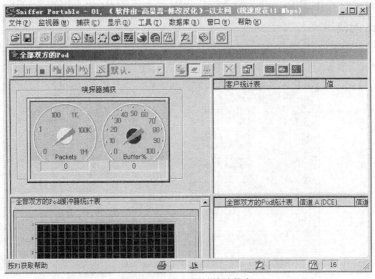

图 10.29　显示面板统计信息

10.8　案例分析

1．案例 1：网络故障分析

某局域网采用的是以太网协议，将 4 台计算机和一台文件服务器通过一个 10M 的集线器相连，形成图 10.30 所示的星型的拓扑结构。

问题 1：后来增加了一台笔记本电脑，连接到集线器后发现虽然能够 ping 通其他机器，但是却无法在网上邻居中看到其他机器，可能存在什么问题?并简要说明原因。

问题 2：随着公司规模的扩大，连接在集线器上的机器达到了 16 台，这时发现连接文件服务器的速度变得慢下来，这是什么原因? 应该如何解决?

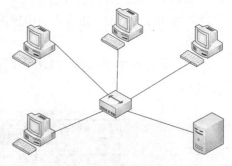

图 10.30　局域网拓扑结构

问题 3：某些计算机上发现一个怪现象，有时会突然与网络断开，但别的机器上却能够 ping 得通它的 IP 地址。这是什么原因? 有什么好办法来杜绝这样的问题呢?

问题分析如下。

问题 1：没有安装 NetBIOS 协议或者 445 端口被防火墙屏蔽。

问题 2：因为集线器是一个共享介质，连接数量增多后就使得分享的带宽下降。

解决方法：使用交换机代替集线器。

问题 3：产生了 IP 地址冲突口。

解决方法：使用 DHCP 来完成自动 IP 地址分配。

每台机器指定固定的唯一的 IP 地址。

2. 案例 2：网络故障分析

某用户计算机接入小区宽带，小区采用光纤到楼宇，100M 交换机到用户，用户桌面 100Mbit/s 的网络结构。使用 1 块普通 10/100Mbit/s 自适应网卡，在 Windows 2000 的网络配置中按要求将 IP 地址、子网掩码、网关地址、DNS 地址等信息正确配置。虽然网络连接成功，但上网速度非常慢，使用 QQ 聊天时经常和服务器断开连接，打开网页时经常无法正常打开，进行文件传输时经常是传输一部分就出错或终止传输。

问题：分析网络故障的原因以及处理方法。

分析：故障排除时，经询问其余用户上网一切正常。用一台正常工作的笔记本电脑替换该节点计算机，一切正常。怀疑该用户计算机网卡有问题。用 ping 命令 ping 小区 DNS 服务器，发现分组丢失现象非常严重。初步判断是网卡传输速率问题。故障原因在于网卡质量不好，小区的交换机全部采用的是 10/100Mbit/s 自适应系统，在线完全遵循 100Mbit/s 标准。然而，由于网卡质量不好，无法适应 100Mbit/s 线路，造成数据分组丢失现象严重，导致上网速度变慢。

解决方法：在"设备管理器"中选择"网络适配器"中的网卡"属性"，手工将网卡传输速率设定在 10Mbit/s 状态，重启计算机，上网恢复正常。

习题与思考

1. ping 命令用的是哪一个协议的 echo 报文？
2. 如果想显示本台计算机的网络配置参数，可以使用哪一个命令？
3. 如果想显示以太网统计信息可以采用哪一个命令？
4. Windows 系统中，可以显示路由表的是哪一个命令？
5. 网络连通性故障检测命令和方法是什么？
6. 网络连通性故障的方法是什么？
7. 网络整体状态统计的方法是什么？
8. 本机路由表的命令和方法是什么？
9. 本机路由表的更改命令和方法是什么？
10. 路由故障检测的命令和方法是什么？
11. 路由故障怎样排除？

网络实训

图 10.31、图 10.32、图 10.33 所示是由 Sniffer Pro 抓取到的 DNS 服务器的数据分组，分析这个 DNS 服务器遇到了什么问题。

Source Address	Dest Address	Summary
[113.4.199.160] [		DNS: C ID=1480 OP=QUERY NAME=qmn.54kx
[101.70.197.109] [		DNS: C ID=1168 OP=QUERY NAME=mkny.54
[180.111.234.39] [		DNS: C ID=5592 OP=QUERY NAME=qpm.54b
[123.156.192.18] [		DNS: C ID=5912 OP=QUERY NAME=qxsjs.5
[119.166.148.13] [		DNS: C ID=2388 OP=QUERY NAME=kexh.54
[110.183.159.20] [		DNS: C ID=2640 OP=QUERY NAME=dnp.54b
[116.48.12.236] [		DNS: C ID=2924 OP=QUERY NAME=uvu.54b
[121.12.109.229] [		DNS: C ID=424 OP=QUERY NAME=qpm.54kx
[182.122.186.12] [		DNS: C ID=1480 OP=QUERY NAME=otamw.5
[223.65.142.83] [		DNS: C ID=3172 OP=QUERY NAME=ofdeg.5
[182.133.170.6] [		DNS: C ID=2100 OP=QUERY NAME=wubb.54
[183.185.120.30] [		DNS: C ID=1720 OP=QUERY NAME=ofyn.54b
[222.180.68.36] [		DNS: C ID=3992 OP=QUERY NAME=cdiem.5
[182.35.49.156] [		DNS: C ID=3912 OP=QUERY NAME=rorn.54
[220.176.93.135] [		DNS: C ID=2548 OP=QUERY NAME=nxad.54
[123.184.86.62] [		DNS: C ID=2256 OP=QUERY NAME=lur.54b
[36.43.115.46] [		DNS: C ID=4072 OP=QUERY NAME=ccy.54b
[222.243.87.90] [		DNS: C ID=2880 OP=QUERY NAME=gnig.54b
[124.116.241.64] [		DNS: C ID=2936 OP=QUERY NAME=qgu.54b
[222.240.252.17] [		DNS: C ID=3540 OP=QUERY NAME=uqkn.54
[125.47.91.170] [		DNS: C ID=2368 OP=QUERY NAME=orc.54b
[183.60.254.76] [		DNS: C ID=1184 OP=QUERY NAME=xgc.54b
[221.228.171.12] [		DNS: C ID=3944 OP=QUERY NAME=lirg.54
[42.203.69.75] [		DNS: C ID=9512 OP=QUERY NAME=nwf.54b
[125.127.1.63] [		DNS: C ID=1148 OP=QUERY NAME=ixfet.5
[110.18.20.103] [		DNS: C ID=3248 OP=QUERY NAME=gdw.54b
[110.73.204.131] [		DNS: C ID=5356 OP=QUERY NAME=bqb.54b
[183.204.55.96] [		DNS: C ID=524 OP=QUERY NAME=lit.54kx
[110.180.240.11] [		DNS: C ID=1532 OP=QUERY NAME=irl.54b
[123.161.204.21] [		DNS: C ID=3664 OP=QUE=/ NAME=edtt.54
[190.106.129.12] [		DNS: C ID=4384 OP=QUERY NAME=tmi.54

图 10.31 Sniffer 抓取的数据分组 1

Summary	Len [B]	Rel. Time	Delta Time
DNS: C ID=1480 OP=QUERY NAME=qmn.54kx.com<0D0A>	74	0:00:00.000	0.000.01
DNS: C ID=1168 OP=QUERY NAME=mkny.54kx.com<0D0A>	75	0:00:00.000	0.000.00
DNS: C ID=5592 OP=QUERY NAME=qpm.54kx.com<0D0A>	74	0:00:00.000	0.000.00
DNS: C ID=5912 OP=QUERY NAME=qxsjs.54kx.com<0D0A>	76	0:00:00.000	0.000.00
DNS: C ID=2388 OP=QUERY NAME=kexh.54kx.com<0D0A>	75	0:00:00.000	0.000.00
DNS: C ID=2640 OP=QUERY NAME=dnp.54kx.com<0D0A>	74	0:00:00.000	0.000.00
DNS: C ID=2924 OP=QUERY NAME=uvu.54kx.com<0D0A>	74	0:00:00.000	0.000.00
DNS: C ID=424 OP=QUERY NAME=qpm.54kx.com<0D0A>	74	0:00:00.000	0.000.00
DNS: C ID=1480 OP=QUERY NAME=otamw.54kx.com<0D0A>	76	0:00:00.000	0.000.00
DNS: C ID=3172 OP=QUERY NAME=ofdeg.54kx.com<0D0A>	76	0:00:00.000	0.000.168
DNS: C ID=2100 OP=QUERY NAME=wubb.54kx.com<0D0A>	75	0:00:00.000	0.000.00
DNS: C ID=1720 OP=QUERY NAME=ofyn.54kx.com<0D0A>	75	0:00:00.000	0.000.00
DNS: C ID=3992 OP=QUERY NAME=cdiem.54kx.com<0D0A>	76	0:00:00.000	0.000.00
DNS: C ID=3912 OP=QUERY NAME=rorn.54kx.com<0D0A>	75	0:00:00.000	0.000.00
DNS: C ID=2548 OP=QUERY NAME=nxad.54kx.com<0D0A>	75	0:00:00.000	0.000.00
DNS: C ID=2256 OP=QUERY NAME=lur.54kx.com<0D0A>	74	0:00:00.000	0.000.00
DNS: C ID=4072 OP=QUERY NAME=ccy.54kx.com<0D0A>	74	0:00:00.000	0.000.00
DNS: C ID=2880 OP=QUERY NAME=gnig.54kx.com<0D0A>	75	0:00:00.000	0.000.00
DNS: C ID=2936 OP=QUERY NAME=qgu.54kx.com<0D0A>	74	0:00:00.000	0.000.00
DNS: C ID=3540 OP=QUERY NAME=uqkn.54kx.com<0D0A>	74	0:00:00.000	0.000.00
DNS: C ID=2368 OP=QUERY NAME=orc.54kx.com<0D0A>	74	0:00:00.000	0.000.00
DNS: C ID=1184 OP=QUERY NAME=xgc.54kx.com<0D0A>	74	0:00:00.000	0.000.00
DNS: C ID=3944 OP=QUERY NAME=lirg.54kx.com<0D0A>	75	0:00:00.000	0.000.00
DNS: C ID=9512 OP=QUERY NAME=nwf.54kx.com<0D0A>	74	0:00:00.000	0.000.00
DNS: C ID=1148 OP=QUERY NAME=ixfet.54kx.com<0D0A>	76	0:00:00.000	0.000.00
DNS: C ID=3248 OP=QUERY NAME=gdw.54kx.com<0D0A>	74	0:00:00.000	0.000.00
DNS: C ID=5356 OP=QUERY NAME=bqb.54kx.com<0D0A>	74	0:00:00.000	0.000.00
DNS: C ID=524 OP=QUERY NAME=lit.54kx.com<0D0A>	74	0:00:00.000	0.000.00
DNS: C ID=1532 OP=QUERY NAME=irl.54kx.com<0D0A>	74	0:00:00.000	0.000.00
DNS: C ID=3664 OP=QUERY NAME=edtt.54kx.com<0D0A>	75	0:00:00.000	0.000.00
DNS: C ID=4384 OP=QUERY NAME=tmi.54kx.com<0D0A>	75	0:00:00.000	0.000.00

图 10.32 Sniffer 抓取的数据分组 2

```
DNS: ----- Internet Domain Name Service header -----
  DNS:
  DNS: ID = 632
  DNS: Flags = 01
  DNS: 0... .... = Command
  DNS: .000 0... = Query
  DNS: .... ..0. = Not truncated
  DNS: .... ...1 = Recursion desired
  DNS: Flags = 0X
  DNS: ...0 .... = Non Verified data NOT acceptable
  DNS: Question count        = 1
  DNS: Answer count          = 0
  DNS: Authority count       = 0
  DNS: Additional record count = 0
  DNS:
  DNS: ZONE Section
  DNS:     Name = iiy.54kx.com<0D0A>
  DNS:     Type = Host address (A,1)
  DNS:     Class = Internet (IN,1)
  DNS:
```

图 10.33 Sniffer 抓取的数据分组 3

11 第11章 网络性能管理

教学目的

- 掌握网络性能优化方法
- 掌握服务器资源优化方法

教学重点

- 网络性能优化方法
- 服务器资源优化方法

11.1 网络性能及指标概述

网络性能管理的目的是维护网络服务质量（QoS）和网络运营效率。为此，性能管理要提供性能监测功能、性能分析功能，以及性能管理控制功能。同时，还要提供性能数据库的维护及在发现性能严重下降时启动故障管理系统的功能。典型的网络性能管理可以分为性能监测和网络控制。其中，性能监测是对网络工作状态信息的收集和整理；而网络控制则是为改善网络设备的性能而采取的动作和措施。性能监测是网络监视中最主要的部分，然而要能够准确地测量出对网络管理有用的性能参数却是不容易的。性能管理包括一系列管理功能，以网络性能为准则收集、分析和调整管理对象的状态，保证网络可以提供可靠、连续的通信能力，并使用最少的网络资源和具有最小的时延。网络性能管理的功能主要包括以下内容。

- 从管理对象中收集并统计有关数据。
- 分析当前统计数据以检测性能故障、产生性能警报、报告性能事件。
- 维护和检查系统状态历史的日志，以便用于规划和分析。
- 确定自然和人工状态下系统的性能。
- 形成并改进性能评价准则和性能门限，改变系统操作模式以进行性能系统管理的操作。
- 对管理对象和管理对象群进行控制，以保证网络的优越性能。

11.1.1 网络性能管理的定义

性能管理是指对被管理对象的行为和通信活动的效率进行评价所需要的功能。性能管理评价被管对象行为和通信活动的有效性。通过收集统计数据分析网络运行的趋势，得到网络的长期评价，并将网络性能控制在一个可接受的水平。

11.1.2 网络性能管理工具

网络性能管理工具主要包括以下几种。

- 网络性能分析测试工具 SmartBits。
- 网络流量检测工具 MRTG。
- 网络性能测试工具 Netperf。

1. 网络性能分析测试工具——SmartBits

思博伦通信（Spirent Communications）的 SmartBits 网络性能分析系统为十兆、百兆、千兆和万兆以太网、ATM、POS、光纤通道、帧中继网络的性能测试，以及网络设备的高端口密度测试提供了行业标准。

作为一种强健而通用的平台，SmartBits 提供了测试 xDSL、电缆调制解调器、IPQoS、VoIP、MPLS、IP 多播、TCP/IP、IPv6、路由、SAN 和 VPN 的测试应用。

SmartBits 使用户可以测试、仿真、分析、开发和验证网络基础设施并查找故障。从网络最初的设计到对最终网络的测试，SmartBits 提供了产品生命周期各个阶段的分析解决方案。

SmartBits 产品线包括便携和高密度机架，支持不同技术、协议和接口的模块，以及软件应用程序和脚本。旗舰级 SMB-6000B 在一个机架中最多可支持 96 个 10/100 Mbit/s 以太网端口、24 个千兆以太网端口、6 个万兆以太网端口、24 个光纤通道端口、24POS 端口或上述端口的任意组合。

2. 网络流量检测工具——MRTG

MRTG（Multi Router Traffic Grapher）是一个监控网络链路流量负载的工具软件，它通过 SNMP 协议从一个设备得到另一个设备的流量信息，并将流量负载以包含 PNG 格式的图形 HTML 文档方式显示给用户，以非常直观的形式显示流量负载。

作为目前最为通用的网络流量监控软件，MRTG 具有以下特点。

- 可移植性。
- 源码开放。
- 高可移植性的 SNMP 支持。
- 支持 SNMPv2c。
- 可靠的接口标识。
- 常量大小的日志文件。
- 自动配置功能。
- PNG 格式图形。
- 可定制性。

若欲使用 MRTG 实现网络设备和服务器的流量监控，必须先做好以下准备工作。

- 安装 Web 服务。
- 安装 ActivePerl。
- 启用服务器上的 SNMP 服务。
- 配置网络设备的 SNMP 服务。

3. 网络性能测试工具——Netperf

Netperf 可以测试服务器网络性能，主要针对基于 TCP 或 UDP 的传输。Netperf 根据应用的不同，可以进行不同模式的网络性能测试，即批量数据传输（Bulk Data Transfer）模式和请求/应答（Request/Reponse）模式。Netperf 测试结果所反映的是一个系统能够以多快的速度向另外一个系统发送数据，以及另外一个系统能够以多快的速度接收数据。

Netperf 工具以 Client/Server 方式工作。Server 端是 Netserver，用来侦听来自 Client 端的连接，Client 端是 Netperf，用来向 Server 发起网络测试。在 Client 与 Server 之间，首先建立一个控制连接、传递有关测试配置的信息，以及测试的结果；在控制连接建立并传递了测试配置信息以后，Client 与 Server 之间会再建立一个测试连接，用来传递特殊的流量模式，以测试网络的性能。

网络性能对于服务器系统来说尤其重要，有些服务器上为了节省成本，采用了桌面级的网络芯片，这时 Netperf 工具便可派上用场。

以上介绍的这几款测试工具都是可以免费从网上下载的非商业软件，但是其测试结果和认可程度均是为大多数使用者所认同的。可以根据自己的应用需求选择不同的软件进行测试。

11.1.3　网络性能指标

网络性能指标如表 11.1 所示。

表 11.1　网络性能指标

指　标　项	指　标　描　述	备　　注
连通性	网络组件间的互连通信	详见 3.4 节
吞吐量	单位时间内传送通过网络中给定点的数据量	详见 3.4 节
带宽	单位时间内所能传送的比特数	详见 3.4 节
分组转发率	单位时间内转发数据分组的数量	
信道利用率	一段时间内信道为占用状态的时间与总时间的比值	
信道容量	信道的极限带宽	
带宽利用率	实际使用的带宽与信道容量的比率	
分组丢失	在一段时间内网络传输及处理中丢失或出错的数据分组的数量	
分组丢失率	分组丢失与总分组数的比率	
传输时延	数据分组在网络传输中的时延时间	详见 3.4 节
时延抖动	连续的数据分组传输时延的变化	详见 3.4 节

1．分组转发率

单位时间内转发的数据分组的数量。路由器的分组转发率，也称端口吞吐量，是指路由器在某端口进行数据分组转发的能力，单位通常使用 pps（分组每秒）来衡量。一般来讲，低端的路由器分组转发率只有几 kpps 到几十 kpps，而高端路由器则能达到几十 Mpps（百万分组每秒）甚至上百 Mpps。如果小型办公使用，则选购转发速率较低的低端路由器即可，如果是大中型企业部门应用，就要严格这个指标，建议性能越高越好。

2．信道利用率

一段时间内信道为占用状态的时间与总时间的比值。信道利用率并非越高越好。这是因为，根据排队的理论，当某信道的利用率增大时，该信道引起的时延也就迅速增加。

如果 D_0 表示网络空闲时的时延，D 表示当前网络时延，可以用简单公式 $D=D_0/(1-U)$ 来表示 D、

D_0 和利用率 U 之间的关系。U 的值为 $0\sim1$。当网络的利用率接近最大值 1 时，网络的时延就趋近于无穷大。

3. 信道容量

信道的极限带宽。信道能无错误传送的最大信息率。对于只有 1 个信源和 1 个信宿的单用户信道，它是 1 个数，单位是比特/秒或比特/符号。它代表每秒或每个信道符号能传送的最大信息量，或者说小于这个数的信息率必能在此信道中无错误地传送。对于多用户信道，当信源和信宿都是 2 个时，它是平面上的 1 条封闭线。坐标 R1 和 R2 分别是 2 个信源所能传送的信息率，也就是 R1 和 R2 落在这封闭线内部时能无错误地被传送。当有 m 个信源和信宿时，信道容量将是 m 维空间中 1 个凸区域的外界"面"。

4. 带宽利用率

实际使用的带宽与信道容量的比率。带宽利用率可以表示网络的流量情况、繁忙程度，它是衡量网络状况的最基本参数。带宽利用率的计算公式通常为：

$$带宽利用率=\frac{网络总流量}{理论带宽×时间}$$

从公式可以看出，利用率实际上是一个时间段的概念，所以在分析的时候，时间段的选择相当重要，不同的分析需求，时间段的确定是不一样的，分析突发流量，时间越短越好，分析流量趋势，时间应延长。

带宽利用率和网络服务质量成反比，利用率越低，网络服务质量越好，反之亦然；通常，网络利用率高是引起网络分组丢失、拥塞、延迟的主要原因。图 11.1 表示响应时间随相对负载呈指数上升的情况。值得注意的是，实际情况往往与理论计算结果相左，造成失去控制的通信阻塞，这是应该设法避免的，所以需要更精确的分析技术。

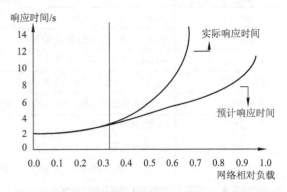

图 11.1　网络响应时间与负载的关系

5. 分组丢失

在一段时间内网络传输及处理中丢失或出错的数据分组的数量。数据在 Internet 上是以数据分组为单位传输的，每分组大小一定，不多也不少。这就是说，不管网络线路有多好、网络设备性能多高，数据都不会是以线性（就像打电话一样）传输的，中间总是有空洞的。数据分组的传输不可能百分之百完成，因为种种原因，总会有一定的损失。碰到这种情况，Internet 会自动让双方的计算机根据协议来补分组和重传该分组。如果网络线路好、速度快，分组的损失会非常小，补分组和重传的工作也相对较易完成，因此可以近似地将所传输的数据看作是无损的。但是，如果网络线路较差，数据的损失量就会非常大，补分组工作又不是完全完成的。在这种情况下，数据的传输就会出现空洞，造成分组丢失。

6. 分组损失率

在某时段内在两点间传输中丢失分组与总的分组发送量的比率。这个指标是反映网络状况最为直接的指标，无拥塞时路径分组丢失率为 0，轻度拥塞时分组丢失率为 1%~4%，严重拥塞时分组丢失率为 5%~15%。一般来讲，分组丢失的主要原因是路由器的缓存队列溢出。与分组丢失率相关的一个指标是"差错率"（误码率），但是这个值通常极小。

收集到的性能参数组织成性能测试报告，以图形或方格的形式呈现给网络管理员。对于局域网来说，性能测试报告应包括以下内容。

- 主机对通信矩阵。源主机和目标主机对之间传送的总分组数、数据分组数、数据字节数，以及它们所占的百分比。
- 主机通信矩阵。一组主机之间通信量的统计，内容与上一条类似。
- 分组类型直方图。各种类型的原始分组（例如，广播分组、多播分组等）的统计信息用直方图表示。
- 数据分组长度直方图。不同长度（字节数）的数据分组的统计。
- 吞吐率-利用率分布。各个网络节点发送接收的总字节数和数据字节数的统计。
- 分组到达时间直方图。不同时间到达的分组数的统计。
- 信道获取时间直方图。在网络接口单元（NIU）排队等待发送、经过不同延迟时间的分组数的统计。
- 通信延迟直方图。从发出原始分组到分组到达目标的延迟时间的统计。
- 冲突计数直方图。经受不同冲突次数的分组数的统计。
- 传输计数直方图。经过不同试发送次数的分组数的统计。另外，还应包括功能全面的性能评价程序（对网络当前的运行状态进行分析）和人工负载生成程序（产生性能测试数据），帮助管理人员进行管理决策。

11.2　性能测试类型与方法

11.2.1　性能测试的类型

性能测试的目的是，在不同的负载条件下监视和报告网络的行为。这些数据将用来分析网络的运行状态，并根据对额外负载的期望值安排后续的发展。根据所需要的容量和网络当前的性能，还可以计算与今后项目的发展计划有关的成本。可以将网络性能测试分为图 11.2 中的几个类别。

图 11.2　网络性能测试的几个类别

1. 负载测试

负载测试可以理解为确定所要测试的业务或系统的负载范围，然后对其进行测试。负载测试的主要目的是验证业务或系统在给定的负载条件下的处理性能。负载测试还需要关注响应时间、TPS和其他相关指标。

2. 压力测试

压力测试可以理解为没有预期的性能指标，不断地加压，测试系统崩溃的门限值，以此来确定系统的瓶颈或者不能接受的性能拐点，以获得系统的最佳并发数、最大并发数。压力测试可以看作负载测试的一种，即高负载下的负载测试。

3. 稳定性测试

稳定性测试就是长时间运行，在这段时间内观察系统的出错概率、性能变化趋势等，以期大大减少系统上线后的崩溃等现象。一般持续的时间为 $N \times 24$ 小时。

稳定性测试注意事项如下。

- 一般稳定性测试需要在系统成型后进行，并且没有严重缺陷存在。
- 场景的设计以模拟真实用户的实际操作为佳。

4. 基准性测试

基准测试是一种衡量和评估软件性能指标的活动。可以在某个时候通过基准测试建立一个已知的性能水平（称为基准线），当系统的软硬件环境发生变化后再进行一次基准测试以确定哪些变化对性能有影响。

与测试相关的配置如下。

（1）服务器硬件和服务器数量。

（2）数据库大小。

（3）测试客户机在网络中的位置。

（4）两种影响负债的因素：SSL 与非 SSL；图像检索。

11.2.2　测试方法

1. 客户机

这个系统用于模拟多个用户访问网络，通常通过负载测试工具进行测试，可以使用测试参数（如用户数量）进行配置，从而得到响应时间的测试结果（最少/最多/平均）。负载测试工具可以模拟处于不同层的用户，从而有效地跟踪和报告响应时间。此外，为了确保客户机没有过载，且服务器上有足够的负载，应当监视客户机 CPU 的使用情况。

2. 服务器

网络的 Web 应用程序和数据库服务器应当使用某个工具来监视，如 Windows Server 2003 Monitor（性能监视器）。有一些负载测试工具为了完成这项任务还内置了监视程序。对全部服务器平台进行性能测试的重点在于以下几个方面：CPU，占全部处理器时间的百分比；内存，用字节数（千字节）和每秒出现的页面错误率表示；硬盘，占硬盘时间的百分比；网络，每秒的总字节数。

3. Web 服务器

除了"服务器"中介绍的几项之外，所有 Web 服务器还应当包含"文件字节/秒""最大的同时连接数目"和"误差测量"等性能测试项目。

4. 数据库服务器

所有数据库服务器都应当包含"访问记录/秒"和"缓存命中率"这两种性能测试项目。

5. 网络

为了确保网络没有成为网络的瓶颈，监视网络以及其中任何子网的带宽是非常重要的。可以使用各种软件包或者硬件设备（如 LAN 分析器）来监视网络。在交换式以太网中，因为每两个连接彼此之间相对独立。所以，必须监视每个单独服务器连接的带宽。

11.3　网络性能优化

网络性能优化是指通过各种硬件或软件技术使网络性能达到需要的最佳平衡点。硬件方面指在合理分析系统需要后，在性能和价格方面做出最优解方案，软件方面指通过对软件参数的设置以期取得在软件承受范围内达到最高性能负载。网络优化主要分为设备及服务两个方面，其中规划、测评、优化属于服务行业；测评系统和覆盖设备属于通信设备制造业。从行业的发展来看，设备市场增长较为平缓，而服务市场利润较高，是未来行业重点发展的市场。据《2013~2017 年中国网络优化行业发展前景与投资预测分析报告》统计，2010 年，网络优化行业的规模超过 300 亿元，其中，测评系统市场为 72 亿元，占比为 23%；网络优化服务市场为 136 亿元，占比为 45%；覆盖设备市场为100 亿元，占比为 32%。未来，随着设备投资额的回落，服务市场所占份额将进一步提升。优化方向包括以下两个方向：

① 增强网络各主要单元的性能、速度。

② 有效利用现有设备。

让同一台物理主机既做 Web Server，又做 DB Server，会占用大量的 CPU、内存、磁盘 I/O。可以分别用不同的服务器主机来提供服务，以分散压力、提高负载承受能力。此外，二者若在同一网段，应尽量用内网 Private IP 进行访问，而不要用 Public IP 或主机名称。因此一般建议 Web Server用普通的个人计算机即可，CPU 配置要高些；而 DB Server 应尽量买高级的服务器，要有 RAID 5 或6 的磁盘阵列（硬件的 RAID 性能远比操作系统或软件做的 RAID 好），4GB 以上的内存。操作系统、数据库最好用 64 位版本，内存就可配置到 64GB。

（1）硬件：硬件的解决方案称作第 4 层交换（Layer 4 Switch），可将业务流分配到合适的 APServer 进行处理，知名产品如 Alteon、F5 等。这些硬件产品虽比软件的解决方案要贵得多，但是物有所值，通常能提供远比软件优秀的性能，以及方便、易于管理的 UI 界面，供管理人员快速配置。

（2）软件：Apache 是一款众所皆知的 HTTP Server，其具有双向 Proxy / Reverse Proxy 功能，亦可达成 HTTP 负载均衡功能，但其效率不算特别好。而 HAProxy 就是纯粹用来处理负载均衡的软件，且具有简单的缓存功能。以操作系统内置的负载均衡功能来讲，Unix 有 Sun 的 Solaris 支持，Linux上则有常用的 LVS（Linux Virtual Server），而微软的 Windows Server 2003/2008 则有 NLB（NetworkLoadBalance）。

大型网站中，常会为了将来的可扩展性、源代码维护方便，而将前台的展示（HTML、Script），以及后台的商业逻辑、数据库访问（.NET/C#、SQL）切成多层。Layer 是指"逻辑"上的分层（LogicalSeparation），Tier 是指"物理"上的分层（Physical Separation）。

11.4 案例分析

1. 案例1：系统体系结构案例

本项目总体技术框架建立要遵循"整合资源，信息共享""统一架构，业务协同"的原则，应用系统采用多层架构，以信息资源库和公共服务为基础进行开发，实现资源和服务的共享，实现业务层和展现层的分离。总体技术框架如图11.3所示。总体框架主要包含6个层次。

（1）IT基础设施：主要包括网络、服务器、存储系统、配套的系统软件、数据库和机房等。网络系统为内、外网物理隔离的双网结构。IT基础设施是资产监督管理系统的基础平台。

（2）数据中心：主要包括元数据注册器、信息资源数据库、信息资源目录体系、信息资源交换体系等。信息资源库是数据中心的基础，为业务监管提供数据支持，包括企业基本信息数据、企业绩效评价数据、企业人员管理数据、企业财务数据、产权数据、资产统计数据、企业重组与规划投资数据、纪检监察数据、政策法规文献数据和其他业务数据共10大类。作为统一信息资源平台，资产信息资源库对各类共享数据提供统一的存储和管理，是内部各厅局之间以及与其他政府机关之间进行数据交换和共享的基础平台，为各类业务的开展提供完整、统一和准确的数据支持。

（3）应用系统支撑平台：主要包括由表单工具、系统集成组件、内容管理工具、工作流组件、消息交换工具、应用中间件、统一用户管理和其他组件工具构成的应用支撑平台，从整合、协同、管理和服务4个方面对业务系统的开发、部署和运行进行支持。

（4）资产监督管理业务应用信息系统：主要包括搭建在应用支撑平台上的基础应用组件、通过基础应用组件组合成的企业资产产权登记子系统、上市公司股权监督管理子系统、企业产权交易监督管理子系统、企业财务状况监督子系统设计、中央企业财务绩效评价子系统、中央企业财务预决算管理子系统、企业资产统计评价子系统、企业财务信息查询分析子系统、中央企业人员管理子系统、中央企业业绩考核子系统、中央企业重大投资管理子系统、中央企业经济运行监督子系统、纪检监察管理子系统。

（5）应用数据库：主要是应用系统的数据库，是业务应用信息系统的组成部分。

（6）信息发布系统：主要包括内网消息发布、外网消息发布和互联网消息发布。

除此之外，贯穿6个层次的还有信息安全保障体系、技术支持与运行维护体系。同时，信息化相关的标准、规范、政策、法规也将在"监督管理系统"项目建设中必须加以重视，并积极推进。

2. 案例2：校园网建设案例

（1）校园网需求分析

某高职高专院校在校师生大约5000人，分两个校区：主校区和西校区。学校用户需要访问教育科研网和ChinaNet，西校区网络连接主校区接入外网。学校主要有教学楼、办公楼、信息楼、航海楼、图书馆、学生宿舍、学生食堂等楼宇，所有楼宇均采用铺设光缆的方式连接到信息楼的网络中心，并接入Internet。应用系统包含办公系统、教学系统、人事工资档案等，所有应用系统和数据均存储在网络中心。学校对外部用户提供的服务有门户网站、邮件系统等应用系统，对内部用户提供的服务有OA系统、FTP应用系统、选课系统、课件制作系统、视频点播系统等，并对内部用户提供DNS服务、DHCP服务。要使用的操作系统有Windows、UNIX、Linux等，数据库有SQL Server、Oracle、MySQL、Access等。通过建立校园内部的局域网并接入广域网，可以实现内部办公及学生在线学习，并能访问 Internet。

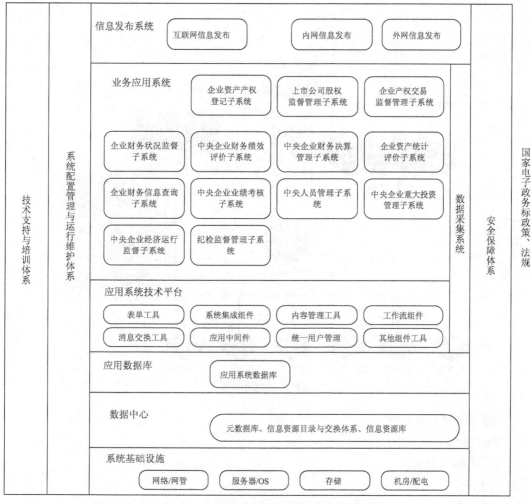

图 11.3　国有资产监督管理系统总体技术框架

（2）解决方案

为实现以上目标，首先需要制定网络建设方案，其网络拓扑结构如图 11.4 所示。

（3）主要设备选型

组建一个局域网时，用到的基本网络设备有交换机；为了把局域网接入广域网，还需要使用路由器和防火墙。选购这些网络设备前，需要熟悉设备的技术参数。

① 交换机

• 端口类型和端口数目。

• 背板带宽。

一个交换机的背板带宽是否够用，可从两个方面考虑。

a）所有端口容量乘以端口数量之和的 2 倍，应该小于交换容量，这样可实现全双工无阻塞交换。实践证明，这是交换机发挥最大数据交换性能的条件。

b）满配置吞吐量（Mpps）＝满配置端口数×1.488Mpps。其中，1 个千兆端口在分组长为 64 字节时的理论吞吐量为 1.488Mpps，即每秒钟能转发 1.488M 个 64 字节的数据分组。

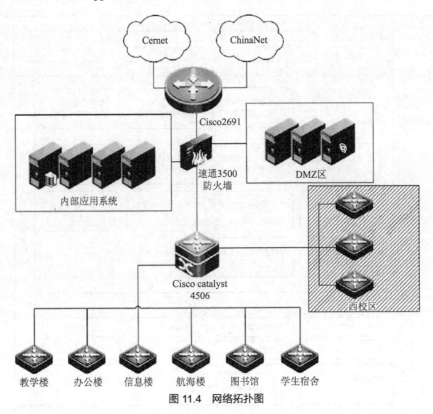

图 11.4　网络拓扑图

- 交换引擎的转发性能。
- MAC 地址表的大小。
- 更高的安全要求。

② 路由器

- 接口类型。
- CPU。
- 内存。
- 支持的协议类型。
- 全双工线速转发能力。
- 设备吞吐量。
- 端口吞吐量。
- 路由表能力。

③ 防火墙

- 硬件参数。
- 防火墙类型。
- 并发连接数。
- 吞吐量。
- 辅助功能。

习题与思考

1. 简述从网络上获得网络性能指标数据的方法。
2. 简述网络性能管理的流程。
3. 网络性能管理都有哪些常用工具?
4. 练习使用测试工具采集节点性能指标数据。

网络实训

假设网站期望达到年销售额 1000 万元, 按每 100 个 IP 访问成交一笔有效订单, 平均每笔订单销售额 100 元, 每笔成交订单流量页面为 10PV (PV: Page View, 即页面浏览量或点击量), 预计日 IP 访问是 2.8 万, 日访问页面为 28 万, 最高日访问 IP 估计可达为 10 万。网站基本结构图如图 11.5 所示。

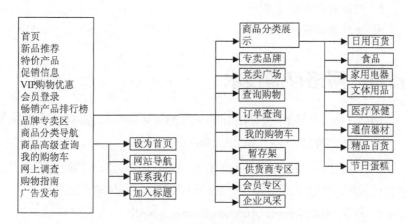

图 11.5　网站基本结构图

请尝试以网络性能管理的角度分析实例（参见案例分析）。

12 第12章　存储网络

教学目的

- 掌握网络存储技术
- 掌握网络存储规划方案
- 掌握光纤存储区域网络技术

教学重点

- 网络存储技术
- 网络存储规划方案
- 光纤存储区域网络技术

12.1　网络存储技术

网络存储技术是基于数据存储的一种通用网络术语。网络存储结构大致分为 3 种。

1. 直连式存储(Direct Attached Storage，DAS)

一种直接与主机系统相连接的存储设备，如作为服务器的计算机内部硬件驱动。到目前为止，DAS 仍是计算机系统中最常用的数据存储方法。

2. 网络存储(Network Attached Storage，NAS)

一种采用直接与网络介质相连的特殊设备实现数据存储的机制。由于这些设备都分配有 IP 地址，所以客户机通过充当数据网关的服务器可以对其进行存取访问，甚至在某些情况下，不需要任何中间介质，客户机也可以直接访问这些设备。

3. 存储网络(Storage Area Network，SAN)

存储设备相互连接且与一台服务器或一个服务器群相连的网络。其中的服务器用作 SAN 的接入点。在有些配置中，SAN 也与网相连。SAN 中将特殊交换机当作连接设备，这些设备看起来像常规的以太网交换机，是 SAN 中的连通点，SAN 使得在各自网络上实现相互通信成为可能，同时带来了很多有利条件。

12.1.1　直连存储技术

在一个直连存储（DAS）模式中，每一个存储设备是被直接连接到服务器上。服务器是访问连接其自身存储资源的唯一单点。服务器连接到一个本地网络，这个服务器就变成了在客户端工作站和存储资源之间的一个网关。绝大多数直连存储环境使用小型计算机接口（SCSI）技术，SCSI 是一套定义了 I/O 总线接口的标准。SCSI

在计算机和外围硬件设备之间提供快速、可靠的数据通信传输，例如，磁盘驱动器、磁带驱动器和CDROM 等。在一个 DAS 环境中，每台服务器包括一个 SCSI 控制器，它通常是安装在服务器主板上的一块 PCI 卡。这块控制卡是服务器系统总线和 SCSI 总线之间的接口。绝大多数 SCSI 控制器支持 RAID——冗余磁盘阵列技术。在一个 RAID 的配置中，控制器在多块磁盘上存储多份数据拷贝，提供容错能力。在一个 RAID 配置中，提供针对单一磁盘故障的数据保护。在某些 DAS 的配置中，SCSI 硬盘驱动器被安装于服务器的主板上。DAS 的解决方案也可以用连接外置磁盘阵列来扩充存储容量。但是，服务器经常是性能和可用性的瓶颈。因为 SCSI 总线只支持很短的距离，所以外置的存储阵列总是也必须与服务器连接得很近。虽然 DAS 受限于性能和可用性的问题，但它仍旧因为如下原因被广泛使用：

- 在绝大多数 DAS 中使用的 SCSI 技术相对廉价。
- DAS 技术已经使用了几十年，并为绝大多数 IT 部门所熟悉。
- 与 DAS 工作在一起所必需的技术设备已经广泛被使用。

DAS 环境受如下问题的制约：性能、可扩展性、可用性、可管理性。

- 只有 1 台服务器可以直接连接一个指定的存储资源。
- 存储资源访问必须与服务器中的其他应用共同竞争服务器的 CPU、内存和 I/O 总线资源。这就降低了存储系统的性能。
- 访问服务器的存储资源同样受可用的局域网（LAN）带宽限制。局域网上的访问流量可以影响对存储访问的时间和速度，存储访问也可以影响使用局域网的其他应用的性能。
- 每一台服务器可以支持数量非常有限的存储设备。当达到极限时，为了增加存储容量就需要添加额外的服务器。所以，DAS 不能够很轻易和经济地扩展。
- 由于 SCSI 总线连接距离的限制，存储设备必须与它们相连的主机相邻。
- DAS 的配置包含很多单点故障。RAID 技术从单块磁盘失效上保护数据，但是，SCSI 控制器、LAN，以及服务器本身都是故障单点。为了提高可用性，服务器安装了双控制卡、多处理器、风扇、电源等，增加了硬件的成本。不过，即便拥有这些冗余，故障点仍旧存在。
- 针对不同的服务器，管理运行不同操作系统，并经常由不同的人群实现存储资源快速扩充的存储设备是极其困难的。

12.1.2 网络存储技术

网络存储技术是一种新的较易部署存储网络解决方案的方式。NAS 设备基本上是指那些专门提供存储资源的专用服务器，这些设备常常被称为一种存储设备，因为它们被设计成提供即插即用的存储扩充资源。

NAS 设备可以直接接入 LAN。像在 DAS 环境中一样，客户端和服务器通过 LAN 访问 NAS 上的存储资源，不同的是使用 NAS，网络上的任何客户端和服务器可以直接访问这些存储资源。NAS 设备使用一个独立的文件系统平台存储数据，来自不同操作系统的文件和应用可以存储于单独一台NAS 存储设备上，使用独立平台文件系统可以允许异构操作系统访问同样的存储资源。在 NAS 装置中的存储设备是被一个"瘦服务器"所管理，这个瘦服务器常常提供一个已经进行存储资源优化的、经过修正的标准服务器操作系统的版本。例如，Linux、UNIX 或者 Windows 2000。因为瘦服务器专注于存储访问，可以提供优于 DAS 配置的显著性能。NAS 设备硬件自身也是为优化存储而设计，并且支持比 DAS 设置多的存储驱动设备。NAS 设备通常为了支持一个庞大数量的存储驱动设备而包含多条 SCSI 总线。NAS 设备使用标准以太网接口直接连接到本地以太网（LAN）。为了保证容错，它们通常使用双局域网口，也使用 RAID 提供数据保护。NAS 的架构如图 12.1 所示。

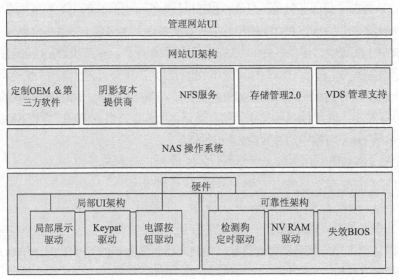

图 12.1　NAS 架构

1. NAS 的特点

NAS 从结构上可以认为是一台精简型的计算机，每台 NAS 设备都配备了一定数量的内存，而且大多用户以后可以扩充。在 NAS 设备中，常见的内存类型有 SDRAM（同步内存）、FLASH（闪存）等。NAS 产品的综合性能发挥还取决于它的处理器能力、硬盘速度及其网络实际环境等因素的制约。总之，NAS 的特点如下。

（1）与系统无关：支持 CIFS、NFS、NetWare、FTP 和 HTTP 多种文件及数据共享方式，并且支持 Windows NT、Windows 2000、Linux、UNIX（all kind of UNIX including AIX）、AS400、Novell 等操作系统，支持不同系统间对同一份数据的共享。

（2）安装与管理简便：出场预装 OS 及相关软件，并进行软硬件预设置；支持基于 Web 的 GUI 远程管理。

（3）系统备份与恢复功能强大：功能强大的 SnapShot 系统备份功能，对系统进行时点即时快照；支持文件或系统的全面恢复；结合磁带备份设备对客户数据进行完整的备份与保护。

（4）系统优化：特别为文件服务+备份+系统/备份/网络管理+安装/配置而优化，并提供不同平台间数据共享功能，数据备份功能。

（5）容量扩充方便：极为方便的存储容量在线扩充，仅需占用部分 IP 资源就可完成 TB 级的存储容量扩充，从而满足客户的存储需求。

（6）整体拥有成本 TCO 低：在 IT 投资预算紧缺的情况下满足客户的存储需求。

2. NAS 的优点

NAS 可以克服许多 DAS 的限制和不足。

（1）NAS 对文件和应用的访问快于 DAS。在一个 DAS 的配置中，存储访问和管理功能必须与使用服务器资源的其他应用相竞争，例如，处理器周期、系统内存和 I/O 总线带宽。另外，NAS 设备是专用于存储的，所以它没有和其他应用竞争资源的情况。

（2）多服务器可以访问同一个 NAS 设备，这就增加了应用的可扩展性。

（3）因为服务器和客户端在 LAN 上访问 NAS 的存储资源，NAS 就提供了一个灵活的、分布式的存储环境。各个服务器可以通过企业数据网络上的任一点访问 NAS 存储资源。

（4）NAS 比 DAS 更可靠。瘦服务器的优化使得存储访问更可靠，并且不会运行有可能导致系统宕机的其他应用。

（5）NAS 设备是即插即用的，并且易于安装和管理。不像许多 DAS 解决方案，NAS 设备被设计成无须整个阵列停机就允许系统管理员增加存储容量。

（6）因为 NAS 设备使用一个独立平台文件系统，任何连接到网络的主机操作系统都可以访问 NAS 存储资源。对比其他存储网络解决方案，NAS 相对便宜。因为易于安装，所以 NAS 的整体拥有成本通常较低。

3. NAS 的缺点

因为一个 NAS 设备本来是专用的一台优化后的文件服务器，所以 NAS 服务器本身就是一个瓶颈。NAS 设备的性能也受可用网络（LAN）带宽的限制，其他使用 LAN 的应用可能影响这个存储架构的性能，并且通过流入和流出 NAS 设备的巨大访问流量，这些应用都会影响 NAS 设备性能。

NAS 设备是对文件级访问的优化。使用高性能的、独立平台文件系统允许异构操作系统访问同一存储资源，但是它同样影响性能。通常 NAS 设备提供优异的、包括传送全部文件在内的文件访问应用。可是，NAS 解决方案通常不适用于块级数据应用，这些应用一般是指具有传送大量的、离散的块级数据分组数据库和消息系统。

12.1.3 存储区域网络

存储区域网络（SANs）是当前最广泛使用和最复杂的企业存储网络解决方案。存储区域网络是一个由专用网络连接起来的，由服务器和独立的存储设备组成的存储方式。不像 NAS 设备，SANs 存储设备不包含任何服务器功能，并且它们不是运行一个文件系统。主机负责运行和管理文件系统。在这个环境中，任何一台服务器可以访问任何一个存储设备。一台服务器可以访问多个存储设备，并且多个服务器可以访问同一个存储设备，允许服务器和存储设备各自独立地扩充。SANs 分为狭义的 FC-SAN 和广义的支持多种协议的 SAN。光纤通道是一种互连 SANs 构件的技术。虽然也可以使用其他连接技术，但是，光纤通道技术是目前使用在 SANs 上的最常见技术。光纤通道协议传输速度上快于 SCSI 协议，并且它可以被用来远距离连接存储设备。光纤通道可以使用多种多样的物理介质，包括光纤线缆、同轴电缆，以及双绞线，并且它被设计为可以兼容多种协议，包括 SCSI 和 TCP/IP。目前，绝大多数光纤通道存储设备提供 1Gbit/s 和 2Gbit/s 的带宽。10Gbit/s 光纤产品也即将发布。增长的带宽为数字成像和视频应用带来了特别的好处。其架构如图 12.2 所示。

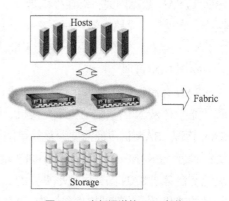

图 12.2 光纤通道的 SAN 架构

SAN 是存储设备相互连接且与一台服务器或一个服务器群相连的网络。其中的服务器用作 SAN

的接入点。在有些配置中，SAN 也与网络相连，SAN 中将特殊交换机当作连接设备，它们看起来很像常规的以太网络交换机，是 SAN 中的连通点。所以 SAN 的组成结构中主要包括服务器、存储设备、存储连接设备和存储管理软件。

（1）SAN 服务器

SAN 服务器是所有 SAN 解决方案的前提，这种基础结构是多种服务器平台的混合体，包括 Windows NT、不同风格的 UNIX 和 OS/390。由于服务器整合和电子商务的推动，对 SAN 的需求将不断增长。

（2）SAN 存储

SAN 存储是信息所依赖的基础，因此它必须支持企业的商业目标和商业模式。在这种情况下，仅仅使用更多和更快的存储设备是不够的，需要建立一种新的基础结构。与今天的基础结构相比，这种新的基础结构应该能够提供更好的网络可用性、数据访问性和系统管理性。SAN 就是为了迎接这一挑战应运而生的，它解放了存储设备，使其不依赖于特定的服务器总线，而且将其直接接入网络。换句话说，存储被外部化，其功能分散在整个组织内部。SAN 还支持存储设备的集中化和服务器群集，使其管理更加容易，费用更加低廉。

（3）SAN 互连

SAN 互连则是实现 SAN 需要考虑的第一个要素，通过光纤通道之类的技术实现存储和服务器组件的连通性。以下所列的组件是实现 LAN 和 WAN 所使用的典型组件。与 LAN 一样，SAN 通过存储接口的互连形成很多网络配置，并能够跨越很长的距离。

- 线缆和连接器。
- 扩展器：扩展器用来连接超过理论最大值的超长距离节点。
- 集线器：通过集线器，一个逻辑环路上可以连接多达 126 个节点。
- 路由器：存储路由是由数据通信领域的路由概念发展而来的一种新技术。存储路由器与网络路由器的不同在于，存储路由器数据的路由选择使用的是 FCP(SCSI)之类的存储协议，而不是 TCP/IP 之类的通信协议。
- 网桥：网桥的作用是使 LAN/SAN 能够与使用不同协议的其他网络通信。
- 网关：网关是网络上用来连接两个或更多网络或设备的站点，可能执行也可能不执行协议转换。网关产品通常用来实现 LAN 到 WAN 的访问，通过网关，SAN 可以延伸并越过 WAN。注意：IBM 的 SAN 数据网关一端连接磁带库、磁盘子系统之类的 SCSI 设备，另一端连接的是光纤通道，这样，它就是一个路由器，而不是一个网关。
- 交换机：交换机是用于连接大量设备、增加带宽、减少阻塞和提供高吞吐量的一种高性能设备。

（4）SAN 管理

SAN 存储管理软件为充分利用 SAN 在性能、可用性、成本、扩展性和互操作性方面的多种优势和功能，对 SAN 的基础结构（交换机、路由器等）和它所连接的存储系统进行有效的管理。为简化 SAN 管理，SAN 供应商需要调整简单网络管理协议（SNMP）、Web 企业管理（WBEM）和企业存储资源管理（ESRM）标准，用以不间断地通过中央控制台监视和管理所有 SAN 的组件。另外，从中央控制台管理 SAN 的分区也是需要的。其中，遇到的最大挑战是确保所有的组件是可以互操作的，并且能够和不同的管理软件包合作。包括以下几个方面。

- 资产管理。资产管理负责资源发现、资源认可和资源安置，其输出结果是资产的库存列表，包括生产商、型号信息、软件信息和许可证信息等。

- 容量管理。容量管理规划 SAN 的大小，例如，所需交换机的大小和数量。它还负责获取以下信息：未用空间/插槽、未分配卷、已分配卷的自由空间、备份数目、磁带数目、利用率、自由临时设备的百分比等。

- 配置管理。配置管理根据要求提供以下信息：当前逻辑和物理配置数据、端口利用数据，以及设备驱动器数据等，它可以根据高可用性和连接性的商业要求配置 SAN。配置管理在需要时会要求将存储资源的配置与服务器中的逻辑视图结合起来。例如，任何人配置了企业存储服务器都会影响该服务器的最终配置。

- 性能管理。性能管理在需要时会要求改进 SAN 的性能，而且会在所有级别上执行问题解决方案，包括设备硬件和软件接口级、应用程序级、甚至文件级。这种方式要求所有 SAN 解决方案都遵守公共的、不依赖于平台的访问标准。

- 可用性管理。可用性管理负责预防故障、在问题发生时对其加以纠正、对重要事件在其发展到致命之前提出警告。例如，如果发生了路径错误，可用性管理功能会确定是一个连接故障还是其他部件故障，然后分配另一条路径，通知工程师修复故障部件，并在整个过程中维持系统的运行。

（5）SAN 的优势与劣势

虽然 NAS 能够提供针对许多应用的解决方案，因为其高性能和高可伸缩能力，SAN 仍然常常是企业计算环境的首选。

- 光纤通道存储区域网络提供高可扩展性能。SAN 的性能不受也不影响局域网络上的应用性能。

- 服务器、存储和带宽可以独立地被扩展。

- 主机运行存储的文件系统。每台主机可以选择运行对它应用最适合的文件系统。例如，某些数据库会运行针对数据库优化后的专门的文件系统，而不是文件存储。

但是，NAS 的劣势也很明显，如价格高、异构环境下的互操作性差，以及管理较为复杂。因为通常追求性能、可扩展能力和可用性能，因此带来了价格问题。SAN 提供了一个极其丰富的存储架构，但是初期部署的代价比照 NAS 解决方案要昂贵许多，并且管理较复杂。IT 部门必须精通一门新技术——光纤通道存储技术，并且必须采用适合 SAN 的新的管理习惯。同时，NAS 也可以提供比光纤通道 SAN 大得多的设备连接能力。NAS 可以使用已经存在的 LAN 和 WAN 网络架构，但是 SAN 需要安装一套新的缆线设备。光纤通道技术，使用光纤介质，实际支持比 LAN 和 WAN 技术远得多的设备连接，但是 NAS 可以利用已经存在、遍布全球的数百万千米的 LAN 和 WAN 线缆。SAN 理论上可以建立一个延伸几千千米的广域网，但是部署这样一个网络的代价使其实际上不可能。在异构环境下的互操作性，实际上是 SAN 落后于 NAS 的另一个因素。因为 NAS 运行独立平台文件系统，它允许异构操作系统访问同一存储资源。在 SAN 环境中，服务器使用其本身的文件系统管理 SAN 的存储设备。这就意味着，一个由 UNIX 服务器管理的 SAN 磁盘阵列可以被其他的 UNIX 服务器所直接访问，但是不能被 Windows 2000 和 Novell 服务器所访问。

12.1.4　存储架构比较

当前存在许多种类的存储解决方案，每种都有它的优势和劣势。当选择一个存储解决方案时，重要的是了解主要存储架构之间的不同。

图 12.3 是当前主流的三种存储架构。从图中可以看到，在一个 DAS 配置中，应用、文件系统和存储设备自身都是在主机管理下。外置的存储阵列允许存储设备物理上位于一个独立的设备箱中；但是服务器仍以同样严格的方式管理这个存储设备。因为服务器和它的存储是紧密地连接在一起，服务器和存储都不能单独扩充；在一个 SAN 配置中，存储被从主机中分离出来，主机通过 SAN 网络访问存储资源。服务器和存储设备的这种分离允许它们各自独立地扩展。可是，由于主机管理文件系统，所以主机从特定方式上仍旧拥有"存储"。多个服务器可以访问同样一个存储资源，但是，并发访问和异构主机的可访问能力都难以部署实施；在一个 NAS 的配置中，存储从主机分离出来，主机通过 LAN 访问存储资源。存储设备就是 NAS 设备管理文件系统。这就降低了数据库应用的性能，因为主机被迫使用针对 NAS 应用的一般文件系统，但它却促进了实现并发和异构环境访问。

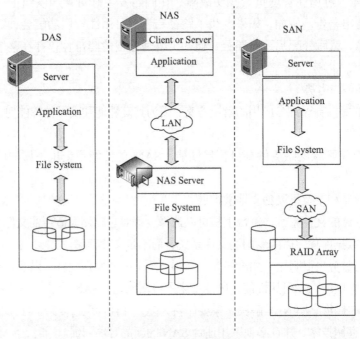

图 12.3　三种典型存储架构

（1）关于 NAS 和 SAN 的优缺点在存储网络行业有许多争论。NAS 和 SAN 之间可以做如下比较。

- NAS 克服了 DAS 环境的许多问题，但它仍旧受网络有效带宽（LAN）和可扩展能力的限制。SAN 通常更适用于建造高性能，可扩展性好的存储架构。
- NAS 和 SAN 都提供多样的可用性能变化的选择。
- NAS 解决方案非常易于安装和管理。SAN 则需要专业的技能。
- NAS 常常是文件共享应用的首选方案，因为 NAS 设备拥有一个允许异构操作系统访问的独立平台文件系统。而在 SAN 环境下能够兼容异构操作系统访问的方案目前还不成熟。
- SAN 常常是数据库应用的首选解决方案，因为主机可以部署针对数据库应用优化后的专门的文件系统。
- SAN 相对于 NAS 解决方案有相对高昂的启动和管理成本。

（2）虽然上述的比较当前依然适用，但是 NAS 和 SAN 的市场快速地演化着，例如以下的情况。

- NAS 厂家开始寻找能够使 NAS 解决方案在数据库应用方面性能提高的方法。

- SAN 的数据共享技术提供支持异构操作系统环境，但是它的代价比 NAS 高。

- NAS 和 SAN 的混合解决方案产生了一个提供 SAN 环境下存储资源的 NAS 网关。在这种混合环境中，SAN 的硬件基础克服了 NAS 性能和可扩展能力上的问题，并且 NAS 网关提供了对异构操作系统环境更好的支持。

- NAS 解决方案是第一种使用"工具"模式降低部署和管理成本的存储解决方案，但是 SAN 厂商也开始采用这些方法。

（3）同时，DAS、NAS 和 SAN 解决方案在可扩展性和可用性能方面也存在明显的差异。

- DAS 在可扩展性和可用性能两个方面最低，是因为存储设备被直接连接到一台服务器，产生很多失效点的事实。

- NAS 提供比 DAS 较好的可扩展性和可用性能。

- SAN 通常提供可供选择的大量可扩展性和可用性能选项，并可得到最高级的可扩展性和可用性能。

（4）在初始部署成本和运营成本方面，DAS、NAS 和 SAN 也存在差异。

- 当与 SAN 和 NAS 相比较时，由于这种环境的低硬件和培训成本，使得 DAS 解决方案的部署成本是最低的。但是，因为分布的存储需要不同的服务器，所以 DAS 解决方案是三种方案中运营成本最高的。

- SAN 的部署成本最高，是因为它有高的硬件成本及部署所需要的专业技术。运营成本低于 DAS 但是要高于 NAS。

- NAS 解决方案的部署通常要低于 SAN，有时甚至比 DAS 还便宜，在 DAS 的环境中，购买多台服务器、操作系统软件和应用软件的成本会三倍于部署的每一兆存储成本。

由于使用工具模式，NAS 的运营成本是三者中最低的。

综上所述，随着信息技术在企业中的广泛应用，企业中的数据量正在以惊人的速度增长，传统的由每个服务器独自配置存储设备的模式，在管理、扩容、动态分配空间等方面存在着种种难以克服的问题，已经越来越不适应企业的发展要求，而存储的集中与整合就成为一种必然的需求。存储整合需要通过网络存储来实现。存储网络有两种类型。最佳的类型取决于组织的规模和预算、应用的需求，以及组织对未来的计划。对一些组织来讲，某种类型可以工作得很好，而对另外一些企业来讲，几种类型的混合可能是最好的选择。NAS 最适合用于强调易于管理和文件共享，并使用低价格的以太网环境。它的安装过程相当快速，并且存储容量可以根据需要自动地分配给用户。SAN 适用于强调性能和可扩展能力的环境中，它主要的潜在好处包括：支持专为存储数据传输而优化的高速光纤通道介质，可从一点集中管理多个磁盘、磁带设备构成的存储池，能够减少对主机和 LAN 资源占用的专用备份工具，以及广泛的行业支持。

12.2　存储网络规划

随着大数据时代的到来，海量数据的存储和备份成为网络管理的重要组成部分，在当前网络中，各种数据库、模型库、知识库，以及其他重要数据是其核心数据，对重要数据的存储与备份具有极其重要的意义。如果使用单一的存储系统，显然是无法满足需要，因此，需要规划一种可行的综合性存储系统。

1. 存储方式选择

首选是网络存储方式。在海量数据存储领域，主要采用的技术包括直连存储 DAS、网络存储技术 NAS 和存储区域网络 SAN，中小型网络存储技术选择需要注意的问题是：与现有应用系统的兼容性、存储系统未来升级和扩展、选用 DAS 的场合，网络存储首选 NAS，大中型企业选用 SAN。遵循的原则包括以下内容。

（1）网络存储的核心是数据，无论采用什么样的存储系统，实际上都是为了对数据进行保护、管理和共享。

（2）产品和技术兼顾。典型的数据存储系统基本由以磁盘阵列为主的在线存储系统，以磁带设备为主的离线存储系统，存储管理软件，交换设备和主机适配器等周边设备共 4 部分的产品构成。但是，如果用户没有足够的能力自行设计存储系统，建议选择有经验的存储专业集成商来协助完成。

（3）需求为主。无论采用什么样的存储技术，都应该以满足需求为主。

（4）长远考虑，夯实基础。存储是应用系统的基础和核心，存储系统出现问题和故障，也会影响整个系统的正常运行。所以，建立存储系统之初就应该考虑到稳定性和结构扩展性等方面的要求，保证系统能够稳定而长期的工作。

2. 存储产品选择

确定好存储系统的基本解构后，还需要考虑产品的问题。存储产品的选择原则如下。

（1）容错能力。容错能力指在存储设备的设计方面对各种偶然性错误和意外情况的预期，以及采取的预防或补救措施。需要注意的是，存储系统是一个从软到硬的复杂系统，所以，对数据的保护能力也将影响整个系统。

（2）性能。对 RAID 产品来说，性能指数主要包括带宽和 IOPs（每秒 I/O 次数）。带宽取决于整个阵列系统，与所配置的磁盘个数也有一定关系；而 IOPs 则基本由阵列控制器决定。在 Web 页面、E-mail 和数据库等小文件频繁读/写的环境下，性能主要由 IOPs 决定。在视频和测绘等大文件连续读/写的环境下，性能主要由带宽决定。对于 NAS 产品来说，主要性能指数包括 OPS 和 ORT，分别代表每秒可响应的并发请求数和每个请求的平均反应时间。对磁带存储设备来说，单个磁带驱动器的读/写是最重要的性能指标。

（3）容量。它是最简单的一个性能指标，需要注意的是，存储系统的容量不仅要关心最大容量，还要关心推荐使用容量，以及扩容成本等问题。

（4）连接性。在 SAN 环境中，以光纤通道连接设备为中心，要连接主机、磁盘阵列和磁带库等设备，环境比较复杂，因此要充分考虑设备间的连接性。良好的开放性和连接性不仅为当前系统正常连接和运行提供保障，也为系统未来扩展提供更大的空间和灵活性。

（5）管理性。产品的管理功能必须可靠，支持中心化管理和远程管理。

（6）附加功能。硬件产品不仅是存储数据的，更是一个智能的小型系统。

12.3 案例分析

12.3.1 系统现状

1. 系统及业务环境

某系统自大力实施信息化建设以来，硬件基础环境、系统环境，以及网络环境都得到了很大改善。目前系统主要使用两个大的信息化系统：SAP ERP 系统及 domino OA 系统。ERP 系统经过两年多的运行，数据量达到 199996.12MB，年数据增量约为 37GB，OA 系统年度增长量为 60GB。

OA 系统初上线时（2013 年 1 月）数据量为：邮件数据为 42.9GB，系统数据为 2.23GB。

OA 系统运行一年多之后（2014 年 4 月）数据量为：邮件数据为 83.5GB，系统数据为 22.7GB，合同评审附件 5GB TOMCAT 服务器 60MB。

某系统数据全部集中存储在厂区科研楼 2 楼机房内，通过 EMC CX4-240 实现数据的集中存储。目前使用的备份软件系统是 IBM Tivoli，备份磁带库是 IBM TS3100，备份服务器是 IBM 3650。

此次项目有限制的服务器设备为 IBM P560 一台，性能能够满足 SAP 系统的需求。

2. 数据备份窗口

近期的检测发现，当前数据备份窗口时间已经由一年前的 5 时左右结束，推迟到 8 时 54 分，已经延长至上班工作时间，严重影响了系统日常的运作及备份安全性，占用了大量的系统资源。

3. 现有拓扑结构

图 12.4 所示为某系统网络拓扑图，图 12.5 所示为某系统数据中心网络现状。

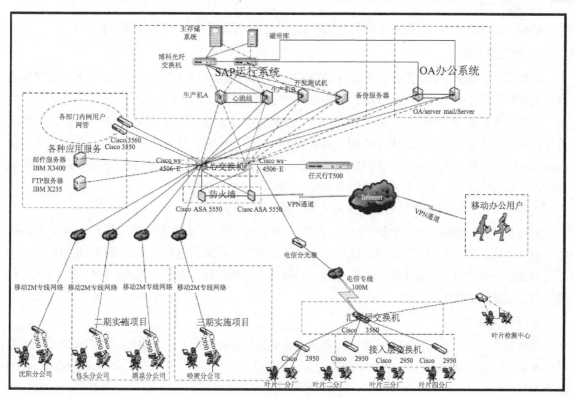

图 12.4 某系统网络拓扑图

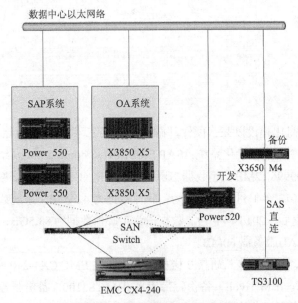

图 12.5　某系统数据中心网络现状

12.3.2　系统需求

1. 服务器更新

随着业务的增长，为了保证 SAP 服务器的运行流畅，对现有 2 台 IBM P550 小机进行升级、更新。

2. 数据迁移

随服务器升级而来的是业务及相关数据移动工作，以保证新购服务器正常应用。

3. 数据级备份

从数据安全角度分析，数据作为信息架构的核心，IT 支撑系统在给某系统内外部用户提供便利服务的同时，其业务运行也更加依赖于信息化系统的稳定运行，其结果是，一旦发生 IT 系统停止运行，关键业务系统将受到严重影响，用户信息、业务记录等也随之丢失，特别是水灾、火灾、地震等小概率自然灾害一旦到来，带来的损失具有毁灭性，即使在本地有多份数据，都可能同时丢失。因此，小至一般性的硬件故障，大到区域性的自然灾害，从物理的设备不可用，到逻辑的人为失误和破坏，都可能造成整个信息系统的全面瘫痪，导致业务运营的停顿。

为防患未然，现有 SAP 及 OA 数据需在某数据中心放置副本。

对应某系统的数据安全要求是严格的，如何将 RPO 降到最低，就需要一套完整的数据备份方案，当出现任何软、硬件故障的情况下，能够迅速将备份走的数据恢复出来，保证数据的正常使用。为了提高数据的安全级别，某系统在分厂区也进行数据的安全保存，需要解决方案有对异地数据备份的高效、安全的支持能力。

4. 应用级容灾

在灾难备份与恢复行业国家标准《信息系统灾难恢复规范》中，将信息系统的灾难恢复能力划分为 6 级，明确了 RTO/RPO 与灾难恢复能力等级的关系，在最高级（第 6 级）中要求 RPO=0，RTO 趋于 0。

从业务连续性角度分析，企业日常的办公、财务等核心系统均部署在服务器中，一旦现有的后端存储系统出现硬件故障，前端业务将立即中断。并且，随着现有存储系统使用年限的增加，故障率越来越高，业务中断的风险也越大，要求前端业务系统提供 7×24 小时的高可用性服务，业务运行不允许中断，由于系统一旦停机会给企业造成巨大的损失。

某系统的核心业务 SAP 和 OA 都不允许存在中断的风险，目前虽然做了主机的高可用，但是仍然存在单点的故障，当目前的 EMC 存储设备出现故障将会影响两大业务系统的运行。或者当机房出现断电、物理故障时，可以在异地迅速接管正常的核心业务系统。

为业务连续性考虑，在某地新建一个容灾机房，以满足 SAP 及 OA 的灾难性事件发生时切换，以保证业务的 24 小时不间断。

5. 高性能存储

考虑到 SAP 服务器更新、容灾中心数据备份及应用级容灾考虑，需新加存储，其存储空间能满足五年的数据增长。

从 SAP、OA 系统的性能需求角度分析，按照前端业务特点和数据类型，可大致分为两类：服务器虚拟化和数据库服务。主机虚拟化业务访问存储系统的特点如下。

- 随机性，虚拟机运行的业务类型多样，I/O 绝大部分为随机 I/O。
- 突发性，可能同一时间访问量很大，特别是上千个虚拟桌面同时启动带来的"启动风暴（即当大量的用户同时登录系统时所造成的系统反应非常缓慢，桌面启动时间长）"问题或前端部署了大规模应用，同时并发访问。
- 灵活性，虚拟机部署在不断调整（虚拟机优势）。

数据库服务业务访问存储系统的特点如下。

- 安全性，保证数据不能丢失。
- 稳定性，业务不可中断性。
- 性能要求高，特别是 IOPS 的要求，小文件随机读写为主。

服务器及服务器端业务一方面将产生的数据写到存储设备中，另一方面从存储设备上读取所需数据，特别是现有数据库及虚拟化业务对随机读写数据、小数据块读写，对存储缓存要求更高，面对业务密集型应用，更容易产生突发的数据冲击，服务器及业务量越多，读写数据就越多，对存储设备的 IOPS 要求就越高，因此需要更高的缓存来处理；一般地，服务器的缓存越大，代表其处理性能越强，对后端存储要求更高，需要存储配置相应缓存，提升存储的整体性能，满足前端业务 I/O 访问需求。

6. 网络加速

针对 IP 连接某地且为 2M 带宽的问题，为保证应用级容灾同步问题，以解决带宽不足带来的风险。

7. 复杂型需求

某系统的现实环境较为复杂，数据保护复杂性是比较高的。除一切围绕 RPO 和 RTO 这两个重要的指标外，还需要考虑到诸多因素。

- 统一性管理：现状的复杂环境，势必需要有一个统一的数据保护平台，利于对所有数据的管理，减少 IT 部门的人力投入。
- 数据备份代理类型：某系统采用的系统平台和数据库都多样化，数据结构也是复杂的，如何在统一的保护平台中对各种数据库和结构有针对性地备份，对数据备份平台的技术支持范围有较高的要求。

- 灵活的备份手段和机制：数据备份的目的是保护数据业务，而不能对业务运行产生影响，要为备份作业提供灵活的控制，需要为统一数据保护平台提供灵活的备份手段和机制。
- 恢复流程：当数据出现故障的情况下，能高效快速地自动恢复，是对 RTO 要求的直接反应。
- 报表提供：对于统一的数据保护平台，提供相应的数据和介质设备、备份资源状态、恢复操作等汇总信息，利于信息管理人员进行统计和审核工作。
- 监控能力：因为业务是时时刻刻进行的，所以必须要有时时观测业务环境的可视化控制台，让所有的操作和业务运行状态得到自动和手动的监控管理。

结合某系统每个业务应用的具体 RPO 和 RTO 需求，以及复杂环境下各种参数需求，提供以下整体的系统保护解决方案，确保当出现系统故障时，迅速得到恢复，保证业务的正常运行。

12.3.3 系统建设目标

按照统一规划、统一管理、分步实施的建设思路，某系统单位数据处理中心规划在优化本地的数据集中存储和备份的前提下，同时利用现有的广域网网络环境，在不影响现有业务应用的条件下，为某系统单位业务系统建立完备的异地数据及生产应用容灾系统。

总体上，此次备份容灾系统的建设将至少达到如下目标。

1. 高性能双活存储系统

- 实现高性能数据集中存储、有效保护，实现基于 SAN 网络层的数据镜像，数据中心两套主存储实现双活和存储虚拟化；
- 本地存储故障时，要求实现数据无丢失、应用不中断，即 RPO=0、RTO=0；实现 OA/MAIL 等应用系统虚拟化集群及容灾，容灾级别必须达到 GB20988《信息安全技术 信息系统灾难恢复规范》所规定的三级容灾级别和三级容灾中心建设。

2. 备份容灾系统

- 实现数据中心存储内的数据基于现有网络线路的远程备份，以最小的带宽代价实现数据备份；
- 在主数据中心的存储和远程容灾存储之间，实现基于磁盘阵列的数据块层次的数据复制，可以定制符合现有 IP 网络环境的复制策略，以最小的网络带宽代价实现快速的数据恢复或业务切换。

3. 持续数据恢复功能

连续数据保护系统（CDP）采用"带外"基于网络的应用装置，不在主机到存储的主 I/O 路径中。实时对写 I/O 监控和复制保护，不影响主机性能。可以实现对物理和数据逻辑故障的恢复，逻辑故障包括数据库逻辑错误、人为误操作和病毒等引起的数据库数据丢失、人为或病毒引起的数据库崩溃等故障。提供一致性组功能，可以将某个特定应用程序的所有 LUN 绑定到一个一致性组中，以保证事务向以前时间点的回滚同时进行，从而确保应用程序的一致恢复。

12.3.4 项目总体规划方案设计

针对以上项目建设目标，本次推荐采用以下高性能双活数据中心容灾备份解决方案。

（1）在机房新增两台对称双活存储系统 MS3100 替换原有存储 CX4-240，将原存储上的数据迁移至新存储 MS3100，通过配置大容量缓存提升 MS3100 整体性能，提供高效数据支撑能力。同时，确保当主存储系统 MS3100 出现故障时，前端 SAP 及 OA 等所有业务系统可自动切换到镜像存储 MS3100 上，最大限度地减少数据的丢失量（包括 RPO=0），最快速度地恢复关键应用系统（RTO=0），提高信息系统的整体服务级别。

（2）为了对原有 CX4-240 存储的利用，新增一台存储虚拟化 CDP 网关 VS2100，可继续对老存储的空间与新增存储资源进行统一管理，并且，实现将主存储生产数据持续保护到原有存储 CX4-240 上，应对实时的逻辑故障，做到基于 IO 级的数据恢复。

（3）新增一台赛门铁克备份一体机 NBU3250，将主存储数据实现基于多种丰富备份策略的近线备份，再与原有磁带库实现 D2D2T 备份，做到多重数据保护。

（4）在异地远程灾备中心某地机房配置一套 MS2520i 作为灾备系统，通过在存储底层的复制容灾软件，将主存储 MS3100 上的数据灾备到某地，一旦数据中心两台存储系统的数据均丢失，在异地留有一份数据副本，进一步提高数据安全。

（5）原有的 OA 系统等业务系统，通过部署 VMware 服务器虚拟化环境，两台 IBM X3850 服务器上各创建 5 个左右虚拟机，将应用部署在虚拟机上，并且 VMware 提供可创建集群、支持虚拟机迁移等多种高级 VMotion 功能，提高应用安全。

12.3.5　方案 1：双活存储系统方案说明

根据业务系统的存储特点，以及 7×24 小时不间断业务系统的需求，搭建一个高安全、高性能、高可用、扩展灵活、管理简单的统一存储平台，从而实现前端数据的集中整合，提升系统连续性和数据安全性，降低管理维护成本，实现投资保护。同时通过基于存储底层的本地双活技术 SDAS 实现数据的实时同步，前后端均配置多路径冗余链路，当主存储发生故障时，镜像存储可自动接管前端业务系统，RTO、RPO 均为 0。

针对以上对业务 RPO、RTO 均为 0 的业务连续性需求，推荐采用以下双活存储解决方案。新增两台存储系统 MS3300，采用对称配置方式，两台存储之间完成数据的实时同步，一旦当主存储系统 MS3300 出现故障时，镜像存储系统 MS3300 可自动将前端业务切换过来，最大限度地减少数据的丢失量（包括 RPO=0），以最快速度在数据中心恢复关键应用系统（RTO=0），提高业务系统的整体服务级别和业务连续性。

（1）存储引擎 A：新增一台在线高性能存储 MS3300。针对目前本项目的各业务系统对存储性能的需求，建议新增一套宏杉科技自主研发的 MacroSAN MS3300 存储产品用于存放各在线应用系统基础数据，用于承载前端核心业务等。

- 配置双冗余控制器支持 Active/Active 负载均衡。
- 同时配置 SAN、NAS 功能。
- 此次配置 32GB 缓存，提高存储的整体性能，满足数据库及虚拟化业务的 IO 读写性能需求。
- 8 个 8GB FC 主机接口，10 个万兆 IP 主机接口用于做两台存储之间数据镜像交叉直连。
- 配置 13 块 10000 转 600GB 企业级 SAS 硬盘，12 块 2TB 7200 转企业级 SAS 硬盘，总容量为 31TB。
- 配置基于磁盘阵列底层的数据双活功能 SDAS 软件，完成数据中心 A 与数据中心 B 之间两台存储引擎数据实时同步，一旦存储引擎节点 A 故障，引擎节点 B 存储可自动将前端业务系统进行接管，无需人为干预，数据零丢失，RTO、RPO 均为 0。并且，前端无需配置任何第三方软、硬件，部署简单，屏蔽了前端主机物理特性及应用类型特性（适用于所有应用）。

（2）存储引擎 B：新增一台镜像存储 MS3300。双活数据中心平台搭建，要求镜像存储与主存储配置完全一致，保障系统可实现自动切换且两套系统无任何性能、容量等差异，切换过程中，前端用户体验无任何变化感知，RTO、RPO 均为 0，达到应用级容灾。

（3）双活存储工作机制：两台存储系统同时处于工作状态，非"一主一备"模式，主机可以通过主、镜像存储同时进行数据读写。并且，两台存储也可以承载不同的应用，相互镜像，达到真正的双活目标，两台双活存储系统做到负载均衡的作用，降低主存储应对前端数据读写压力，实现数据分流作用。MS3300 采用双控制器架构，控制器、磁盘柜、缓存、硬盘等关键组件都采用冗余设计，保障系统的 99.999% 的高可靠性。MS3300 的体系架构有如下技术特点。

- SAS 传输通道：MS3300 采用 SAS 传输技术构建磁盘阵列内部的数据传输通路，后端磁盘通道总带宽达到 96GB。

- 高性能存储控制器：为了保障处理能力，MS3300 在存储控制器中采用了多核、PCI-E2.0 总线等技术，相比传统控制器，能提供 3 倍以上的处理能力。

- 千兆/万兆/8GB FC 主机接口：在前端主机接口上，MS3300 可根据需要提供千兆、8GB FC、万兆主机接口，并保障前端的业务带宽。

- 全交换磁盘柜：磁盘柜采用了 SAS 交换技术，每个磁盘都有独立 6GB 数据访问通路，不受其他磁盘的干扰；在磁盘选择上，MS3300 兼容高性能的 SSD 磁盘，并同时支持 SAS、SATA 磁盘。

- 中间光纤交换机：为了安全起见，考虑搭建全冗余链路平台，避免光纤交换机成为单点故障来源，中间部署两台博科 24 口 FC SAN 光纤交换机，前端服务器通过双端口 HBA 卡与中间两台光纤交换机交叉连接，再与后端存储连接，构建生产环境下的高可靠 FC SAN 存储区域网。

12.3.6　方案 2：本地备份系统方案

虽然已经有了备份机制，但是现有的机制显然已经无法满足日益增长的数据和有限的备份窗口的要求，所以，目前公司需要一套有效的、快速的、稳定的备份架构满足这些要求。由于大部分架构都是基于 SAN 的。所以，如果能够利用光纤环境进行备份的话，将会大大提高备份的速率和效率，保证在备份窗口内完成备份的工作，不影响白天正常的办公，同时，在需要备份数据的时候能够以最快的速度恢复相应的数据。当出现任何软、硬件故障时，迅速将备份的数据恢复，保证数据的正常使用。

所有接入 SAN 光纤存储网络的主机，可以采用 SAN Client 模式，在该模式下，应用系统主机上需要安装 NetBackup Enterprise Client 模块和 Application and Database Pack 模块（如果应用系统没有数据库则不需要安装 Application and Database Pack 模块）。在备份操作时，Netbackup Enterprise Client 模块把需要备份的数据从生产数据存储设备中读入生产机，然后把数据通过 SAN 写到备份设备上；在恢复操作时，NetBackup Enterprise Client 将通过 SAN 网从备份设备读入恢复数据，在生产机内把数据传给数据库或应用代理模块，数据库或应用代理模块把数据写入生产系统。在 SAN Client 模式下，备份/恢复操作的数据经过 SAN 网转送。

　　备份加速器功能使用 Accelerator 技术加快虚拟化备份速度，在完成增量备份期间还提供完全备份映像，仅将发生变化的数据块从客户端传输至介质服务器。在备份设备将之前的全量备份数据和新增的增量备份数据合成一份全新的全量备份数据。当备份速度提高 35 倍时，可以更好地满足服务级别协议要求而不影响恢复，而且因为减少了数据传输量，因此缓解了基础架构承受的压力。

　　重复数据删除功能正快速成为管理空前增长数据的基石。重复数据删除功能的使用率稳步上升，而众多 IT 部门现在又面临新的问题：能否得到一种经济，有效且可伸缩的重复数据删除解决方案，可以简化现有数据保护过程，能够方便透明地部署，能随着数据中心的扩展而扩展，并帮助减少和控制 CAPEX 和 OPEX 成本。

　　采用 V-Ray 的智能 NetBackup Deduplication 可以轻松地部署企业级、高伸缩性、"端到端"全局重复数据删除功能，整个过程只需动动鼠标。NetBackup 的整合和管理简便易行，经济适用，适合企业全局部署计划，提供独特的无缝集成功能，通过单一供应商产品，为虚拟和物理服务器数据保护及重复数据删除提供"一步到位解决方案"。利用经过实证的单一企业级数据保护平台，在数据中心面向虚拟化、新应用程序和云不断演变时，NetBackup 重复数据删除功能具备与时俱进的灵活性，不会产生高昂的成本。

　　通过颗粒度还原技术，可以还原备份镜像的某个项目，例如，在恢复 exchange 邮箱的时候，可以恢复某个用户的某封邮件，甚至恢复某封邮件里面的某个附件，而不用还原整个 mailbox 里面的所有邮件，帮助管理员定位需要还原的组件，并且以最快最高效的速度还原单个项目。

　　Netbackup 备份一体机提供的外置接口可以外接物理带库进行数据的传输，从而实现 D2D2T 的备份方式，将最近的、需要恢复概率最高的那些数据存放在一体机的硬盘上，而将那些存储时间比较长的，恢复概率相对比较低的数据存放在外置的带库上，可以充分利用中复联众现有的 TS3100 的物理带库完成数据的长期保存。

习题与思考

　　1. DAS 的特点和适用环境是什么？
　　2. NAS 的特点和适用环境是什么？
　　3. SAN 的特点和适用环境是什么？
　　4. 存储网络规划的内容是什么？
　　5. 存储方式选择的原则是什么？
　　6. 存储产品选择的原则是什么？

网络实训

　　采用 Intel 最新的多核处理器及 Linux 操作系统，完成网络存储系统技术方案。

　　要求 1：整个系统采用端到端万兆体系架构，在提供高性能的同时，还要提供超过 400TB 的强大扩展能力及丰富的软件功能。

　　要求 2：面向需要高性能、高可靠性和强扩展能力的中高端用户，能够为用户提供丰富的数据管理服务。

要求 3：基于万兆技术的 IP 存储系统，建立在存储领域和网络领域应用最广泛的两个标准化技术（SCSI、IP）的基础上，既要保持以太网良好的兼容性、互通性，又要解决传统存储系统技术封闭、发展缓慢的问题。

要求 4：提供丰富的软件功能，提供从在线到近线、从本地到远程的全面可靠的数据保护，轻松实现存储容量动态扩展、连续数据保护、远程数据灾备和海量数据迁移，与其他存储产品配合，为用户提供多层次、跨地域的存储解决方案，满足用户对于数据管理的各种需求。

参考文献

杨文虎，李婷．网络互联技术与实训．北京：人民邮电出版社，2011．

段永福，张元睿．计算机网络规划与设计．2 版．杭州：浙江大学出版社，2014．

张纯容，施晓秋，刘军．网络互联技术．北京：电子工业出版社，2015．

师学霖．网络规划与设计．北京：清华大学出版社，2012．

张友生，王勇．网络规划设计师考试全程指导．2 版．北京：清华大学出版社，2014．

杭州华三通信技术有限公司．新一代网络建设理论与实践．北京：电子工业出版社，2011．